普通高等教育"十三五"规划教材 ·计算机科学与技术专业系列·

全国高等院校计算机基础教育研究会重点立项项目

Java Web

程序设计精讲与实践

——基于电子商务平台开发

主编 朱 林 王梦晓 黄 卉

☑ 任务分解，案例丰富

☑ 边学边练，"所学即所得"

☑ 跟着本书就能动手做出自己的Web项目

北京邮电大学出版社
www.buptpress.com

内 容 简 介

本书从应用型人才培养的角度全面介绍了 Web 程序设计的主要概念、基本语法及程序设计技巧等方面的内容,以简单实用为原则,讲解通俗易懂,行文流畅。在内容安排上由浅入深,让读者循序渐进地掌握 Web 编程技术。全书共分为 9 章。第 1 章主要对 Web 应用程序开发做概要叙述,讲解了 Web 应用程序的运行原理及开发模式。第 2 章介绍了静态网页开发技术,为读者理解和编写网页源代码打下基础。第 3 章讲解 Web 客户端的编程技术,对 JavaScript 基本内容及相关应用做了详细的介绍,并介绍了 CSS 的概念及相关用法。第 4 章对动态 Web 开发技术 JSP 做了较为详细的论述,在此基础上介绍了第 5 章的内容,即通过 JDBC 进行数据库连接和操作。第 6 章和第 7 章介绍了动态 Web 开发的两种服务器端的技术:JavaBean 和 Servlet,读者通过这两种技术可以进一步地开发出逻辑更为复杂、功能更为强大的 Web 项目。第 8 章主要讲解了 Java Web 的主要开发框架,包括 Struts、Hibernate、Spring 等主流开发框架。第 9 章是综合实训部分,讲解了一个具体的电子商务平台项目的开发,增进了读者对于 Web 项目开发模式的理解,提高了读者的实践操作水平。

本书可作为高校计算机类、信息类及电子商务类等专业的 Web 技术导论、Web 程序设计、互联网与 Web 编程、电子商务平台开发技术等课程的教材,也可以作为非计算机专业学生和工程技术人员进行 Web 编程时的教材及参考书籍。

图书在版编目(CIP)数据

Java Web 程序设计精讲与实践:基于电子商务平台开发 / 朱林,王梦晓,黄卉主编. -- 北京:北京邮电大学出版社,2019.1(2021.1 重印)

ISBN 978-7-5635-5667-0

Ⅰ. ①J… Ⅱ. ①朱… ②王… ③黄… Ⅲ. ①JAVA 语言—程序设计 Ⅳ. ①TP312.8

中国版本图书馆 CIP 数据核字(2019)第 002977 号

书　　　名:Java Web 程序设计精讲与实践——基于电子商务平台开发
责 任 编 辑:孔　玥
出 版 发 行:北京邮电大学出版社
社　　　址:北京市海淀区西土城路 10 号(邮编:100876)
发 行 部:电话:010-62282185　传真:010-62283578
E-mail:publish@bupt.edu.cn
经　　　销:各地新华书店
印　　　刷:保定市中画美凯印刷有限公司
开　　　本:787 mm×1 092 mm　1/16
印　　　张:17.75
字　　　数:465 千字
版　　　次:2019 年 1 月第 1 版　2021 年 1 月第 3 次印刷

ISBN 978-7-5635-5667-0　　　　　　　　　　　　　　　　　定　价:43.00 元
· 如有印装质量问题,请与北京邮电大学出版社发行部联系 ·

前　言

随着网络应用的普及与发展，Web 应用程序的使用越来越广泛，基于 Java 的 Web 开发技术以其技术的开放性、灵活性、安全性和成熟度赢得了很大市场，成为 Web 项目开发的重要技术手段之一。

本书是在应用型人才培养的大背景下编写的，符合人才培养的行动导向，按照静态 Web 开发到动态 Web 开发的逻辑来编排课程内容，案例设计时以实践应用能力为主线，强调理论知识学习与实践应用能力培养并存的人才培养思想，将 Java Web 程序设计的知识点融入案例实践中进行解析与重组，构建 Web 项目开发的学习体系。

本书以电子商务平台开发为基础，采用任务分解、案例导向的思路，按照课程内容由简单到复杂，实施难度由易到难的方式编排。每个实践案例可以分为案例需求说明、技能训练要点以及案例实现等几个部分，使学生可以边学边练，体现了"所学即所得"的效果。

本书的最大特色是注重案例实践，体现应用型高校的"理论扎实、拔高实践"的人才培养原则，理论结合实际，有利于读者对相应编程思想和实践案例的理解与掌握。本书内容广泛、案例丰富，其中的例题、习题及实践案例都来源于一线教学。全书按照读者在学习 Java Web 程序设计中遇到的问题来组织内容，随着读者对 Java Web 开发理解的提高和实际动手能力的增强，课程内容也由浅入深地平滑向前推进。

通过本书的学习，读者可以了解基于 Java 的 Web 项目开发所需要的基本技术，对完整的 Web 项目的开发有一个具体的了解，减少对 Web 项目开发的盲目性，能够根据本书的体系循序渐进地动手做出自己的 Web 项目。

本书特别适合培养应用型人才高校的计算机类、信息类及电子商务类等专业使用，可以作为 Web 技术导论、Web 程序设计、Java EE 编程技术、互联网与 Web 编程、电子商务平台开发技术等课程的教材，也可以作为非计算机专业学生和工程技术人员进行 Web 编程时的教材及参考书籍。

本书由东南大学成贤学院的朱林、王梦晓、黄卉担任主编，由朱林进行整理与统稿。在本书的编写过程中,编者得到了同行专家、学者们的大力支持和帮助,在此表示衷心的感谢。此外,本书的编写参考了部分书籍和报刊,并从互联网上参考了部分有价值的材料,编者在此向有关的作者、编者、译者和网站表示衷心的感谢。

本书配有电子教案,并提供程序源代码,以方便读者自学。下载网站:www.buptpress.com

由于编者水平有限,书中难免有不妥之处,敬请读者和专家批评、指正。

编　者

2018.9

目　　录

第1章　Web应用程序开发简介

1.1　Web简介

Web 是一个基于超文本和 HTTP 的、全球性的、动态交互的、跨平台的分布式图形信息系统，一般而言，Web 包括 Web 服务器和 Web 客户端两部分；Web 开发是用程序设计语言来解决相关互联网领域问题的技术，Web 开发主要集中在服务器端的开发，目前，服务器端的开发技术非常丰富，比如 ASP、JSP、PHP、ASP. NET 和第三方框架等。这些技术对 Web 领域的发展注入了强大的动力。

1.1.1　Web 的概念及发展

Web 本质上指的是 World Wide Web，简称 WWW，也称 3W，中文译名为万维网或全球信息网。它提供一个在 Internet 上运行的、具有图形化界面的、全球性的分布式信息发布系统。通过 Internet 向用户提供基于超媒体的数据信息服务，达到共享网络资源的目的。所以，在一定意义上说，Web 也是 Internet 提供的一种服务，是基于 Internet，采用 Internet 协议的一种体系结构。

Web 技术是 Internet 的核心技术之一，它的主要功能是信息发布和信息处理，这也是基于互联网的信息系统的一个重要功能。它具有以下特点：

（1）Web 是一种超文本信息系统。

（2）Web 是图形化的和易于导航的。

（3）Web 是平台无关的。

（4）Web 是分布式的。

（5）Web 是动态的、交互的。

（6）Web 具有新闻性。

由于技术的进步和网络环境的进化，Web 应用程序开发技术也在不断地进步。最初，人们为了方便开展科学研究，设计出了 Internet 用于连接美国的少数几个顶尖研究机构，之后随着进一步的发展，人们开始应用 HTTP 协议（Hypertext Transfer Protocol，超文本传送协议）进行超文本（hypertext）和超媒体（hypermedia）数据的传输，从而将一个个的网页展示在每个用户的浏览器上，今天的 Web 已经从最早的静态 Web 发展到了动态 Web 阶段，随之而来的像网上银行、网络购物等电子商务站点的兴起，更是将 Web 带进了人们的生活和工作之中。

1.1.2　Web 应用程序的运行原理

互联网中有数以亿计的网站，用户可以通过浏览这些网站获得所需要的信息。例如，用户在浏览器的地址栏中输入"http://www.baidu.com"，浏览器就会显示百度的首页，从中可以搜索相关的信息。那么百度首页的内容和搜索引擎的功能是存放在哪里的呢？它们是存放在百度网站服务器上的。所谓服务器就是网络中的一台主机，由于它提供 Web、FTP 等网络服务，因此称其为服务器。

用户的计算机又是如何将存在网络服务器上的网页显示在浏览器中的呢？当用户在地址栏中输入百度网址(网址又称为 URL,即"统一资源定位符")的时候，浏览器会向百度网站的服务器发送请求，这个请求使用 HTTP 协议，其中包括请求的主机名、HTTP 版本号等信息。服务器在收到请求信息后，将回复的信息(一般是文字、图片等网页信息，也就是 HTML 页面)准备好，再通过网络发回给客户端浏览器。客户端浏览器在接收到服务器传回的信息后，将其解释并显示在浏览器的窗口中，这样用户就可以进行浏览了。整个过程如图 1-1 所示。在这个"请求-响应"的过程中，如果在服务器上存放的网页为静态 HTML 网页文件，服务器就会原封不动地返回网页的内容。如果存放的是动态网页，如 JSP、ASP、ASP. NET 等的文件，则服务器会执行动态网页，执行的结果是生成一个 HTML 文件，然后再将这个 HTML 文件发送给客户端浏览器。

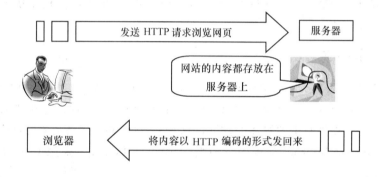

图 1-1　Web 服务过程

Web 应用程序通常由大量的页面、资源文件、部署文件等组成，组成网站的大量文件之间通过特定的方式进行组织，并且由一个软件系统来管理这些文件。管理这些文件的软件系统通常称为应用服务器，它的主要作用就是管理网站的文件。网站的文件通常有以下几种类型：

(1) 网页文件。主要是提供用户访问的页面，包括静态的和动态的，这是网站中最重要的部分，如.html、.jsp 等。

(2) 网页的格式文件。可以控制网页信息显示的格式、样式，如.css 等。

(3) 资源文件。网页中用到的图形、声音、动画、资料库以及各式各样的软件。

(4) 配置文件。用于声明网页的相关信息、网页之间的关系，以及对所在运行环境的要求等。

(5) 处理文件。用于对用户的请求进行处理，如供网页调用、读写文件或访问数据库等。

1.2　静态网页和动态网页

1.2.1　静态网页

静态网页是指网页的内容是固定的，不会根据浏览者的不同而改变。静态网页一般使用超文本标记语言(HTML)进行编写。其文件后缀通常为.htm、.html、.shtml、.xml 等。静态网页的基本特点是除非网页设计者修改了网页的内容否则网页内容不会发生变化。静态网页的信息流向是单向的,在执行过程中不能和客户端进行交互,即内容信息流只能从服务器到浏览器。需要注意的是在静态网页上,也可以出现各种"动态效果",如 GIF 格式的动画、FLASH、滚动字母等,但这些"动态效果"只是视觉上的,而不是内容上的动态。所以这样的网页依然是静态网页。

若干个静态页面就构成了静态网站,在静态 Web 程序中,用户使用 Web 浏览器(IE、360 浏览器等),经过网络连接到静态网站的服务器上,然后使用 HTTP 协议通过网络向服务器端发送一个 HTTP 请求,告诉 Web 服务器需要哪个页面,Web 服务器根据用户的需求,从文件系统中(存放了所有静态页面的磁盘)取出内容,返回给客户机,客户机接收到内容后经过浏览器解析,显示出效果。工作流程如图 1-2 所示。

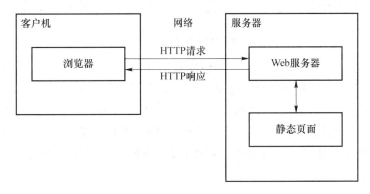

图 1-2　静态 Web 工作流程图

静态 Web 页面存在以下问题:

(1) 所有的用户看到的页面效果都是一样的,因为服务器向所有用户提供的内容都是一样的。

(2) 在静态 Web 技术中,一个重要的缺点是静态 Web 页面无法访问数据库资源,而现在用数据库保存数据又是绝大多数应用系统必需的选择,因为需要使用数据库进行数据的 CDUR 操作〔增加(Creat)、删除(Delete)、更新(Update)、查询(Requery)〕。

1.2.2　动态网页

动态网页就是该网页文件不仅包括 HTML 标记,而且包含一些程序代码。这种网页文件名的后缀依不同的程序设计语言而不同,如使用 Java 语言的 JSP 文件的后缀为.jsp,除此之外,还有一些动态网页形式,如.asp、.php、.perl、.cgi 等。动态网页主要用于实现客户机端和服务器端的交互,其内容是根据不同用户的不同请求,由服务器运行程序后生成不同的网页后返回的。采用动态网页技术的网站可以实现更多的功能,如用户注册、用户登录、搜索查询、用户管理、订单管理等。还需要注意的是动态网页以数据库技术为基础,可以大大提高网站的效率和降低网站维护的工作量。

若干个动态页面就构成了动态网站,动态网站的特性是"客户机请求的页面内容及显示效果会因时因人而变",页面具有交互性。另外,动态页面支持数据库,这一点是非常重要的。动态网站的工作原理是:首先客户机发送请求给服务器,所有的请求都交给 Web Server Plugin (Web 服务器插件),此插件用来区分到来的请求是静态页面请求还是动态页面请求。如果到来的是一个静态页面请求(＊.html 等),上述插件会通知 Web 服务器从文件系统中取出相应内容返回给客户机。如果到来的请求是动态请求(＊.jsp,＊.asp,＊.php 等),则上述插件会将所有的请求都转交给 Web Container(Web 容器),在 Web Container 中"动态"地执行代码,全部执行完代码后,将生成的代码结果返回给 Web 服务器,Web 服务器将代码结果和相关资源整合成一个独特的网页后,将其返回到客户机。工作流程如图 1-3 所示。

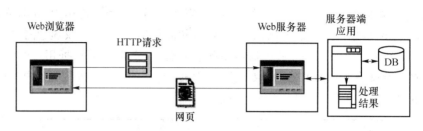

图 1-3 动态 Web 工作流程图

动态网页和静态网页的根本区别在于服务器端返回的 HTML 文件是事先存储好的还是由动态网页程序生成的。静态网页文件里只有 HTML 标记,没有程序代码,网页的内容都是事先写好存放在服务器上的,用户请求哪个页面就将哪个页面发送给客户机即可;动态网页文件不仅含有 HTML 标记,并且还含有程序代码,当用户发出请求时,服务器由动态网页程序生成 HTML 文件。动态网页能够根据不同的时间、不同的用户生成不同的 HTML 文件,显示不同的内容。

1.3 Web 应用程序开发模式

传统的 Web 应用程序开发中需要同时开发客户机端和服务器端的程序,客户机端是提供给用户的界面和提供给服务器的访问接口,服务器端的程序提供相应的服务,用户可以通过客户机软件访问服务器提供的服务,这种 Web 应用程序的开发模式就是 C/S 开发模式,在这种模式中,由服务器和客户机的共同配合来完成复杂的业务逻辑。例如,经常使用的 QQ 和一些需要安装的网络游戏。这些 Web 应用程序都是需要用户安装客户机软件才可以使用。

在目前的 Web 应用程序开发中,一般情况下会采用另一种开发模式,在这种开发模式中,不再单独开发客户机软件,客户机只需要一个浏览器即可,软件开发人员只需专注开发服务器的功能,用户通过浏览器就可以访问服务器提供的服务,这种开发模式就是当前流行的 B/S 架构,在这种架构中,客户通过一个浏览器就可以访问应用系统提供的功能。这种架构是目前 Web 应用程序的主要开发模式,例如,各大电子商务网站以及各种 Web 信息管理系统等,使用 B/S 的架构加快了 Web 应用程序开发的速度,提高了开发效率。

1.3.1 C/S 模式

C/S 模式(client/server,客户机/服务器模式)是一种传统的开发模式,在这种开发模式中,客户机负责用户端业务逻辑的处理,且可以根据不同的用户的需求进行定制。服务器仅仅对重要的过程和数据库进行处理和存储。在 C/S 开发模式中,需要注意将任务合理分配到客户机和服务器,最简单的 C/S 体系架构由两部分组成,即客户机应用程序和数据库服务器程序,可分别称为前台程序与后台程序,如图 1-4 所示。

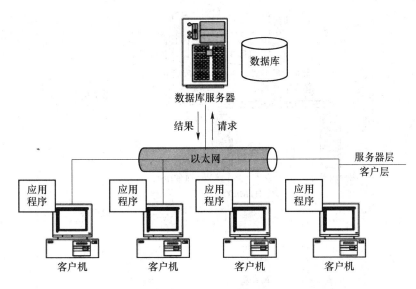

图 1-4 C/S 模式结构图

C/S 模式架构的弊端也很明显,在 C/S 模式架构中,系统部署的时候需要在每个用户的机器上安装客户机软件,这样的处理方式带来很大的工作量,而且在 C/S 模式架构中,软件的升级也是很麻烦的一件事情,哪怕是再小的一点改动,都得把所有的客户机软件全部修改更新,具体有以下几点不足之处:

(1) 伸缩性差。客户机与服务器联系很紧密,在修改客户机或服务器的某一方程序时一般还要修改另一方,这使得软件不易伸缩、维护量大。

(2) 性能较差。在数据量较大的情况下,数据从服务器端传送到客户端进行处理时,会消耗客户机的系统资源,出现网络拥塞,从而使整个系统的性能下降。

(3) 重用性差。数据库访问、业务规则等都固化在客户机应用程序中,如果用户另外提出的其他应用需求中也包含了相同的业务规则,程序开发者将不得不重新编写相同的代码。

(4) 移植性差。某些处理任务是在服务器端由触发器或存储过程来实现的,其适应性和可移性较差。因为这样的程序可能只能运行在特定的数据库平台下,当数据库平台变化时,这些应用程序可能需要重新编写。

1.3.2 B/S 模式

B/S 模式(browser/server,浏览器/服务器模式)是 Web 兴起后的一种新型的网络结构模式,它是在客户层(client)和数据服务器层(data server)之间添加第三层:应用服务器层。其中客户层只用来实现人机交互,数据服务器层提供数据信息服务,应用服务器层完成应用逻辑的实现、数据访问等功能。这种模式中,系统功能实现的核心部分集中到服务器上,简化了系统的开发、维护和使用。Web 浏览器是客户机最主要的应用软件,客户机上只需要安装一个浏览器即可,如 Internet Explorer 或 Netscape Navigator,服务器上安装 Oracle、Sybase、Informix 或 SQL Server 等数据库,浏览器通过服务器同数据库进行数据交互。大大简化了客户端计算机的逻辑功能,减轻了系统维护与升级的成本和工作量,降低了用户的总体成本。B/S 模式结构图如图 1-5 所示。

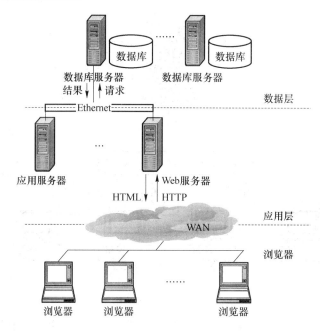

图 1-5　B/S模式结构图

B/S架构具有以下优缺点。

优点：

（1）B/S架构最大的优点就是可以在任何地方进行操作而不用安装任何专门的软件。只要有一台能上网的计算机或掌上设备就能使用，客户端零维护。系统的使用性非常容易，只要能上网，再由系统管理员分配一个用户名和密码，就可以使用了。

（2）安全性高，隔离了客户端与数据层服务器的直接访问。

（3）易维护，业务逻辑在中间件服务器上，当业务规则发生改变时，客户端无须改动，只升级中间件服务器层的程序即可。

（4）快速响应，通过中间件服务器层上的负载均衡及缓存数据的能力，达到快速响应的目的。

（5）系统扩展灵活，通过在中间件服务器层上部署新的程序组件来扩展系统规模。

缺点：

（1）B/S架构在图形的表现能力上以及运行的速度上弱于C/S架构。

（2）受程序运行环境限制。由于B/S架构依赖浏览器，而浏览器的版本繁多，很多浏览器核心架构差别也很大，导致对于网页的兼容性有很大影响，尤其是在CSS布局、JavaScript脚本执行等方面，会有很大影响。

在C/S和B/S两种架构之间，并没有严格的界限，两种架构之间没有好坏之分，使用这两种架构都可以实现系统的功能。开发人员可以根据实际的需要进行选择，例如，需要丰富的用户体验（如一些网络游戏），那就选择C/S架构，如果更偏重的是功能服务方面的实现，就需要选择B/S架构，还有部分管理应用系统采用两种软件架构相结合的方法。

本 章 小 结

本章对Web及Web开发中的一些基本知识进行了简单的介绍，读者通过本章的学习可以了解 Web 应用程序的一些基本的概念、发展和运行原理,了解静态网页和动态网页的区别并熟悉相应动态网站与静态网站的运行过程,能够熟练掌握 Web 开发中 C/S 模式与 B/S 模式的优缺点及两者的区别。

本 章 习 题

一、选择题

1. 用 HTML 编写的网页文档在保存时应该以(　　　)为扩展名。

A. DOC　　　　　　 B. WEB　　　　　　 C. HTML　　　　　　 D. PPT

2. 下列动态网页和静态网页的根本区别描述错误的是(　　　)。

A. 静态网页服务器端返回的 HTML 文件是事先存储好的

B. 动态网页服务器端返回的 HTML 文件是程序生成的

C. 静态网页文件里只有 HTML 标记,没有程序代码

D. 动态网页中只有程序,不能有 HTML 代码

3. 下列说法错误的是(　　　)。

A. 网站一般拥有固定的域名

B. 通信协议包括 HTTP、FTP、Telnet 和 Mailto 等协议

C. WWW,即万维网,是一个基于超级文本的信息查询工具

D. HTML 是一种用来制作网络中超级文本文档的简单标记语言

4. B/S 应用程序体系结构可分为三层,不属于这三层的是(　　　)。

A. 表示层　　　　　 B. 业务层　　　　　 C. 数据访问层　　　 D. 网络链接层

5. Web 标准的制定者是(　　　)。

A. 微软　　　　　　　　　　　　　　 B. W3C(万维网联盟)

C. Netscape(网景公司)　　　　　　　 D. IBM 公司

二、填空题

1. Web 应用系统在组成上包括_____和_____两部分。

2. Web 应用程序开发模式分为_____和_____两种。

3. 静态网页文件里只有_____,没有动态程序代码

三、简答题

1. 什么是 C/S 模式? 什么是 B/S 模式? 试简述两种模式各层的作用并比较其优缺点。

2. 什么是静态网站? 什么是动态网站? 试比较它们之间的区别?

3. Web 应用服务器的用途是什么?

第2章　静态网页开发基础

在 Web 设计中,纯粹 HTML 格式的网页通常被称为"静态网页",它的文件扩展名是.htm或.html,可以包含文本、图像、声音、Flash 动画、客户端脚本和 ActiveX 控件及 Java 小程序等。静态网页是网站建设的基础,早期的网站一般都是由简单静态网页制作的。静态网页是相对于动态网页而言,指没有后台数据库,不含可编译程序的不可交互网页。静态网页更新起来相对比较麻烦,适用于一般更新较少的展示型网站。容易误解的是很多读者认为静态页面都是静止的,实际上不是这样,静态页面并不一定完全是静止不动的,它们也可以出现各种动态的效果,如 GIF 格式的动画、Flash 动画、滚动字幕等。

2.1　HTML 概述

2.1.1　HTML 简介

HTML 的英文全称是 Hypertext Marked Language,即超文本标记语言,是一种用来制作超文本文档的简单标记语言。超文本传输协议规定了浏览器在运行 HTML 文档时所遵循的规则和进行的操作。HTTP 协议的制定使浏览器在运行超文本时有了统一的规则和标准,用 HTML 编写的超文本文档称为 HTML 文档,它能独立于各种操作系统平台,自 1990 年以来 HTML 就一直被用作 WWW(World Wide Web,也可简写为 Web,中文称作万维网)的信息表示语言,使用 HTML 语言描述的文件,需要通过 Web 浏览器显示出效果。

所谓超文本,是因为它可以加入图片、声音、动画、影视等内容,事实上每一个 HTML 文档都是一个静态的网页文件,这个文件里面包含了 HTML 指令代码,这些指令代码并不是一种程序设计语言,它只是一种排版网页中资料显示位置和方式的标记结构语言,易学易懂,非常简单。

2.1.2　HTML 的基本结构

HTML 基本结构的格式为:

<标签名称 属性名称＝属性值> 数据内容</标签名称>

一个 HTML 文档是由一系列的标签和属性组成,名称不区分大小写。HTML 用标签来规定元素的属性和它在文件中的位置,HTML 超文本文档分文档头和文档体两部分,文档头主要是对这个文档进行一些必要的定义,文档体中才是要显示的各种文档信息。

下面是一个最基本的 HTML 文档的代码:

```
<html>
    <head>
        <meta http-equiv = "Content-Type" content = "text/html; charset = gb2312" />
```

```
        <title>显示 title 的内容</title>
    </head>
    <body>
        内容……
    </body>
</html>
```

<HTML></HTML>在文档的最外层,文档中的所有文本和标签都包含在其中,它表示该文档是以 html 编写的。事实上,现在常用的 Web 浏览器都可以自动识别 HTML 文档,并不强制要求有<HTML>标签,也不对该标签进行任何操作,但是为了使 HTML 文档能够适应不断变化的 Web 浏览器,还是应该养成不省略这对标签的良好习惯。

<HEAD></HEAD>是 HTML 文档的头部标签,在浏览器窗口中,头部信息是不被显示在正文中的,在此标签中可以插入其他标记,用以说明文件的标题和整个文件的一些公共属性。若不需要头部信息则可省略此标记,良好的习惯是不省略此标记。

<META>设定文件的附加信息。如 charset="gb2312"表示网页内容编码,"gb2312"表示使用国标的汉字编码格式。http-equiv="content-type"和 content="text/html"表示网页的内容格式为简体网页的形式。

<TITLE>和</TITLE>是嵌套在头部标签中的,标签之间的文本是文档标题,它被显示在浏览器窗口的标题栏上。

<BODY></BODY>标签一般不省略,标签之间的文本是正文,是浏览器要显示页面的主体内容。body 属性列表如表 2-1 所示。

表 2-1　body 属性列表

bgcolor	背景色,<body bgcolor="#00FF99">
background	背景图案,<body background="url">
text	文本颜色<body text="#000000">
link	链接文字颜色<body text="#000000">
alink	活动链接文字颜色<body text="#000000">
vlink	已访问链接文字颜色<body text="#000000">
leftmargin	页面左侧的留白距离<body leftmargin="20">
topmargin	页面顶部的留白距离<body topmargin="20">

例 2-1　网页基本结构简单举例。

```
<HTML>
    <HEAD>
        <TITLE>这是标题</TITLE>
    </HEAD>
    <BODY>
        这是文档主体,正文部分
    </BODY>
</HTML>
```

以上是一个最简单的静态网页的基本结构,在录入的时候注意:"<"">"""/"等字符都是英文半角字符,编辑之后存盘,将文件名定义为 chap2_1. html 或 chap2_1. htm。注意扩展名一定是. htm 或. html,但不能是. txt。还要注意存储在哪个目录下。建议读者将文件存储在专门的目录中。在存盘时需要注意:在"文件名"文本框中,键入"chap2_1. html"或"chap2_1. htm";在"保存类型"下拉列表中,选择"所有文件";在"编码"下拉列表中,保留"ANSI"的设置;最后设置完毕,单击"保存"按钮即可。如图 2-1 所示。

图 2-1　静态页面的存储

存盘完毕,在当前文件夹中就会有一个 chap2_1. html 文件,双击它,系统自动会用浏览器打开它,如图 2-2 所示。

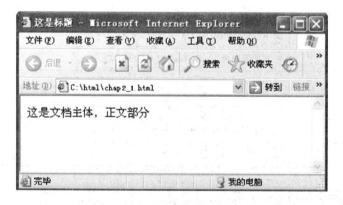

图 2-2　简单静态网页基本结构

2.2　HTML 常用标签

2.2.1　常用排版标签

对于 HTML 页面,文字排版标签必不可少,一个美观大方的文字页面能够确切地传达出

页面的主要信息。常见的 HTML 语言排版标签如下:

1. <p>标签

文本分段一般以<p>开头,以</p>结尾。段落标签<p>是 HTML 中最常用的标签,虽然</p>可以省略(因为下一个<p>的开始就意味着上一个<p>的结束),但最好还是遵循规范,正规书写。

<p>标签的常用语法格式为:

<p align = 对齐方式>……</p>

其中,align 用来定义段落的对齐方式,它可以取以下值:

(1) center 表示居中对齐。

(2) left 表示靠左对齐,是默认值。

(3) right 表示靠右对齐。

2.
标签、<nobr>标签、<pre>标签和<center>标签

段落与段落之间一般会空出一行距离。如果不想分段而只想分行,可以使用
标签,常用格式为:
。编写者对于自己需要断行的地方,应加上
标签。
标签仅仅分行而不分段。需要注意的是
不是成对出现的,也就是说,没有</br>。

在浏览器窗口缩小时,如果不想自动折行,可以使用<nobr></nobr>标签,格式为:<nobr>……</nobr>。

在通过各种标记对文字进行排版时,如果要保留原始排版效果,例如,文本中的空格、制表符等都要保留,则需要使用<pre></pre>标签,主要格式为:<pre width ＝宽度 wrap>……</pre>。其中,width 用于指明每行的最大字符数,wrap 说明可以折行,默认是不加 wrap,也就是不折行。

如果要把显示的内容居中对齐,还有一对专门的<center></center>标签,它没有属性。可以这样使用:<center>要居中对齐的内容</center>。在<center>和</center>中不仅可以放置文本,还可以放置图像、表格等其他各种对象,如果这些对象自身没有指明对齐方式的话,它们都居中对齐。

3. <hr>标签

为了使网页更有层次感,可以使用水平线标签<hr>,语法为:

<hr size = 宽度 width = 长度 align = 对齐方式 color = 颜色 noshade>

各属性的说明如下:

(1) size 表示用于设置水平线的宽度,以像素为单位,默认为1。

(2) width 表示水平线的长度,可以以像素为单位,如 100;也可以是浏览器窗口宽度的百分比,如 80％,默认为 100％。

(3) align 表示水平线的对齐方式,有 left、right、center 三种,默认为 center。

(4) color 表示指定线条颜色。颜色值既可以是一个十六进制数(最好用♯作前缀),也可以是颜色名称,默认为灰色。

(5) noshade 表示线段无阴影属性,为实心线段,默认为空心线段。

<hr>是一个单标签,也就是说没有对应的</hr>。

4. <hn>标签

一般文章都有标题、副标题、章和节等结构,HTML 中也提供了相应的标题标签<hn></hn>,

其中 n 为标题的等级。HTML 一共提供六个等级的标题，分别从<h1>到<h6>。n 越小，标题字号就越大，主要格式为：<hn align＝对齐方式>……</hn>其中对齐方式有 left、right、center 三种，默认为 center。

5. 文字标签

在 HTML 标记中，有两个标签可以指定字体大小，一个是<hn>标签，还有一个就是<font>标签。但<hn>标签只能用于有限的范围，而<font>标签的功能则更加强大。另外，还有一些设置字体某个特点的标签，如<strong>、<em>、<u>、<sup>、<sub>、<strike>、<code>等标签，它们都是成对的。

1)<font>标签

<font>标签的主要格式为：

<font face ＝ 字体类型 size ＝ 字体大小 color ＝ 颜色值 style ＝ 样式>……</font>

各个属性的说明如下：

(1) face 指定字体类型，如宋体、Times New Roman 等。但只有用户的计算机中装有相同的字体，才可以在其浏览器中出现预先设计的风格，所以最好指定常用字体。

(2) size 设置字号大小，默认值为 3。

(3) color 指定字体颜色。颜色值既可以是一个十六进制数(最好用♯作前缀)，也可以是颜色名称。

(4) style 指定字体样式。

2)<b>、<i>、<u>、<strong>、<em>、<sup>、<sub>等标签

为了让文字富有变化，或者为了强调某一部分，HTML 提供了一些产生特定效果的标签，常用文本格式如表 2-2 所示。

表 2-2　常用文本格式

文字卷标	显示效果	文字卷标		显示效果
<B>	粗体字	<STRONG>		重要文字(粗体)
<I>	斜体字	<DEL>		删除线
<U>	底线字	<FONT>	FACE	字体样式，如宋体等
<SUP>	上标字		COLOR	字体颜色
<SUB>	下标字		SIZE	字体大小
<EM>	重要文字(斜体)		<font face＝"宋体"color＝"green" size＝"20">内容</font>	
<STRIKE>	加横线			

特殊符号对应代码如表 2-3 所示。

表 2-3　特殊符号对应代码

符号卷标	显示效果
	空一格
&lt;	<
&gt;	>
&quot;	"
&times;	x

例 2-2 HTML 常用文本格式。

```
<html>
    <body>
        <p><b>粗体用 b 表示。</b></p><p><i>斜体用 i 表示。</i></p>
        <p><del>想唱就唱</del>这个    词当中划线表示删除。</p>
        <p><ins>唱的响亮</ins>这个词下划线插入。</p>
        <p>X<sub>2</sub>其中的 &lt;2&gt;是下标</p>
        <p>X<sup>2</sup>其中的 &quot;2&quot;是上标</p>
        <p><font face="宋体"color="green" size="20">我是 font,用来设置</font></p>
    </body>
</html>
```

结果如图 2-3 所示。

图 2-3 常用文本格式运行结果

2.2.2 图片标签

图片格式有很多种,目前在 Web 开发中使用较多的图片格式是 GIF、JPEG 和 PNG 等,图片文件一般要经过压缩,否则文件太大不利于在网上传输。它们的简要情况介绍如下:

(1) GIF 格式。GIF 格式的图像文件只包含 256 色,因此色彩表现力不够,但图像文件可以很小,压缩效率高。GIF 格式适合于商标、新闻式的标题,还可以形成简单的动画效果。文件的扩展名为.gif。

(2) JPEG 格式。照片之类的全彩图像一般都以 JPEG 格式来压缩,因此 JPEG 格式常用来保存超过 256 色的图像。但 JPEG 的压缩过程会造成图像数据的损失,是一种"有损压缩"。不过视觉上一般不易察觉。文件的扩展名为.jpg 或.jpeg。

（3）PNG 格式。PNG 格式是 Macromedia 公司倡导的。PNG 图像格式是一种非破坏性的网页图像文件格式，它提供了将图像文件以最小的方式压缩，却又不造成图像失真的技术。因此它不仅具有 GIF 图像格式的大部分优点，而且还支持真彩色。

有了图像文件之后，就可以使用<img>标签把图像插入到网页中了。<img>标签的主要语法为：

```
< img src = 图像文件的地址 alt = 文字 border = 边框宽度 width = 图像宽度 height = 图像高度>
```

各属性的解释如下：

（1）src 用来设置图像文件所在的路径。可以是相对路径，也可以是绝对路径。

（2）alt 表示当鼠标放在图片上时，显示的提示文字，一般用于说明此图片的标题或主要内容。当图像文件无法在网页中显示时，在图像的位置也会显示 alt 所设置的文字。

（3）border 表示图像边框的宽度，单位是像素。在默认情况下图像无边框，即 border＝0。

（4）width 和 height 表示图像的宽度和高度，单位是像素。在默认情况下，如果改变其中一个值，则另一个值也会等比例地进行调整，除非同时设置两个属性。

<img>标签还有三个比较常用的属性，它们是：

（1）align 属性。指定图像和周围文字的对齐方式。align 的取值如表 2-4 所示。

表 2-4　align 的取值

align 的值	含义
top	图像顶部和同行文本的最高部分对齐（可能是文本顶部，也可能是图像顶部）
middle	图像中部和同行文本的中部对齐（通常是文本行的基线，并不是实际的中部）
bottom	图像底部和同行文本的底部对齐
left	使图像和左边界对齐（文本环绕图像）
right	使图像和右边界对齐（文本环绕图像）
texttop	图像顶部和同行中最高的文本的顶部对齐，仅用于 Netscape
absmiddle	图像中部和同行中最大项的中部对齐，仅用于 Netscape
baseline	图像底部和同行的文本基线对齐，仅用于 Netscape
absbottom	图像底部和同行中的最低项对齐，仅用于 Netscape

（2）hspace 属性。图像与同行文字或对象之间的水平距离，单位是像素。

（3）vspace 属性。图像与上下行文字或对象之间的垂直距离，单位是像素。

例如，在页面中插入如下代码：

```
< IMG SRC = "image/myimage.jpg" alt = "图片" WIDTH = "200" HEIGHT = "100" BORDER = "10">
```

运行程序后会在页面中显示效果，如图 2-4 所示。

在页面中，"image/myimage.jpg"是相对路径，在 HTML 页面中涉及资源文件（如音乐、视频、图片等）的地方就会涉及绝对路径与相对路径的概念。

1. 绝对路径

绝对路径是指文件在硬盘上真正存在的路径。例如，"bg.jpg"这个图片是存放在硬盘的"E:\book\HTML\第 2 章"目录下，那么"bg.jpg"这个图片的绝对路径就是"E:\book\ HTML\第 2 章\bg.jpg"。如果要使用绝对路径指定网页的背景图片就应该使用以下语句：< body background＝"E：\book\ HTML \第 2 章\bg.jpg">。

图 2-4 图片显示效果

事实上,在网页编程时,很少会使用绝对路径。如果使用"E：\book\ HTML\第 2 章\bg. jpg"来指定背景图片的位置,则在计算机上浏览可能会一切正常,但是上传到 Web 服务器上被客户端浏览时就很有可能不会显示图片了。因为上传到 Web 服务器上时,可能整个网站并没有放在 Web 服务器的 E 盘,有可能是 D 盘或 H 盘。即使放在 Web 服务器的 E 盘里,Web 服务器的 E 盘里也不一定会存在"E：\book\ HTML\第 2 章"这个目录。

2．相对路径

为了避免上述情况的发生,通常在网页里指定文件时,都会选择使用相对路径。所谓相对路径,就是相对于自己的目标文件位置。例如,上述例子中的网页文件,由于"bg.jpg"图片相对于网页来说,是处在同一个目录,那么在网页文件里使用代码< body background＝"bg.jpg">,说明"bg.jpg"与当前语句所属的程序在同一个目录下,上传到服务器上时需要上传整个项目文件夹,那么无论项目文件夹上传到 Web 服务器的哪个位置,图片的路径相对于整个项目文件夹而言都是不发生变化的,在浏览器里都能正确地显示图片。

再举一个例子,假设网页文件所在目录为"E：\book\ HTML\第 2 章",而"bg.jpg"图片所在目录为"E：\book\ HTML\第 2 章\img",那么"bg.jpg"图片相对于网页文件来说,是在其所在目录的"img"子目录里,则引用图片的语句应该为:< body background＝"img/bg.jpg"> 。

需要说明的是,在相对路径里常使用"../"来表示上一级目录。如果有多个上一级目录,可以使用多个"../"。

2.2.3 超链接标签

超链接(hyperlink)是当单击某些文字或图片时打开另一个网页或画面。它的作用对网页设计来说极其重要,是 HTML 最强大和最有价值的功能。超链接简称链接(link)。超链接的语法根据其链接对象的不同而有所变化,但都是基于<a>标签的,主要语法为:

```
<a href = 本机上带绝对或相对路径的文件名 target = 目标>……</a>
```

或为:

```
<a href = Internet 上的带 URL 的文件名 target = 目标>……</a>
```

其中,href 是 hypertext refernce(超文本引用)的缩写。target 用于指定如何打开链接的网页,有以下几个值:

（1）_blank 表示打开一个新的浏览器窗口显示。

（2）_self 表示用网页所在的浏览器窗口显示，是默认设置。

（3）_parent 表示在上一级窗口打开，常用在框架页面中。

（4）_top 表示在浏览器的整个窗口打开，将会忽略所有的框架结构。

在＜a＞和＜/a＞之间，是超链接要显示的文字或图片。当用户把鼠标放在这些文字或图片上时，一般来说鼠标会变成手的形状，此时单击文字或图片，超链接就会发生作用了。

超链接还可以用来发电子邮件，语法为：＜a href＝"mailto:电子邮件地址"＞链接的文字＜/a＞。这就创建了一个自动发送电子邮件的链接，"mailto:"（注意其中有一个半角的冒号）后边紧跟想要自动发送的电子邮件的地址，例如：

＜a href ＝ "mailto:webmaster@126.com"＞给站长发 E-mail＜/a＞

单击该超链接，系统就会打开电子邮件发送软件（如 Outlook Express 或 Foxmail），就可以写邮件并发送了。

例 2-3 HTML 超链接。

```
＜html＞
  ＜body＞
    ＜p＞＜a href ＝ "http://www.baidu.com"  title ＝ "百度"＞这是百度的链接＜/a＞＜/p＞
    ＜P＞＜a href ＝ "http://www.baidu.com"＞＜img src ＝ "baidu.jpg"＞＜/a＞＜/p＞  //图片超链接
    ＜a href ＝ "mailto:1234567@163.com"＞邮箱发信＜/a＞
    ＜/p＞
  ＜/body＞
＜/html＞
```

运行结果如图 2-5 所示。

图 2-5 超级链接运行结果

2.2.4 HTML 列表

列表（list）是一种常用的数据排列方式，它以条列式的模式来显示数据，使读者能一目了然。在 HTML 有三种列表，分别是无序列表（unordered lists）、有序列表（ordered lists）和定义列表（definition lists）。

1. 无序列表

无序列表（unordered lists）是一种不编号的列表方式，而在每一个项目文字之前，用符号

作为分项标识,最常用的符号是圆黑点。常用语法为:

```
<ul type = 符号类型>
  <li>第 1 项
  <li>第 2 项
  ……
  <li>第 n 项
</ul>
```

无序列表由<ul>开始,每个列表项由<li>开始,最后由</ul>结束。

在默认情况下,无序列表的项目符号是"●",但通过 type 属性可指定项目符号,其值有三个,分别是:

(1) disc。默认的项目列表符号"●"。

(2) circle。空心园符号"○"。

(3) square。方块符号"■"。

2. 有序列表

有序列表(ordered lists)中的每个列表项使用编号而不是符号来进行排列,以表示顺序性,一般采用数字或字母作为顺序号。常用语法为:

```
<ol type = 符号类型 start = 起始数字>
  <li>第 1 项
  <li>第 2 项
  ……
  <li>第 n 项
</ol>
```

有序列表由<ol>开始,每个列表项由<li>开始,最后由</ol>结束。

在默认情况下,无序列表的编号是阿拉伯数字,但通过 type 属性可指定编号,其值有 5个,分别是:

(1) 用阿拉伯数字 1、2、3、4……编号。

(2) 用小写英文字母 a、b、c、d……编号。

(3) 用大写英文字母 A、B、C、D……编号。

(4) 用小写罗马数字 i、ii、iii、iv……编号。

(5) 用大写罗马数字 Ⅰ、Ⅱ、Ⅲ、Ⅳ……编号。

在默认情况下,有序列表的列表项从 1 开始编号,但通过 start 属性可设置起始数值,它不仅对数字起作用,而且对英文和罗马字母起作用。

3. 定义列表

定义列表(definition lists)通常用于术语的定义,它包含两个层次的列表,第一层次是需要解释的名词,第二层次是具体的解释。常用语法为:

```
<dl>
  <dt>第 1 项<dd>解释 1
  <dt>第 2 项<dd>解释 2
  ……
  <dt>第 n 项<dd>解释 n
</dl>
```

定义列表由< dl >开始,每个列表项由< dt >开始,列表项的解释由< dd >开始。最后由</ dl >结束。

例 2-4 HTML 列表标签。

```
< html >
< body >
< ol type = "1" start = "50">
  < li >咖啡</li>
  < li >牛奶</li>
  < li >茶</li>
</ol >
< ul type = "disc">
  < li >苹果</li>
  < li >香蕉</li>
  < li >柠檬</li>
  < li >桔子</li>
</ul >
</body >
</html >
```

运行结果如图 2-6 所示。

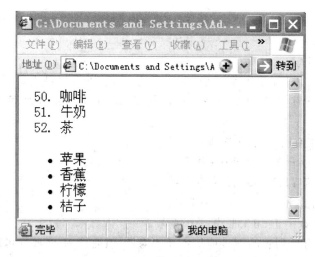

图 2-6　列表标签运行结果

2.2.5　HTML 表格

HTML 表格用< table >表示。一个表格可以分成很多行(row),用< tr >表示;每行又可以分成很多单元格(cell),用< td >表示。这三对标签是创建表格最常用标签,需要统一使用,语法为:

```
< table >
  < tr >
    < td >单元格内的文字</td>
```

```
     <td>单元格内的文字</td>
     ……
     <td>单元格内的文字</td>
   </tr>
   <tr>
     <td>单元格内的文字</td>
     <td>单元格内的文字</td>
     ……
     <td>单元格内的文字</td>
   </tr>
   ……
</table>
```

也就是说,在< table ></table>标签中嵌套< tr ></tr>标签,在< tr ></tr>标签中嵌套< td ></td>标签。

1. < table ></table>标签

< table ></table>标签中的属性很多,用于控制表格的整体显示。常用语法格式为:

< table align = 对齐方式 bgcolor = 表格背景色 border = 边界宽度 bordercolor = 边界颜色 height = 表格高度 width = 表格宽度 cellpadding = n cellspacing = n nowrap>

　　……

</table>

其中各属性的意义如下:

(1) align 表示表格在上一层容器控件中的对齐方式。有 center、left、right 三个值,其中 left 是默认对齐方式。

(2) bgcolor 表示设置表格的背景色,默认是上级容器的背景色。

(3) border 表示表格线的宽度,单位是像素,默认值是1。

(4) bordercolor 表示设置表格线的颜色。如果没有包含 border 属性,或者 border 属性值是 0,则忽略此属性值。

(5) height 表示表格的高度,以像素或页面高度的百分比为单位。但如果表格内容大于设置的高度,则表格会自动扩张,以便容纳所要显示的内容。

(6) width 表示表格的宽度,以像素或页面宽度的百分比为单位。但如果表格内容大于设置的宽度,则表格会自动扩张,以便容纳所要显示的内容。

(7) cellpadding 表示单元格内部所显示的内容和表格线的距离,单位是像素。

(8) cellspacing 表示表格线的"厚度",单位是像素或百分比。

(9) background 表示定义表格的背景图案。一般选浅颜色的图案。此属性不要与 bgcolor 同用。

(10) bordercolorlight 表示表格边框向光部分的颜色,只适用于 IE。如果忽略 border 属性或 border 属性值为 0,则此属性不起作用。

(11) bordercolordark 表示表格边框背光部分的颜色,只适用于 IE。如果忽略 border 属性或 border 属性值为 0,则此属性不起作用。使用 bordercolorlight 或 bordercolordark 时,bordercolor 将会失效。

2. <tr></tr>标签

<tr></tr>标签用来设置表格各行的属性,<tr></tr>标记的常用语法格式为:

<tr align = 对齐方式 valign = 垂直对齐方式 height = 行高 background = 背景图案 bgcolor = 背景色 bordercolor = 边界颜色 bordercolordark = 边界背光部分的颜色 bordercolorlight = 边界向光部分的颜色>

　　……

</tr>

可以看出,<tr></tr>标签的很多属性和<table></table>标签的相应属性是一样的。所不同的是,<table></table>标签的各个属性设置的是整个表格的显示情况,而<tr></tr>标签属性只用于设置相应行的显示情况。当<tr></tr>标签属性值的设置和<table></table>标签的同名属性值不同时,以<tr></tr>标签属性值为准。也就是说,低层的属性设置会"屏蔽"高层属性。

<tr></tr>标签的一些和<table></table>标签不同的属性的意义如下:

(1) align 表示文本在单元格中的水平对齐方式。有 center、left、justify、right 4 个值,其中 left 是默认对齐方式,justify 是指在单元格中合理调整内容,以恰当显示。

(2) valign 表示文本在单元格中的垂直对齐方式。有 baseline、top、middle、bottom 4 个值,默认值是 middle,即垂直居中对齐。baseline 是指单元格中内容以基线(baseline)为准,垂直对齐,它类似于 bottom(底端对齐)。

3. <td></td>标签

<td></td>标签的常用语法格式为:

<td width = 宽度 height = 高度 align = 水平对齐方式 valign = 垂直对齐方式 height = 行高 background = 背景图案 bgcolor = 背景色 bordercolor = 边界颜色 bordercolordark = 边界背光部分的颜色 bordercolorlight = 边界向光部分的颜色 colspan = 跨列数 rowspan = 跨行数 nowrap>

　　……

</td>

可以看出,<td></td>标签的很多属性和<table></table>标签、<tr></tr>标签的相应属性是一样的。而<td></td>标签属性只用于设置相应单元格的显示情况。当<td></td>标签属性值的设置和<table></table>标签、<tr></tr>标签的同名属性值不同时,一般以<td></td>标签属性值为准。但也有例外,例如,在<tr></tr>标签中已经设置了行的高度 height 属性值,则在行的<td></td>标签中设置的行高 height 值如果和<tr></tr>标签中设置的不同,以<tr></tr>标签中设置的行高为准,除非该行的所有单元格都设置了同一个 height 属性值。

<td></td>标签的一些和<table></table>标签或<tr></tr>标签不同属性的意义如下:

(1) colspan 表示该单元格在水平方向上跨的列数,默认为 1。

(2) rowspan 表示该单元格在垂直方向上跨的行数,默认为 1。colspan 和 rowspan 是为制作复杂表格准备的。

(3) nowrap 表示如果单元格中的内容超过了单元格的宽度,则用此属性禁止内容折行显示。

例 2-5　HTML 表格应用。

```
<html>
<head>
<title>表格范例</title>
</head>
<body>
<center>
<p><font face="楷体_GB2312" size="5" color="#800080">商品一览表</font></p>
<table border="0" width="291">
<tr>
<th width="112" align="left"><font size="2">商品名称</font></th>
<th width="72"><font size="2">单位</font></th>
<th width="87" align="right"><font size="2">单价</font></th>
</tr>
<tr>
<td width="112"><font size="2">背投电视机</font></td>
<td align="center" width="72"><font size="2">台</font>
<td align="right" width="87"><font size="2">$13,699</font>
</tr>
<tr>
<td width="112"><font size="2">三门冰箱</font></td>
<td align="center" width="72"><font size="2">台</font>
<td align="right" width="87"><font size="2">$2,699</font>
</tr>
<tr>
<td width="112"><font size="2">全自动洗衣机</font></td>
<td align="center" width="72"><font size="2">台</font>
<td align="right" width="87"><font size="2">$4,188</font>
</tr>
</table>
<p><font face="楷体_GB2312" color="#0000FF" size="5">员工表</font></p>
<table border="1" width="50%">
<tr>
<th width="25%" align="center"><font size="2">姓名</font></th>
<th width="20%" align="center"><font size="2">性别</font></th>
<th width="20%" align="center"><font size="2">年龄</font></th>
<th width="35%" align="center"><font size="2">联系电话</font></th>
</tr>
<tr>
<td width="25%" align="center"><font size="2">Jerry</font></td>
<td width="20%" align="center"><font size="2">男</font></td>
<td width="20%" align="center"><font size="2">6</font></td>
<td width="35%" align="center"><font size="2">88765699</font></td>
</tr>
<tr>
```

```
< td width = "25 %" align = "center" >< font size = "2" > Bonni </font ></td >
< td width = "20 %" align = "center" >< font size = "2" >女</font ></td >
< td width = "20 %" align = "center" >< font size = "2" > 7 </font ></td >
< td width = "35 %" align = "center" >< font size = "2" > 88562158 </font ></td >
</tr >
< tr >
< td width = "25 %" align = "center" >< font size = "2" > Kimi </font ></td >
< td width = "20 %" align = "center" >< font size = "2" >男</font ></td >
< td width = "20 %" align = "center" >< font size = "2" > 7 </font ></td >
< td width = "35 %" align = "center" >< font size = "2" > 64322108 </font ></td >
</tr >
</table >
</center >
</body >
</html >
```

显示效果如图 2-7 所示。

商品一览表

商品名称	单位	单价
背投电视机	台	$13,699
三门冰箱	台	$2,699
全自动洗衣机	台	$4,188

员工表

姓名	性别	年龄	联系电话
Jerry	男	6	88765699
Bonni	女	7	88562158
Kimi	男	7	64322108

图 2-7 < table >/</ table >标签运行结果

2.2.6 表单

表单(form)是实现图形用户界面的基本元素,它包括按钮、文本框、单选框、复选框等组件,它们是 HTML 实现交互功能的主要接口。程序通过表单向服务器提交用户数据。表单的使用包括两个部分:一部分是用户界面,提供用户输入数据的组件;另一部分是处理程序,可以是客户端程序也可以是服务器端程序,无论是在客户端还是在服务器端处理用户提交的数据,都需要将处理结果返回到浏览器中。本节介绍如何用 HTML 生成用户界面。对于处理用户提交的数据涉及的 JavaScript 和 JSP 程序设计,将在后续章节中讲解和练习。

例 2-6 设计一个表单示例程序,定义一个简单的用户注册界面。

form_1.htm:
```
< html >
    < head >
        < meta http-equiv = "Content-Type" content = "text/html; charset = GBK" >
        < title >表单</title >
```

```
< body >
< form name = ˝f1˝ method = ˝post˝ action = ˝XXX. jsp˝>
< table width = ˝100 %˝ borde = ˝0˝ cellpadding = ˝0˝ style = ˝font-size:12px;˝>
< caption >用户注册</caption>
< tr >
< td align = ˝right˝>用户名:</td >
< td align = ˝left˝>< input type = ˝text˝ name = ˝t1˝></td >
</tr >< tr >
< td align = ˝right˝>密码:</td >
< td align = ˝left˝>< input type = ˝password˝ name = ˝t2˝></td >
</tr >< tr >
< td align = ˝right˝>确认密码:</td >
< td align = ˝left˝>< input type = ˝password˝ name = ˝t3˝></td >
</tr >< tr >
< td align = ˝right˝>性别:</td >
< td align = ˝left˝>
< input type = ˝radio˝ name = ˝r1˝ value = ˝男˝ checked>男
< input type = ˝radio˝ name = ˝r1˝ value = ˝女˝>女</td >
</tr >< tr >
< td align = ˝right˝>爱好:</td >
< td align = ˝left˝>
< input type = ˝checkbox˝ name = ˝c1˝ value = ˝音乐˝>音乐
< input type = ˝checkbox˝ name = ˝c2˝ value = ˝美术˝>美术
< input type = ˝checkbox˝ name = ˝c3˝ value = ˝旅游˝>旅游
</td >
</tr >< tr >
< td align = ˝right˝>E-Mail:</td >
< td align = ˝left˝>< input type = ˝text˝ name = ˝t4˝ ></td >
</tr >< tr >
< td align = ˝right˝>< input type = ˝submit˝ value = ˝提交˝></td >
< td align = ˝left˝>< input type = ˝reset˝ value = ˝重置˝></td >
</tr ></table ></form ></div ></body ></html >
```

　　form_1. htm 是一个表单示例程序。在该程序中。< form >标签的属性 name＝"f1"是该表单的名称;method＝"post"是向服务器提交用户数据的方式,也可以是 method＝"get",get 和 post 的区别是:get 是把要上传的数据加到表单 action 属性所指的 URL 中,上传时用户在 URL 地址栏中可以看到提交的内容,因此一些登录信息,如用户名和密码等就会显示在地址栏中,安全性低;post 是通过 HTTP post 机制,将上传的数据放置在 HTML HEADER 内一起传送到 action 属性所指的 URL 地址,用户看不到这个过程,在地址栏中也不会显示这些数据,另一个方面,由于 get 方式传输的数据量较小,一般限制在 2KB 左右,所以表单提交建议使用 post 方式;action＝"XXX. jsp"表示数据向服务器提交时,服务器端要执行 XXX. jsp 程序,XXX. jsp 可以获取客户端传来的数据并进行应用处理。

　　< form >标签中上传的数据是用< input >、< textarea >、< select >等标签定义的,这些标签

中的属性 name 和 value 的值是成对出现。form_1.htm 程序中,<input>的属性 type="text"
定义了一个文本输入行;type="password"定义了一个密码文本输入行,输入的文字显示在输
入框中以 * 号代替;type="radio"定义的是单选框,type="checkbox"定义的是复选框,
checked 参数表示初始为选中状态;type="submit"定义的是提交按钮,单击此按钮则上传数
据并执行 action 属性指定的程序;type="reset"定义的是清除按钮,单击此按钮则输入的数据
全部清空。<input>的 type 属性还可以是 type="button",这是普通按钮。

当<input>的属性 type="file"时,<form>标签的属性 enctype 的值取为 multipart/form-data,表
示要上传文件。例如:

> <form enctype="multipart/form-data" action="XXX.jsp" method="post">
>   传送该文件到服务器:<input type="file" name="myfile">
> <input type="submit" value="发送文件">
> </form>

使用"记事本"输入上述 form_1.htm 程序并存放在应用目录中。在浏览器中浏览就会显
示如图 2-8 所示页面。

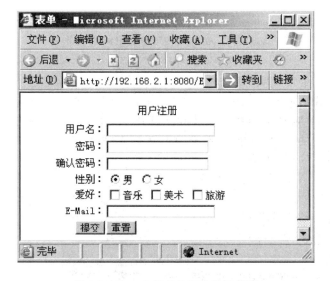

图 2-8　form_1 简单的用户注册界面

例 2-7　编写一个表单示例程序,定义了一个如图 2-9 所示简单的员工管理录入界面。

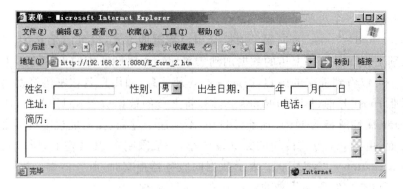

图 2-9　form_2.htm 一个简单的员工管理录入界面

form_2.htm：

```
<html>
<head>
<meta http-equiv="Content-Type" content="text/html;charset=GBK">
<title>表单</title>
</head>
<body>
<div align="center">
<form name="f1" method="post" action="XXX.jsp">
<table border="0" width="100%" align="center" cellspacing="0" cellpadding="2" border-
color="red">
<tr>
<td width="100%">
姓名:<input type="text" size="15" name="Name" />  
性别:<select name="S1"><option value="男">男</option><option value="女">女</option>
</select>
  出生日期:<input type="text" size="6" name="Y1" />年
<input type="text" size="3" name="M1" />月<input type="text" size="3" name="D1" />日
<td>
<tr>
</table>
<table border="0" width="100%" cellspacing="0" cellpadding="2" bordercolor="red">
<tr><td width="100%">
住址:<input type="text" size="56" name="Add1" />  
电话:<input type="text" size="12" name="Tel1" />
<td><tr>
</table>
<table border="0" width="100%" cellspacing="0" cellpadding="2" bordercolor="red">
<tr><td width="100%">
简历:<br>
<textarea name="T1" rows="3" cols="76"></textarea>
<td><tr>
</table>
</form></div>
</body>
</html>
```

form_2.htm 也是一个表单示例程序，主要演示了<textarea>文本输入框、<select>下拉框（或称"选择框"）标签的使用。在 form_2.htm 程序中

```
<select name="S1">
    <option value="男">男</option>
    <option value="女">女</option>
</select>
```

表示有男、女 2 个下拉菜单项，以下拉方式显示菜单项，菜单项只能单选。

使用"记事本"输入上述 form_2.htm 程序并存放在应用目录中。在浏览器中浏览就会显示相应的页面。

2.2.7 框架

框架(frame)最主要的功能是用来分割页面窗口,使每个"小窗口"能显示不同的 HTML 文件。这样的页面结构称为框架结构的页面,而这些"小窗口"就被称为框架的"窗口"。

框架又常被称为帧。利用框架可以将浏览器窗口分割成多个相互独立的区域,每个区域可以显示独立的 HTML 页面。用< frameset >标签划分区域,用< frame >标签定义各区域要执行的程序。框架的基本语法如下:

```
< frameset rows = 行划分方式 cols = 列划分方式>
  < frame src = HTML 文件 1 name = 框架名 1>
  < frame src = HTML 文件 2 name = 框架名 1>
  ……
  < frame src = HTML 文件 n name = 框架名 1>
</frameset >
```

框架的外层标签是< frameset >和</frameset >,这对标签用来定义主文档中有几个帧,并且各个帧是如何排列的,定义的方法是使用 cols 属性或 rows 属性,cols 属性值用来垂直分割窗口,rows 属性值用来水平分割窗口。使用< frameset >标签时,这两个属性必须至少选择一个,否则浏览器只显示第一个定义的帧。

rows 和 cols 的属性值可以是百分数、像素值或星号"＊",其中星号代表那些未被说明的空间,即除了已说明的部分剩下的所有部分。同时,所有的帧按照 rows 和 cols 的值从左到右,然后从上到下排列。

< frame >标签放在< frameset ></frameset >之间,用来定义某一个具体的框架。< frame >标签具有 src 和 name 属性,这两个属性一般都需要赋值。src 是此框架要显示的 HTML 文件名(包括路径),name 是此框架的名字,这个名字用来供超链接标签< a >使用的。

例 2-8 使用 frame 框架技术实现如图 2-10 所示的内容。

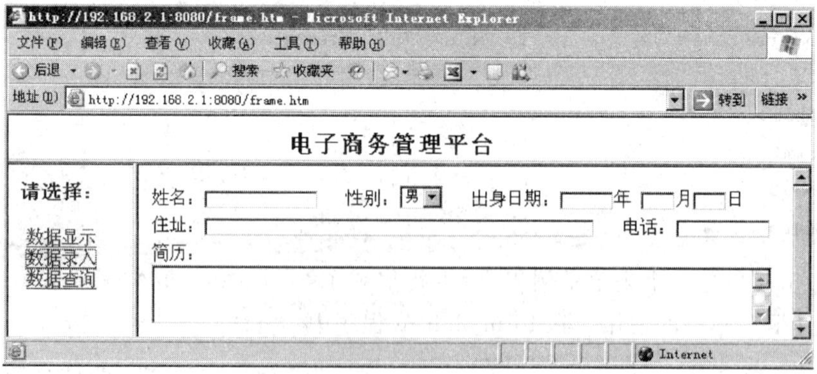

图 2-10 框架分割浏览器窗口

具体实现代码如下:

frame.htm:

```
< html >
```

```
< frameset rows = "40, * " id = "FS1" frameborder = "1" bordercolor = "red" framespacing = "1">
    < frame src = "Title. htm" name = "F1" scrolling = "no" noresize >
    < frameset cols = "16 % , * " id = "FS1" frameborder = "1" bordercolor = "yellow" framespacing = "1">
      < frame src = "navigator. htm" name = "F2" scrolling = "auto" noresize >
      < frame src = "" name = "F3" scrolling = "auto" noresize >
    </frameset >
  </frameset >
  </html >
```

Title. htm:

```
< html >< head >
< meta http-equiv = "Content-Type" content = "text/html; charset = GBK">
< title >标题</title >
</head >
< body >
< center >
< span style = "font-size:22px;color:#900;font-family:'华文行楷';padding-top:10;"> 电子商
务管理平台</span >
</center >
</body ></html >
```

navigator. htm:

```
< html >< head >
< meta http-equiv = "Content-Type" content = "text/html; charset = GBK">
< title >功能</title >
</head >
< body >
< center >
< div >< h3 >请选择:</h3 ></div >
< div >< a href = "dataDisplay. htm" target = "F3">数据显示</a ></div >
< div >< a href = ".. / form_2. htm" target = "F3">数据录入</a ></div >
< div >< a href = "table. htm" target = "F3">数据查询</a ></div >
</center >
</body ></html >
```

上面的一组程序(frame. htm、Title. htm、navigator. htm)演示了框架是如何分割浏览器窗口及各窗口中的程序执行过程。

frame. htm 程序中,< frameset rows="40, * " id="FS1" frameborder="1" bordercolor="red" border="1" framespacing="1">将浏览器分割成两行窗口:第一行窗口高 40 像素,余下的高度全给第二行窗口,两行窗口之间有边界线(frameborder="1"),边界线的颜色为红(bordercolor="red"),窗口之间的距离 1 像素(framespacing="1");< frame src="Title. htm" name="F1"frameborder="no" scrolling="no" noresize >表示:第一行窗口中要运行程序 Title. htm(src="Title. htm"),该窗口的名字是 F1(name="F1"),该窗口没有滚动条、不能改变大小(scrolling="no" noresize);第二行的窗口又分为两列窗口:第一列窗口的宽占整个窗口的 16%;第一列窗口中运行程序 navigator. htm,窗口的名字是 F2,滚动条自动显示;第

二列窗口初始时无运行的程序(src="")，名字是 F3。

Title.htm 显示标题"电子商务管理平台"。

navigator.htm 是功能选择单。完成各功能的程序被定位到第二列窗口 F3 中。使用"记事本"分别输入 frame.htm、Title.htm、navigator.htm 程序并存放在应用目录中。在浏览器中运行 frame.htm，并选择功能后，浏览器会显示相应窗口的内容。

2.2.8　应用音乐与视频标签

使用<embed>标签可以将多媒体文件添加进网页中。但仅仅这样做还不够，还需要在客户端的计算机中安装相应的播放软件，这样浏览器才能顺利播放。

<embed>标签的主要语法为：

```
< embed src = 多媒体文件地址 width = 播放界面宽度 height = 播放界面高度>
</embed>
```

在该语法中，width 和 height 一定要设置，单位是像素，否则无法正确显示播放多媒体文件的软件。

1．加背景音乐<embed>标签

在页面中加入背景音乐的代码如下：

```
< html >
< head >< title >加背景音乐</title ></head>
< body >
< EMBED src = "朋友.mp3" autostart = "true" loop = "true" width = "m" height = "k">
</embed>
</body>
</html>
```

<embed>标签的主要有以下属性：

（1）src 用来设置音乐文件的路径及文件名。

（2）autostart 为 true 表示音乐文件上传完后自动开始播放，默认为 false。

（3）loop 为 true 表示无限次重播，为某一具体值（整数）表示重播的次数，为 false 表示不重播。

（4）Volume 取值范围为 0～100，用来设置音量，默认为系统本身的音量。

（5）Starttime 格式为"分：秒"，用来设置歌曲开始播放的时间，如 starttime="00：10"，表示从第 10 秒开始播放。

（6）endtime 格式为"分：秒"，用来设置歌曲结束播放的时间。

（7）width 用来设置控制面板的宽。

（8）height 用来设置控制面板的高。

2．在页面中添加影片

在页面中添加影片也是使用<object>标签，代码如下：

```
< html >
< head >< title >加影片</title ></head>
< body >
```

```
< object classid = "clsid:22D6F312-B0F6-11D0-94AB-0080C74C7E95" id = "MediaPlayer1">
< param name = "Filename" value = "影片名.后缀名">
< param name = "AutoStart" value = "1" >
</object>
</param>
</body>
</html>
```

param 属性可以有以下的取值范围及含义：

< param name="AutoStart" value="a">,其中 a 表示是否自动播放电影,为 1 表示自动播放,0 是按键播放。

< param name="ClickToPlay" value="b">,其中 b 为 1 表示用鼠标点击控制播放或暂停状态,为 0 是禁用此功能。

< param name="DisplaySize" value="c">,其中 c 为 1 表示按原始尺寸播放。

< param name="EnableFullScreen Controls" value="d">,其中 d 为 1 表示允许切换为全屏,为 0 则禁止切换。

< param name="ShowAudio Controls" value="e">,其中 e 为 1 表示允许调节音量,为 0 禁止调节。

< param name="EnableContext Menu" value="f">,其中 f 为 1 表示允许使用右键菜单,为 0 表示禁用右键菜单。

3. 在页面中插入 FLASH

在页面中插入 FLASH 可以使用< object >＋＋< embed >标签,简单的示例代码如下：

```
<html>
< body >
< object classid = "clsid:D27CDB6E-AE6D-11cf-96B8-444553540000"  width = "802"
height = "502">
  < param name = "movie" value = "20190612162414361436.swf" />
  < param name = "quality" value = "high" />
< embed src = "20190612162414361436.swf" quality = "high" width = "802"
height = "502">< /embed >
</object >
</body>
</html>
```

2.2.9 滚动标签

在 HTML 中要设置动态文字,需要使用< marquee >标签,主要语法为：

```
< marquee direction = 滚动方向 behavior = 滚动方式 loop = 循环次数 scrollamount = 滚动速度
scrolldelay = 时间间隔 bgcolor = 背景颜色 width = 背景宽度 height = 背景高度 hspace = 水平间隔
vspace = 垂直间隔>
    滚动的文字
</marquee >
```

主要属性说明如下：

（1）direction 用来设置文字滚动的方向。可以为 left、right、up 或 down，分别表示文字向左、向右、向上、向下滚动，其中 left 为默认值。

（2）behavior 用来设置文字的滚动方式。可以为 scroll（循环滚动，默认效果）、slide（只滚动一次）或 alternate（来回交替滚动）。如果设置为 slide，则滚动一次后，文字将会停止不动。

（3）loop 用来设置文字的滚动次数。如果为 -1（默认值），则无限次滚动。但此属性只在 IE 中有效。

（4）scrollamount 用来设置文字的滚动速度。实际上是滚动文字每次移动的长度，以像素为单位，默认值为 1。这个值最好不要太大，否则文字跳动比较厉害，对眼睛有损害。

（5）scrolldelay 用来设置文字的滚动延迟，时间间隔单位是 ms。这个单位过于精细了，一般都是 10 的倍数，因为过小的值很晃眼。

（6）bgcolor 用来设置滚动文字的背景颜色。

（7）width 和 height 用来设置滚动背景区域的宽度和高度，单位是像素。在默认情况下，水平滚动的文字背景与文字同高，与浏览器窗口同宽；水平滚动的文字背景的高度也是尽量大，宽度与文字同宽。

（8）hspace 用来设置滚动背景和周围对象的水平距离，单位是像素。

（9）vspace 用来设置滚动背景和周围对象的垂直距离，单位是像素。

例 2-9　一个垂直滚动的消息提示板。

```html
<html>
  <head>
    <title>垂直滚动</title>
  </head>
  <body>
    <table width = "120" border = "1" cellspacing = "0" cellpadding = "0"
      bgcolor = "#339999" bordercolor = "#339999" align = "left">
    <tr><td height = "17" align = "center">
        <font size = "4" color = "white">全国著名大学</font>
      </td></tr>
    <tr bgcolor = "#eeffee"><td height = "80">
    <marquee scrollamount = "1" scrolldelay = "100" direction = "up"
      width = "100%" height = "80" hspace = "5">
      <font size = "2"><a href = "http://www.tsinghua.edu.cn" target = "_blank">
      清华大学</a></font><br>
      <font size = "2"><a href = "http://www.pku.edu.cn" target = "_blank">
      北京大学</a></font><br>
      <font size = "2"><a href = "http://www.ruc.edu.cn" target = "_blank">
      中国人民大学</a></font><br>
      <font size = "2"><a href = "http://www.ustc.edu.cn" target = "_blank">
      中国科技大学</a></font><br>
      <font size = "2"><a href = "http://www.sjtu.edu.cn" target = "_blank">
      上海交通大学</a></font><br>
      <font size = "2"><a href = "http://www.fudan.edu.cn" target = "_blank">
```

```
      复旦大学</a></font>
    </marquee>
    </td></tr>
  </table>
 </body>
</html>
```

显示结果如图 2-11 所示。

图 2-11　文字垂直滚动示意图

2.3　使用 Dreamweaver 编辑网页

2.3.1　Dreamweaver 简介

Dreamweaver 是由 Micromedia 公司出品的一款流行的专业从事网页设计、网站管理、网页可视化编程的应用软件。具有跨平台、跨浏览器的特点。它与 Flash、Fireworks 合在一起被称为网页制作"三剑客",这三个软件相辅相成,是网页制作的最佳选择。Dreamweaver 制作网页的效率很高,制作出来的网页兼容性也比较好,Flash 主要用来制作精美的网页动画,而 Fireworks 用来处理网页中的图形。

2.3.2　Dreamweaver 的基本操作

在安装 Dreamweaver 之后,它会自动在 Windows 的"开始"菜单中创建程序组,打开"开始"菜单,选择"程序"→"Macromedia Dreamweaver"→"Dreamweaver"命令,便可启动 Dreamweaver,软件启动后会新建一个空白的 HTML 文档等候编辑,如图 2-12 所示,界面上面是标题栏,显示出被编辑页面的标题,在括号内显示出文档所在目录及文件名,如果有星号出现则表示页面中存在没保存的改动。标题栏下面是菜单,里面列有软件的功能列表,这与其他软件没什么两样。中间这一大块空白地方是文档窗口,就在这里制作网页。

1. 建立站点

站点是存储所有 Web 网站文件的地方。用 Dreamweaver 创建网站前,应该先在资源管理器中建立一个文件夹,以便今后保存所有站点文件。在 Dreamweaver 中创建网站时,需要给出站点名称和一个本地文件夹。建好站点后,再从站点管理窗口建立起各个栏目的子文件夹以及用于保存公共文件的分类文件夹,如存放图片的 images 文件夹,存放样式的 CSS 文件夹等。

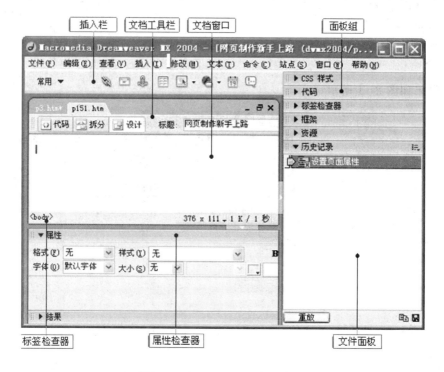

图 2-12　Dreamweaver 界面介绍

注意,在 Dreamweaver 中建立文件夹和文件时,应该采用英文字符或数字命名,不要用汉字,以免有时候上传之后不能正常显示。

2. 建立网页

(1) 设置页面总体属性

从"修改"(Modify)菜单中选择"页面属性"(Page Properties),可以设置网页的标题、背景图片、背景颜色、超级链接各状态的颜色、页面边距等。

(2) 编辑文本

和 Word 中的操作基本相同,先输入文字,然后通过属性面板设置字体、字号、颜色、对齐方式等效果。输入时注意以下问题。

① 关于空格:系统默认字符之间可以通过空格键输入 1 个字符的空隙。如果想加大空隙,需按组合键"Ctrl＋Shift＋空格",或从代码窗口输入专门的空格符 ,否则按空格键无效。

② 关于换行:输入文字时,若超过窗口显示宽度,系统可自动换行;需要分段时直接按 Enter 键即可,两段之间空一行。可以按"Shift＋Enter"键实现不分段的手动换行。

③ 关于字体:系统默认的中文字体一般是宋体,字号为 3,颜色为黑色。如果想换成其他字体,第一次进行此操作时需要添加所需要的汉字字体。一般正文字号用 2 显得比较美观秀气。标题文字可以设为 3 或 4。文字颜色尽量与背景色对比鲜明。

(3) 插入图片

从"插入"(Insert)菜单里选择"图片"(Image),从对话框里找到所需要的图片并确定之。

注意：

① 插入图片前应该先保存网页，否则系统提示用带 File 的本地路径。

② 如果所插图片不在站点文件夹中，系统会提示是否复制到站点文件夹，应该选择"是"，否则设计时可以看得到图片，等上传到网上后就找不到该资源了！所以，最好先把所需要的图片从资源管理器的其他文件夹中复制或移动到站点文件夹中。

③ 插入进来的图片可以通过属性面板改变其尺寸、对齐方式、提示文字，建立常规链接和热点图链接等。

（4）插入轮替图片

从"插入"(Insert)菜单里选择"轮替图片"(Interactive Images)，从对话框里找到所需要的图片 1 和图片 2，并确定之。这样当鼠标移动到图片 1 上时就会出现图片 2，并且可以出现提示文字。

（5）插入其他对象

可以通过插入菜单插入其他各种网页元素，如表格(Table)、图层(Layer)、框架(Frame)、表单(Form)、超级链接(Hyperlink)、锚(Named Anchor)(也称书签)、多媒体控件(Media)、水平线(Horizontal Rule)、特殊字符(Special Characters)、导航条(Navigation Bar)、日期(Date)、脚本程序(Script Objects)等。

3．建立超链接

利用超级链接可以实现在文档之间或文档中的跳转。链接方向是由源端点到目标端点的，链接的目标端点可以是任意的网络资源，如一个页面、一幅图画、一段音乐、一段程序，或者是页面中的某个位置。可以利用文字也可以通过图片等建立超级链接。

链接的一般标记< a　href = "url"　target = "">链接源端点 </a>。

超级链接分以下三类：

内部链接。在同一个站点内的不同页面之间相互联系的链接。

锚点链接。可以链接到网页中某个特定位置的链接。

外部链接。把网页与 Internet 中的目标相联系的链接。

（1）用文字建立链接

建立链接时，先选中用作链接的那部分文字，单击属性面板中 Link 栏边上的浏览图标，从对话框中选择需要的文件，也可以直接输入其 URL，然后选择其目标显示位置（Target）。Target 的取值范围及意义如表 2-5 所示。

表 2-5　**Target 的取值范围及意义**

_blank	表明在新窗口中展开链接指向的页面
_parent	在当前文档的父级框架中集中展开页面
_self	在当前文档的框架中集中展开页面
_top	在链接所在的完整窗口中展开页面

（2）用图片建立链接

① 用整张图片做一个链接：选中该图片，在属性面板的链接栏中给出目标端点的 URL，并选择目标的显示位置。

② 用一张图片做多个链接——建立热点图链接：选中该图片→单击属性面板上的热点选择形状→在图片上特定位置画出热点链接区→在 Link 栏中给出目标端点的 URL（也可以用

指向文件图标拖到所需文件,或单击浏览图标从对话框中选择所需文件)→选择目标的显示位置。

热点图链接的 HTML 标签示例:

```
< map name = "Map"> < area shape = "rect" coords = "73,43,120,61" href = "URL"></map>
```

其中,shape 为热点区形状,可以取值为 rect(矩形)、circle(圆形)、poly(多边形);coords 为矩形的对角坐标。

(3) 添加 E-mail 链接

E-mail 链接是一种特殊链接,单击它会启动本地计算机上默认的 E-mail 程序,可以写邮件,并发到指定的地址。

创建步骤:选中要作为超级链接的文字→从插入菜单中选择"E-mail Link"(E-mail 链接)→在 E-mail 文本框中输入需要的 E-mail 地址并确定。或者是选中文字后,直接在属性面板的 Link 栏中输入 mailto:e-mail 地址。

E-mail 链接的 HTML 标记示例:

```
< a href = "mailto:ZL@sohu.com">给我写信</a>
```

(4) 建立命名锚链接

利用命名锚可以在文档中指定的位置上创建链接的目标端点,通过命名,直接跳转到目标文档(可以是另一个页面或当前页面)相应的命名位置上。最适合长页面的定点浏览。

① 定义锚。将插入点放到要命名锚的位置或选中作命名锚的文字→从插入菜单中选择"Named Anchor"(命名锚)→在对话框中输入锚的名称(若先选了文字,则出现该文字),并确定之。插入锚的另一种更快的方法是:按组合键"Ctrl+Alt+A"。

需要改变锚的位置时,选中它,用鼠标拖动使其在文档中移动;需要改名时,可以在属性面板中修改。

注意:定义锚相当于确定了链接的目标端点,只是完成了链接的一半,还需要创建相应的源端点。

② 链接锚。链接锚的方法是选中要作为链接的文字,在属性面板的 Link 栏里输入前缀#和锚名,假设前面定义的锚名为 study,则填入#study。如果链接的是其他页面中的锚,则在前缀前面加上文件名,如 course.htm#study(即 URL#锚名)。

(5) 添加下载文件的链接

需要提供文件下载功能时,可以建立下载文件超链接。

添加方法:在站点窗口中,找到需要链接的目标文件,然后选择网页中需要建立超链接的文字,按住 Shift 键并拖动鼠标到站点窗口中的目标文件即可。

(6) 添加空链接

空链接就是没有经过指派目标端点的链接,利用它可以激活文档中链接对应的对象或文本,然后为之添加一个行为,以实现当鼠标移动到链接上时进行图像切换或显示分层等操作。

添加方法:选中要链接的文本、图像或其他对象,在属性面板的 Link 栏中输入#即可。

(7) 添加脚本链接

脚本链接是一种特殊形式的链接,通过单击带有脚本链接的文本或对象,可以运行相应的 JavaScript 脚本或函数,从而实现相应的功能。

添加方法:先在文档窗口中选中要创建链接的文本、图像或其他对象,然后在属性面板的

Link 栏中输入 JavaScript 代码或函数,JavaScript 的相关知识将在以后章节中讲解。

(8) 删除超链接

选定建立了超链接的对象,将光标定位在属性面板的 Link 栏中,删除其中所有内容。

2.3.3　表格设计

1. 创建表格

(1) 插入新表格有三种方法:

① 从插入菜单中选择表格命令。

② 使用组合键"Ctrl＋Alt＋t"。

③ 将对象面板调整到 Common 类上,单击插入表格按钮。

(2) 设置表格基本属性:行数(rows)、列数(columns)、表格宽度(width,单位可用像素或百分比表示)、边框宽度(border)、单元格间距(cell spacing)、单元格中的内容与边框之间的间隙(cell padding)。

(3) 选定表格:与 Word 中的操作基本相同。

(4) 添加行/列:将光标置入需在其前面插入行的单元格中,右击→表格→插入行/列。

(5) 删除行/列:将光标置入需删除的单元格中,右击→表格→删除行/列。

2. 编辑表格

(1) 调整行高/列宽有两种方法:

① 用类似于 Word 中表格操作,直接用鼠标拖动到需要的高/宽。

② 选中所需要的行/列,在属性面板上的 height/width 框中输入所需要的数值。

(2) 合并/拆分单元格:与 Word 中操作类似,先选中该单元格,然后单击属性面板上的合并/拆分按钮,再从对话框中给出需要的数值即可。或者选中目标后右击鼠标,从菜单中选择 Merge Cells(合并)/Spilt Cell(拆分)命令。

3. 修饰表格

(1) 设置表格边框的颜色:先选中表格,然后单击属性面板上的边框颜色框,在弹出的调色板上选择自己需要的颜色,或直接在颜色框里输入十六进制的颜色值。注意:表格宽度不可为 0,否则看不到效果。

(2) 设置表格的背景:

① 设置背景颜色。先选中整个表格,再单击属性面板上的背景颜色框,在弹出的调色板上选择自己需要的颜色,或直接在颜色框里输入十六进制的颜色值。

② 设置背景图片。先选中整个表格,再单击属性面板上的 Bg Image 文本框,在其中输入图片的路径和文件名,或单击其后的文件夹图标,从打开对话框中选择需要的图片文件。

(3) 套用表格样式:系统提供了一些设计好的表格样式,可以直接套用其中的某个样式,以提高设计效率。方法:先选择表格,从命令(Command)菜单中选择格式化表格(Format Table)命令,从对话框中选择一个需要的样式,如果不满意其给定的颜色,还可以在对话框中进行适当调整。

4. 表格的其他操作

(1) 表格的嵌套

在表格中可以再插入一个完整的表格。选中单元格后,直接从插入菜单里单击表格即可。

（2）导入表格数据文件

可以把其他应用程序（如 Excel、Access）建立的表格数据加入到网页中。

方法：先将表格数据文件转换成文本文件，并且每行数据要带分隔符（如逗号、分号、冒号）然后选择文件→导入→导入表格数据。或从插入菜单中选择表格数据命令。

（3）用表格进行页面布局

用表格可以对页面上的多个对象进行复杂的排版。注意：在进行页面布局设计时，表格的边框（border）的值设置为 0，在设计视图中以虚线框的形式呈现，起着固定格式的作用。若表格边框的值设置为 0，则在浏览网页时是不会看到表格的。另外，浏览器在下载网页时，先下载整个表格，然后再下载表格中的内容，所以在用表格设置页面时，不能将整个网页的内容都放在一个大表格中，以免影响网页的下载速度。

2.3.4 层的使用

1. 层的作用与特性

在 Dreamweaver 中，通过层（Layer）可以对文档内容实现精确的绝对定位。层相当于网页内的一种容器，凡是可以放到网页上的对象几乎都可以放在层中，如文本、图像、表格、表单等，层中还可以包含层。层可以重叠，可以控制隐藏或显示其中的任何一个，通过设置行为可以使其交替出现，以产生动态效果。在 HTML 中，层用< div > 或< span >来标记，现在版本的浏览器一般都支持层标记。

2. 层的创建与属性设置

（1）创建：从插入菜单中选择层命令，即可插入一个默认大小的层。需要改变其大小时，可以直接用鼠标拖动边框上的控制块，或用从属性面板中修改其高度（H）和宽度（W）。

（2）属性设置：通过属性面板可以控制层的可见性、溢出处理、背景颜色、背景图片、距网页左边距/顶边距、层中可见区域大小。

3. 层的基本操作

包括激活、选择、移动、调整大小等，其操作与 Word 中的文本框操作类似。

例 2-10 使用 Dreamweaver 设计如图 2-13 所示的网页。

根据需求说明中网页的表现形式，可以画出该网页的版式结构，如图 2-14 所示。

在进行该网页布局时，先要布局最外面的表格，然后布局最上端的表格，用来放置 LOGO 和 BANNER，然后再布局一个单元格放置导航菜单，接着下面布局三个并排的表格，分别放置左边的导航、中间的网页内容、右边的网页内容，最下面再布局一个单元格，放置版权信息。

具体实现步骤如下：

（1）新建一个文档，打开"属性面板"，单击 页面属性... 按钮，在弹出的页面属性对话框中将"背景图像"设为"bg-greenline.jpg"。

（2）将"插入"栏中的"常用"选项卡改为"布局"选项卡，此时就出现"布局"工具栏，如图 2-15 所示。

（3）单击布局工具栏中的 布局 按钮，进入布局模式。

（4）首次执行以上操作之一后，会打开"从布局模式开始"对话框，在该对话框中给出在"布局模式"下创建表格的方法的提示。单击 确定 按钮即可切换到"布局"模式。切换到"布局"模式后，在"文档"窗口的顶部会出现标有"布局模式"的蓝色长条。

图 2-13 旅游商务网站主页面

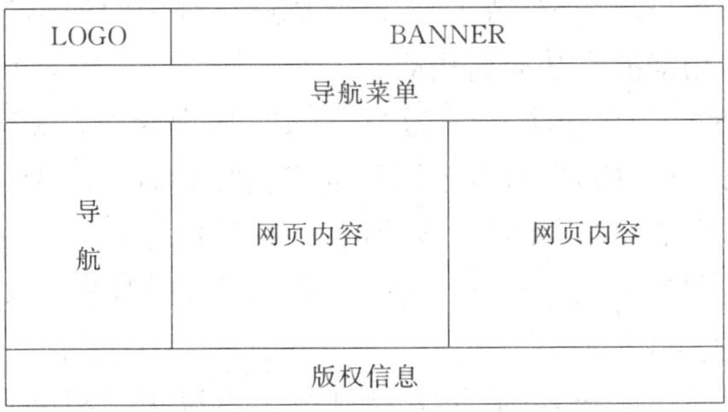

LOGO	BANNER	
导航菜单		
导航	网页内容	网页内容
版权信息		

图 2-14 网页的版式结构图

| 布局 ▼ | | 标准 扩展 布局 | |

图 2-15 "布局"选项卡

（5）在"插入"栏的"布局"选项卡中单击"绘制布局表格"按钮 。

（6）将鼠标光标放置在页面上，此时鼠标光标变为加号（＋）。

（7）将鼠标移到要创建表格的左上角位置并按住鼠标不放拖动到要创建表格的右下角后释放鼠标。

（8）选中该表格，打开属性面板，将表格的宽度设为"800px"，高度设为"900px"。

（9）在"插入"栏的"布局"选项卡中单击"绘制布局表格"按钮 。将鼠标光标放置在刚才绘制的表格的左上角，拖动鼠标，绘制一个嵌套表格，规格为：宽度"800px"，高度"100px"。

（10）选中该表格，切换到"标准"模式，将背景图像改为"log1-text.jpg"。

（11）再切换到"布局"模式，在"插入"栏的"布局"选项卡中单击"绘制布局单元格"按钮 。选中该单元格，打开属性面板，将单元格的宽度设为"111px"，高度设为"101px"，水平对齐方式设为"左对齐"，垂直对齐方式设为"顶端"。

（12）将图像"niux-home.gif"插入到该单元格，打开属性面板将其宽设为"35"，高设为"30"，对齐设为"绝对居中"，在紧接着该图像的旁边写上文字"加入收藏"，同时将该文字设为：字体"宋体"，大小"12px"。

（13）将"插入"栏中的"布局"选项卡改为"文本"选项卡，单击"换行符"按钮 ，光标自动定位到下一行。

（14）将"插入"栏中的"文本"选项卡改为"布局"选项卡，进入"布局"模式，重复步骤（11）、（12）两次。

（15）在"插入"栏的"布局"选项卡中单击"绘制布局单元格"按钮 。选中该单元格，打开属性面板，将单元格的宽设为"800px"，高设为"29px"，水平对齐设为"居中对齐"，垂直设为"居中"，背景颜色设为"＃FF9900"。

（16）将光标定位到该单元格，输入文字"首页"，然后将"插入"栏中的"布局"选项卡改为"文本"选项卡，单击"不换行空格"按钮 两次，出现了两个空格，紧接着输入"|"（该符号用键盘上的"Shift＋\"输入），再单击"不换行空格"按钮 两次，紧接着输入"国内旅游"，后面文字按相同方法输入，选中导航栏的所有文字，将其字体设为"宋体"，大小设为"14px"，颜色设为"＃000099"。

（17）紧接导航栏的布局单元格，在它下方绘制一个宽为"181px"，高为"665px"，颜色为"＃dde56c"的布局表格，用来放左边导航内容。

（18）在该布局表格内绘制一个宽设为"181px"，高设为"73px"的布局单元格，然后将"ygdd.jpg"图像插入到该单元格，同时设该图像的宽为"181px"，高为"73px"。

（19）紧接上面的布局单元格，在它下方绘制一个宽"181px"，高"60px"，水平对齐为"居中对齐"，垂直为"居中"的布局单元格，输入文字"人文地理"，同时将该文字字体设为"楷体"，大小设为"18px"，颜色设为"＃CC0033"。

（20）紧接上面的布局单元格，在它下方绘制一个宽设为"181px"，高设为"98px"的布局表格。

（21）在上面的布局表格内绘制一个宽设为"26px"，高设为"96px"的布局单元格。

（22）在上面的布局单元格右边绘制一个宽设为"153px"，高设为"24px"，垂直"居中"的布局单元格，输入文字"□自然环境"（"□"的输入：在"智能abc"输入法下按键盘符号v＋数字1），将其字体设为"宋体"，大小设为"14px"。

（23）在上面的布局单元格下面绘制一个宽设为"153px"，高设为"24px"，垂直设为"居中"的布局单元格，输入文字"□气候变化"，将其字体设为"宋体"，大小设为"14px"。

（24）重复步骤（22）两次，同时将输入的文字分别改为"□人口、语言""□宗教、信仰"。

（25）紧接上面的布局表格，在它下方绘制一个宽设为"181px"，高设为"60px"，水平对齐设为"居中对齐"，垂直设为"居中"的布局单元格，输入文字"民族风情"，同时将该文字字体设为"楷体"，大小设为"18px"，颜色设为"♯CC0033"。

（26）重复步骤（20）（21）（22）（23），将输入的文字分别改为"□民间风俗""□服饰与音乐""□民族节日""□生活习惯"。

（27）重复步骤（25），将输入的文字改为"旅游指南"。

（28）重复步骤（19）（20）（21）（22）（23），将输入的文字分别改为"□自驾车旅游须知""□潜水的医学知识""□散客旅游指南""□自助游常识"。

（29）左边的导航做好了，将光标定位到中间的网页内容区，绘制一个宽"418px"，高"665px"，颜色为"♯FFFFFF"的布局表格。

（30）在该布局表格内绘制一个宽设为"418px"，高设为"239px"的布局表格。

（31）在该布局表格内绘制一个宽设为"126px"，高设为"239px"，垂直设为"居中"的布局单元格，然后将"love.jpg"图像插入到该单元格，同时设该图像的宽为"126px"。

（32）在上面的布局单元格右边绘制一个宽设为"278px"，高设为"239px"的布局表格。

（33）在上面的布局表格内绘制一个宽设为"278px"，高设为"42px"，水平设为"居中对齐"，垂直设为"居中"的布局单元格，将"plane.jpg"图像插入到该单元格。

（34）返回到"标准"模式，选择"插入"/"表格"菜单命令，插入一个5行4列，宽设为"278px"，高设为"194px"，边框设为"1"的表格。将第1列宽设为"54px"，第2列宽设为"110px"，第3列宽设为"52px"，第4列宽设为"50px"，每行高都设为"30px"。单击第一单元格，水平设为"居中对齐"，垂直设为"居中"，输入文字"出发地"，将文字字体设为"宋体"，大小设为"12px"，颜色设为"♯990066"。

（35）按照同样的方法，完成该表格的制作，且将其余各行文字字体设为"宋体"，大小设为"12px"，颜色设为"♯0000CC"。

（36）紧接着步骤（29）的布局表格的下方绘制一个宽设为"418px"，高设为"52px"，背景图像设为"fj01.jpg"的布局表格，然后再在该布局表格内偏左的位置绘制宽为"156px"，高设为"52px"，水平对齐设为"居中对齐"，垂直设为"居中"的布局单元格，输入文字"风景名胜快览"，将文字字体设为"楷体"，大小设为"24px"，颜色设为"♯FF0000"。

注意：设置表格背景图像时一定要从"布局"模式下退出，进入"标准"模式进行设置。

（37）紧接上面的布局表格，在它下方绘制一个布局表格，在该布局表格内绘制一个宽设为"418px"，高设为"10px"的布局单元格。

（38）在上面布局单元格的下面绘制一个宽设为"15px"，高设为"95px"的布局单元格。再在紧靠该单元格的右边绘制一个宽设为"120px"，高设为"95px"的布局单元格。在该单元格中插入图像"fj01-zjj.jpg"，将该图像宽设为"120px"，高设为"95px"。

（39）重复步骤（38）两次，分别将图像改为"fj03-tyhj.jpg""fj02-pu.jpg"。

（40）在3个图像所在的布局单元格的正下面绘制3个宽设为"120px"，高设为"27px"，水平对齐设为"居中对齐",垂直设为"居中"的布局单元格,分别输入文字"张家界""天涯海角""昆明",并将文字字体设为"宋体",大小设为"12px",颜色设为"♯000099"。

(41) 重复步骤(38)(39)(40),将图像分别改为"fj06-sldw.jpg""fj05-sx.jpg""fj04-xm.jpg",文字改为"森林公园""三峡""四川"。

(42) 紧接上面的布局单元格,在它下方绘制一个水平设为"居中对齐",垂直设为"居中"的布局单元格,插入图像"banner.gif",并将其宽设为"410px"。

(43) 中间的网页内容做好了,将光标定位到右边的网页内容区。绘制一个宽设为"184px",高设为"665px",颜色设为"♯99CC00"的布局表格。

(44) 在该布局表格内绘制一个宽设为"184px",高设为"255px",颜色设为"♯FFFFFF"的布局表格。

(45) 在该布局表格内绘制一个宽设为"184px",高设为"49px",背景图像设为"b1.jpg"的布局表格。再在该布局表格内绘制一个宽设为"86px",高设为"49px",垂直设为"居中"的布局单元格。输入文字"最新资讯",并将文字字体设为"楷体",大小设为"18px",颜色设为"♯CC0033"。

(46) 紧接上面的布局表格,在它下方绘制一个宽设为"6px",高设为"41px",水平设为"居中对齐",垂直设为"居中"的布局单元格,插入图像"gw01.gif",在紧靠该单元格的右边绘制一个宽设为"172px",高设为"41px",垂直设为"居中"的布局单元格。输入文字"第四届湖南天目山竹海登山节盛大开幕",并将文字字体设为"宋体",大小设为"12px"。

(47) 重复步骤(46)四次。分别将文字改为:市旅游局发布旅游质监情况、交通渐趋便利杭州—千岛湖—黄山游线蓄势待发、常州旅游券发放现场拥挤被指"暗箱操作"、早春二月"踏青游"南方三城市受网友热捧。

(48) 紧接上面的布局单元格,在它下方绘制一个宽设为"184px",高设为"20px",水平设为"右对齐",垂直设为"居中"的布局单元格,插入图像"more1.jpg"。

(49) 紧接上面的布局单元格,在它下方依次绘制5个宽设为"184px",高设为"65px",水平设为"居中对齐",垂直设为"居中"的布局单元格。第一个布局单元格内输入文字"友情链接",字体设为"楷体",大小设为"18px",颜色设为"♯CC0033";第二个布局单元格内插入图像"yqlogo01.jpg",并将图像宽设为"153px",高设为"48px";第三个布局单元格内插入图像"yqlogo02.gif";第四个布局单元格内插入图像"yqlogo03.gif";第五布局单元格内插入图像"yqlogo04.gif";并将图像宽设为"153px",高设为"48px"。

(50) 右边的网页内容完成后,将光标定位网页的版权信息区,绘制一个宽设为"783px",高设为"34px",颜色设为"♯cccc33",水平设为"居中对齐",垂直设为"居中"的布局单元格,输入文字"Copyright ©阳光旅游公司"。

(51) 将"插入"栏中的"布局"选项卡改为"文本"选项卡,单击"换行符"按钮，光标自动定位到下一行,输入文字"＊＊＊＊＊＊＊＊制作者:＊＊＊＊＊＊＊＊＊＊"。

(52) 选中这两行文字,将其字体设为"宋体",大小设为"12px"。

(53) 选中最外面的表格,切换到"标准"模式,打开"属性面板",将对齐改为"居中对齐"。

(54) 保存。

(55) 按"F12"键,预览。

2.4 案 例 实 践

2.4.1 案例需求说明

使用 Dreamweaver 建立网站站点,并在网站中建立简单的网页,在网页中使用表单设计新会员注册页面,页面的设计效果如图 2-16 所示。

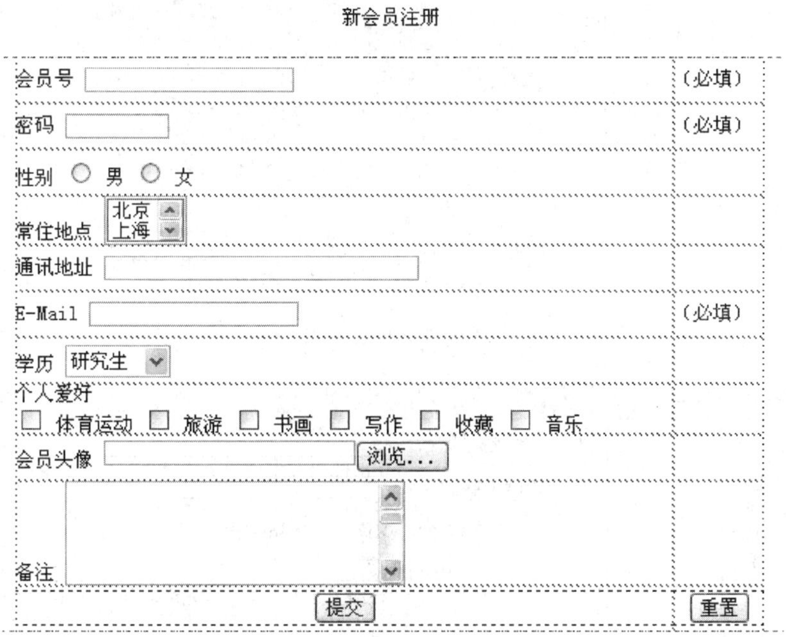

图 2-16 新会员注册页面的效果图

2.4.2 技能训练要点

1. 熟悉 Dreamweaver 工作环境。
2. 掌握创建、编辑和删除本地站点的方法。
3. 掌握创建网页文档的方法。
4. 掌握页面属性设置的方法。
5. 掌握表单的使用方法。
6. 掌握创建和编辑表格的方法。

2.4.3 案例实现

(1) 启动 Dreamweaver,依次单击"站点"→"新建站点",输入站点名称。如图 2-17 所示。

(2) 单击"保存"。

(3) 在"管理站点"窗口,进行编辑。在弹出的"站点设置"窗口中选择"高级设置"。如图 2-18 所示。

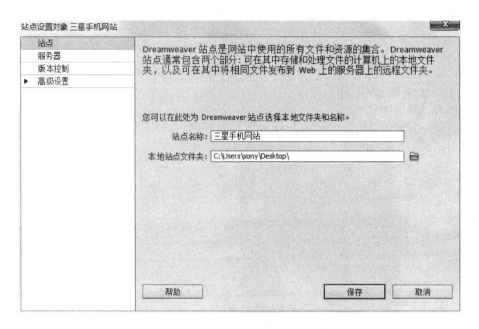

图 2-17　创建站点

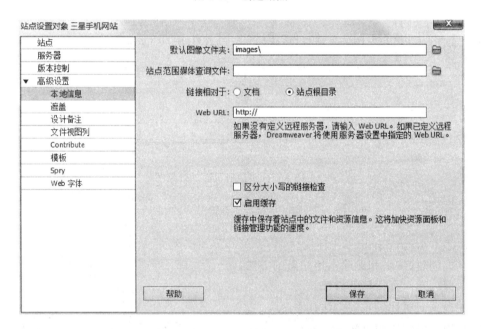

图 2-18　创建站点目录

（4）单击"保存"。依次创建需要的文件夹目录。

（5）站点创建完成。如图 2-19 所示。

制作简单网页的步骤如下。

（1）新建一个网页文档。启动 Dreamweaver。单击"文件"→"新建"菜单命令，新建一个网页文档。

（2）设置页面属性：

① 单击"修改"→"页面属性"菜单命令，打开"页面属性"对话框。

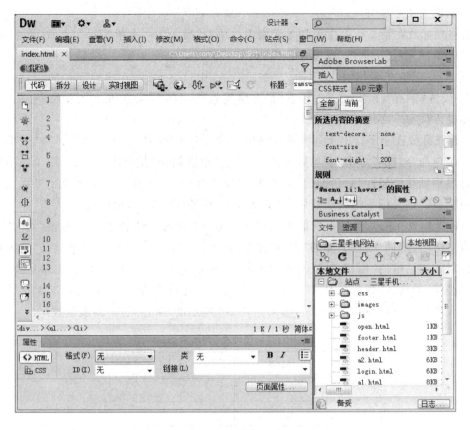

图 2-19　站点目录

② 在"分类"列表框中选择"外观"，设置页面"字体"为"宋体"；字体"大小"为"中"；"文本颜色"为"＃0033FF"；"背景颜色"为"＃FFFFCC"。

③ 在"分类"列表框中选择"标题/编码"选项，设置"标题"为"注册会员"。

④ 单击"确定"按钮。

（3）插入表单域：

① 将光标放在网页上要插入表单域的位置。

② 单击"插入"→"表单"→"表单"菜单命令，或者打开"表单插入栏"，单击上面的"表单"按钮。在网页中插入表单域。

（4）插入表格：

① 将光标放在表单域中，单击"文件"→"表格"菜单命令，打开"表格"对话框。

② 在对话框中，设置"行数"为"13"；设置"列数"为"2"；设置"表格宽度"为"600 像素"；单击"确定"按钮。插入一个 13 行 2 列的表格。

③ 选中该表格。在属性面板的"对齐"下拉列表中选择"居中对齐"。

（5）添加表单对象：

① 将光标放在第 1 行第 1 列的单元格中。单击"插入"→"表单"→"文本域"菜单命令，或者单击"表单插入栏"上面的"文本字段"按钮，插入一个文本域。在"输入标签辅助功能属性"对话框的"标签文字"文本框中输入"会员号"。选中该文本域，在属性面板中，设置"字符宽度"为"20"；设置"最多字符数"为"20"；在"类型"处选择"单行"。将光标放在第 1 行第 2 列的

43

单元格中,输入文字"(必填)"。

② 将光标放在第 2 行第 1 列的单元格中。单击"插入"→"表单"→"文本域"菜单命令,或者单击"表单插入栏"上面的"文本字段"按钮▣,插入一个文本域。在"输入标签辅助功能属性"对话框的"标签文字"文本框中输入"密码"。选中该文本域,在属性面板的"类型"处选择"密码";设置"字符宽度"为"10";设置"最多字符数"为"10"。将光标放在第 2 行第 2 列的单元格中,输入文字"(必填)"。

③ 将光标放在第 3 行第 1 列的单元格中。输入文字"性别"。单击"插入"→"表单"→"单选按钮"菜单命令,或者单击"表单插入栏"上面的"单选按钮"按钮◉,插入一个单选按钮。在"输入标签辅助功能属性"对话框的"标签文字"文本框中输入"男"。用同样的方法插入另一个单选按钮。在"输入标签辅助功能属性"对话框的"标签文字"文本框中输入"女"。

④ 将光标放在第 4 行第 1 列的单元格中。单击"插入"→"表单"→"列表/菜单"菜单命令,或者单击"表单插入栏"上面的"列表/菜单"按钮▤,插入一个列表/菜单。在"输入标签辅助功能属性"对话框的"标签文字"文本框中输入"常住地点"。选中该列表/菜单对象,在属性面板的"类型"处选择"列表";设置"高度"为"2";选中"允许多选"复选项。单击"列表值"按钮,打开"列表值"对话框。单击⊞按钮,输入如表 2-6 所示的"常住地点"列表值数据。

表 2-6　"常住地点"列表值数据

项目标签	值
北京	1
上海	2
天津	3
广东	4
深圳	5

⑤ 将光标放在第 5 行第 1 列的单元格中,单击"插入"→"表单"→"文本域"菜单命令,或者单击"表单插入栏"上面的"文本字段"按钮▣,插入一个文本域。在"输入标签辅助功能属性"对话框的"标签文字"文本框中输入"通讯地址"。选中该文本域,在属性面板的"类型"处选择"单行";设置"字符宽度"为"30";设置"最多字符数"为"50"。

⑥ 将光标放在第 6 行第 1 列的单元格中。单击"插入"→"表单"→"文本域"菜单命令,或者单击"表单插入栏"上面的"文本字段"按钮▣,插入一个文本域。在"输入标签辅助功能属性"对话框的"标签文字"文本框中输入"E-mail"。选中该文本域,在属性面板的"类型"处选择"单行";设置"字符宽度"为"20";设置"最多字符数"为"30"。将光标放在第 6 行第 2 列的单元格中,输入文字"(必填)"。

⑦ 将光标放在第 7 行第 1 列的单元格中。单击"插入"→"表单"→"列表/菜单"菜单命令,或者单击"表单插入栏"上面的"列表/菜单"按钮▤,插入一个列表/菜单。在"输入标签辅助功能属性"对话框的"标签文字"文本框中输入"学历"。选中该列表/菜单对象,在属性面板的"类型"处选择"菜单";单击"列表值"按钮,打开"列表值"对话框。单击⊞按钮,输入如表 2-7 所示的"学历"列表值数据。

表 2-7　"学历"列表值数据

项目标签	值
初中	1
高中	2
大专	3
本科	4
研究生	5

⑧ 将光标放在第 8 行第 1 列的单元格中。输入文字"个人爱好"。单击"插入"→"表单"→"复选框"菜单命令,或者单击"表单插入栏"上面的"复选框"按钮☑,插入一个复选框。在"输入标签辅助功能属性"对话框的"标签文字"文本框中输入"体育运动"。用同样的方法插入另外 5 个复选框,在"输入标签辅助功能属性"对话框的"标签文字"文本框中分别输入"旅游""书画""写作""收藏"和"音乐"。

⑨ 将光标放在第 9 行第 1 列的单元格中。单击"插入"→"表单"→"文件域"菜单命令,或者单击"表单插入栏"上面的"文件域"按钮,插入一个文件域。在"输入标签辅助功能属性"对话框的"标签文字"文本框中输入"会员头像"。

⑩ 将光标放在第 10 行第 1 列的单元格中,单击"插入"→"表单"→"文本区域"菜单命令,或者单击"表单插入栏"上面的"文本区域"按钮,插入一个文本区域。在"输入标签辅助功能属性"对话框的"标签文字"文本框中输入"备注"。选中该文本区域。在属性面板中,设置"字符宽度"为"30";设置"行数"为"5"。

⑪ 将光标放在第 11 行第 1 列的单元格中,单击"插入"→"表单"→"按钮"菜单命令,或者单击"表单插入栏"上面的按钮,插入一个按钮。选中该按钮,在属性面板的"值"处输入"提交";在"动作"处选择"提交表单"。将光标放在第 11 行第 2 列的单元格中,用同样的方法插入另一个按钮,选中该按钮,在属性面板的"值"处输入"重置";在"动作"处选择"重设表单"。

本 章 小 结

在本章内容中,对 HTML 语法做了简要概述,读者通过本章的学习可以了解 HTML 的基本结构,熟悉常用 HTML 排版标记、清单标记及文本格式,学会使用 TML 图片及超链接,重点掌握表单的使用方法,学会使用框架(frame)分割浏览器窗口,并学会应用音乐、视频和滚动标记。本章还介绍了 Dreamweaver 的常用功能及操作,简单介绍了 Dreamweaver 的各种功能的使用。Dreamweaver 在网页设计软件中处于绝对优势的地位,为设计网页带来了极大的方便。

本 章 习 题

一、选择题

1. 下面描述错误的是(　　)。

A. HTML 文件必须由< html >开头,</html>标记结束

B. 文档头信息包含在< head >与</head>之间

C. 在< head >和</head >之间可以包含< title >和< body >等信息

D. 文档体包含在< body >和</body >标记之间

2. (　　)是标题标签。

A. < p >标签　　　　　B. < br >标签　　　　　C. < hr >标签　　　　　D. < hn >标签

3. 通常网页的首页被称为(　　)。

A. 主页　　　　　　　B. 网页　　　　　　　C. 页面　　　　　　　D. 网址

4. 下列不属于 Macromedia 公司产品的是(　　)。

A. Dreamweaver　　　B. Fireworks　　　　C. Flash　　　　　　D. Frontpage

5. 属于网页制作平台的是(　　)。

A. photoshop　　　　B. flash　　　　　　C. dreamweaver　　　D. cuteFTP

6. 以下有关列表的说法中,错误的是(　　)。

A. 有序列表和无序列表可以互相嵌套

B. 指定嵌套列表时,也可以具体指定项目符号或编号样式

C. 无序列表应使用 UL 和 LI 标记符进行创建

D. 在创建列表时,LI 标记符的结束标记符不可省略

7. 以下关于 FONT 标记符的说法中,错误的是(　　)。

A. 可以使用 color 属性指定文字颜色

B. 可以使用 size 属性指定文字大小

C. 指定字号时可以使用 1～7 的数字

D. 语句 < FONT size＝"＋2">这里是 2 号字</FONT > 将使文字以 2 号字显示

8. 以下有关表单的说明中,错误的是(　　)。

A. 表单通常用于搜集用户信息

B. 在< form >标签中使用 action 属性指定表单处理程序的位置

C. 表单中只能包含表单控件,而不能包含其他诸如图片之类的内容

D. 在< form >标签中使用 method 属性指定提交表单数据的方法

9. 要创建一个左右框架,右边框架宽度是左边框架的 3 倍,以下 HTML 语句正确的是(　　)。

A.< FRAMESET cols＝"＊, 2＊">

B.< FRAMESET cols＝"＊, 3＊">

C.< FRAMESET rows＝"＊, 2＊">

D.< FRAMESET rows＝"＊, 3＊">

10. 以下说法中,正确的是(　　)。

A. 在< img >标签中使用 align 属性,可以控制图像在页面中的对齐

B. 在< img >标签中使用 align 属性,可以控制图像与文字的环绕效果

C. 在< img >标签中使用 valign 属性,可以控制图像与周围内容的垂直对齐

D. 在< img >标签中使用 valign 属性,可以控制图像与周围内容的水平对齐

二、填空题

1. 每一个文件都有自己的存放位置和路径,路径分为＿＿＿＿＿＿和＿＿＿＿＿＿。

2. < hr width＝50%>表示创建一条＿＿＿＿＿＿的水平线。

3. < title >标签应位于＿＿＿＿＿＿标签之间。

4. 上网浏览网页时,应使用＿＿＿＿＿＿＿＿＿＿＿＿作为客户端程序。

5. 如果要创建一个指向电子邮件 someone@mail.com 的超链接,代码应该如下：

＿＿＿＿＿＿＿＿＿＿＿＿＿＿＿＿＿ >指向 someone@mail.com 的超链接</a>

6. 表单元素中,文本域的类型通常有＿＿＿＿＿＿、＿＿＿＿＿＿和＿＿＿＿＿＿三种。

三、简答题

1. 简要说明表格与框架在网页布局时的区别。

2. 如何在网页中设置字体？有哪些字体可以使用？

3. 如何定义跨行的表格？如何将表格的字体和边框的距离加大？

4. 如何引入一张图片？如何给图片加上边框？

5. 框架有几种基本形式？如何使用？

四、程序题

编写下图 E-mail 注册的表单。

第3章 Web客户端编程技术

在浏览网页时,除了能看到静态的文本、图像,有时也会看到浮动的动画、信息框动态变换的时钟信息以及用户名和密码的确认等。页面上这些实时的、动态的、可交互的网页效果在Web应用开发时可以使用JavaScript语言来编写实现。JavaScript是一种用于Web程序开发的编程语言,它功能强大,主要用于开发交互式的Web页面。JavaScript不需要进行编译,可以直接嵌入在HTML页面中。

CSS(cascading style sheet)即层叠样式表,又称为级联样式表,它是一种用来表现HTML文件样式的计算机语言,是网页设计不可缺少的工具之一。CSS能够根据不同使用者的理解能力,简化或者优化写法,针对各类人群,有较强的易读性。CSS文件可由记事本和Dreamweaver等网页文件编辑器打开。

3.1 JavaScript概述

JavaScript是Web页面中的一种脚本编程语言,也是一种通用的、跨平台的、基于对象和事件驱动并具有安全性的脚本语言。JavaScript的前身称作LiveScript,是由Netscape(网景)公司开发的脚本语言。后来在Sun公司推出著名的Java语言之后,Netscape公司和Sun公司于1995年一起重新设计了LiveScript,并把它改名为JavaScript。

在概念和设计方面,Java和JavaScript是两种完全不同的语言。Java是面向对象的程序设计语言,用于开发企业级应用程序,而JavaScript是在浏览器中执行,用于开发客户端浏览器的应用程序,能够实现用户与浏览器的动态交互。

JavaScript是一种基于对象(object)和事件驱动(event driven)并具有安全性能的解释性脚本语言,它具有以下几个主要特点。

(1)解释性:JavaScript不同于一些编译性的程序语言(如C、C++等),它是一种解释性的程序语言,它的源代码不需要进行编译,而是直接在浏览器中解释执行。

(2)基于对象:JavaScript是一种基于对象的语言,它的许多功能来自脚本环境中对象的方法与脚本的相互作用。在JavaScript中,既可以使用预定义对象,也可以使用自定义对象。

(3)事件驱动:JavaScript可以直接对用户或客户的输入做出响应,无须经过Web服务程序,而是以事件驱动的方式进行的。如按下鼠标、移动窗口、选择菜单等事件发生后,可以引起事件的响应。

(4)跨平台性:在HTML页面中,JavaScript依赖于浏览器本身,与操作环境无关。只要在计算机上安装了支持JavaScript的浏览器,程序就可以正确执行。

(5)安全性:JavaScript是一种安全性语言,它不允许访问本地硬盘,也不能对网络文档进行修改和删除,而只能通过浏览器实现信息浏览或动态交互。

3.2 JavaScript 语法

3.2.1 变量声明与赋值

在 JavaScript 中，使用变量前需要先对其进行声明。所有的 JavaScript 变量都由关键字 var 声明，语法格式如下：

var abc;

在声明变量的同时也可以对变量进行赋值，例如：

var abc = 1;

声明变量时，需要遵循的规则如下。

（1）可以使用一个关键字 var 同时声明多个变量，例如：

var a,b,c   //同时声明 a,b 和 c 三个变量

（2）可以在声明变量的同时对其赋值，即初始化，例如：

var a = 1,b = 2,c = 3;   //同时声明 a,b 和 c 三个变量，并分别对其进行初始化

（3）如果只是声明了变量，并未对其赋值，则其默认为 undefined。

（4）var 语句可以用作 for 循环和 for/in 循环的一部分，这样就使循环变量的声明成为循环语法自身的一部分，使用起来比较方便。

（5）使用 var 语句多次声明同一个变量，如果重复声明的变量已经有一个初始值，那么此时的声明就相当于对变量的重新赋值。

当给一个尚未声明的变量赋值时，JavaScript 会自动用该变量名创建一个全局变量。在一个函数内部，通常创建的只是一个仅在函数内部起作用的局部变量，而不是一个全局变量。要创建一个局部变量，并不是简单地赋值给一个已经存在的局部变量，而是必须使用 var 语句进行变量的声明。

另外，由于 JavaScript 采用弱类型的形式，因此可以不理会变量的数据类型，即可把任意类型的数据赋值给变量。例如，声明一些变量，具体代码如下：

```
var a = 100                        //数值类型
var str = "网页平面设计学院"         //字符串类型
var bue = true                     //布尔类型
```

值得注意的是，在 JavaScript 中，变量可以先不声明，而在使用时，根据变量的实际作用来确定其所属的数据类型，为了培养良好的编程习惯和能够及时发现代码中的错误，建议在使用变量前就对其声明。

3.2.2 JavaScript 的基本语法规则

每一种计算机语言都有自己的基本语法，学好基本语法是学好编程语言的关键。同样，学习 JavaScript 语言，也需要遵从一定的语法规范，如执行顺序、大小写问题以及注释语句等。

1. 执行顺序

JavaScript 程序按照在 HTML 文件中出现的顺序逐行执行。如果某些代码（如函数、全

局变量等)需要在整个 HTML 文件中使用,最好将其放在 HTML 文件的< head >…</head >标记中。某些代码,如函数体内的代码,不会被立即执行,只有当所在的函数被其他程序调用时,该代码才会被执行。

流程控制语句依然分为顺序结构、选择结构、循环结构。

(1) 顺序结构按代码顺序执行。

(2) 选择结构使用关键字 if、switch,语法格式分别如下。

① if 语法格式为:

```
if(判断条件)
    {
       //条件为真时执行的语句
    }
else
  {
     //条件为假时执行的语句
  }
```

其中,else 部分是可选的。

② switch 语句称为开关语句,实现多重条件判断,语法格式为:

```
switch(variable)
{
    case 1: //does when case 1 is true
    break;
    case 2: //does when case 2 is true
    break
    ……
    default: //does when none case is true
}
```

(3) 循环结构:关键字 while、do、for,语法格式分别如下。

① while 循环语法格式为:

```
while(循环条件表达式)
{
  //循环体
}
```

② do…while 循环语法格式为:

```
do{
  //循环体
} while(循环条件表达式)
```

③ for 循环的语法格式为:

```
for(控制变量赋初值;测试条件表达式;修改控制变量)
    {
```

```
        //循环体
    }
```

2．大小写敏感

JavaScript 严格区分字母大小写。也就是说，在输入关键字、函数名、变量以及其他标识符时，都必须采用正确的大小写形式。例如，变量 username 与变量 userName 是两个不同的变量。

3．每行结尾的分号可有可无

JavaScript 语言并不要求必须以分号（;）作为语句的结束标记。如果语句的结束处没有分号，JavaScript 会自动将该行代码的结尾作为语句的结尾。

例如，下面两行代码都是正确的。

```
alert("您好,欢迎学习 JavaScript!")
alert("您好,欢迎学习 JavaScript!");
```

应该注意的是，最好的代码编写习惯是在每行代码的结尾处加上分号，这样可以保证代码的严谨性、准确性。

4．注释

在编写程序时，为了使代码易于阅读，通常需要为代码加一些注释。注释是对程序中某个功能或者某行代码的解释、说明，用来提高代码的可读性，而不会被 JavaScript 当成代码执行。

JavaScript 为开发人员提供了两种注释：单行注释和多行注释。具体如下：

单行注释使用双斜线"//"作为注释标记，将"//"放在一行代码的末尾或者单独一行的开头，它后面的内容就是注释部分。

多行注释可以包含任意行数的注释文本。多行注释是以"/ ＊"标记开始，以"＊ /"标记结束，中间的所有内容都为注释文本。这种注释可以跨行书写，但不能有嵌套的注释。

下面是合法的 JavaScript 注释：

```
//这里是单行注释
/＊这里是一段注释＊/   //这里是另一段注释
```

3.2.3　函数

在 JavaScript 中，经常会遇到程序需要多次重复操作的情况，这时就需要重复书写相同的代码，这样不仅加重了开发人员的工作量，而且对于代码的后期维护也是相当困难的。为此，JavaScript 提供了函数，它可以将程序中烦琐的代码模块化，提高程序的可读性，并且便于后期维护。

1．函数的定义

为了使代码更为简洁并可以重复使用，通常会将某段实现特定功能的代码定义成一个函数。在 JavaScript 程序设计中，所谓的函数就是在计算机程序中由多条语句组成的逻辑单元，在 JavaScript 中，函数使用关键字 function 来定义，其语法格式如下所示：

```
<script type＝"text/javascript">
    function 函数名（[参数 1,参数 2,…]）
    {
        函数体
```

```
}
</script>
```

从上述语法格式可以看出,函数的定义由关键字"function""函数名""参数"和"函数体"四部分组成,关于这四部分的相关说明如下。

(1) function:在声明函数时必须使用的关键字。

(2) 函数名:创建函数的名称,是唯一的。

(3) 参数:外界传递给函数的值,它是可选的,当有多个参数时,各参数用","分隔。

(4) 函数体:函数定义的主体,专门用于实现特定的功能。

下面定义一个无参的函数 show(),并在函数体中输出"欢迎光临,网页平面设计学院",具体示例如下:

```
<script type="text/javascript">
    function show(){
            alert("欢迎光临,网页平面设计学院");
}
</script>
```

上述代码定义的 show() 函数比较简单,它没有定义参数,并且函数体中仅使用 alert() 语句返回一个字符串。

2. 函数的调用

当函数的定义完成后,要想在程序中发挥函数的作用,必须得调用这个函数。函数的调用非常简单,只需引用函数名,并传入相应的参数即可。函数调用的语法格式:函数名称([参数1,参数2,…])。

在上述语法格式中,"[参数 1,参数 2,…]"是可选的,用于表示参数列表,其值可以是一个或多个。

为了使初学者能够更好地理解函数调用,下面通过例3-1来演示函数的调用。

例 3-1 函数调用示例。

```
<!DOCTYPE html PUBLIC "-//W3C//DTD XHTML 1.0 Transitional//EN"
"http://www.w3.org/TR/xhtml1/DTD/xhtml1-transitional.dtd">
<html xmlns="http://www.w3.org/1999/xhtml">
<head>
<meta http-equiv="Content-Type" content="text/html; charset=utf-8" />
<title>无标题文档</title>
</head>
<body>
<button onclick="show()">点击这里</button>      <!--通过鼠标点击事件调用函数-->
</body>
</html>
<script type="text/javascript">
    function show(){
            alert("欢迎光临");
}
</script>
```

```
</body>
</html>
```

在上述代码中,首先定义了一个名为show()的函数,该函数比较简单,仅使用alert()语句返回一个字符串,然后在按钮onclick事件中调用show函数。其中例3-1使用的onclick事件将在后面讲解事件的小节中做具体介绍,此处了解即可。

运行例3-1,运行结果如图3-1所示。当点击图3-1中的按钮时,即会弹出如图3-2所示的警告对话框。

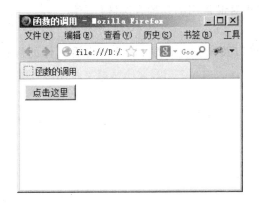

图3-1　函数调用1

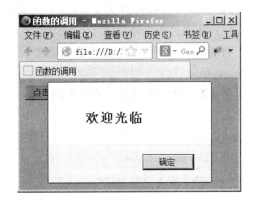

图3-2　函数调用2

3.2.4　常用对象

1. 对象简介

JavaScript所实现的动态功能,基本上都是对HTML文档或者HTML文档运行的环境进行的操作。那么要实现这些动态功能就必须找到相应的对象。JavaScript中有已经定义过的对象供开发者调用,在了解这些对象之前先看如图3-3所示的内容。

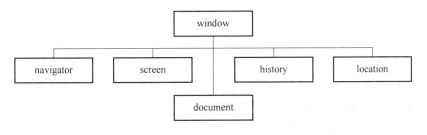

图3-3　在浏览器窗口中的文档对象模型

图3-3中的内容是一个简单的HTML文档在浏览器窗口中的文档对象模型,其中,window、navigator、screen、history、location都是HTML文档运行所需的环境对象,document对象才是前面讲述的HTML文档,当然这个document对象还可以划分出html、head、body等分支。

(1) window对象是所有对象中最顶层的对象,HTML文档在window对象中显示。

(2) navigator对象可以读取浏览器相关的信息。

(3) screen对象可以读取浏览器运行的物理环境,例如屏幕的宽和高,此处单位为像素。

(4) document对象是整个网页HTML内容,每个HTML文档被浏览器加载以后都会在内存中初始化一个 document 对象。

（5）history 对象可以控制浏览器的前进和后退。

（6）location 对象可以控制页面的跳转。

这些对象中，较常用的对象有 window 对象、document 对象、location 对象。

2. window 对象

window 对象是所有 JavaScript 对象中最顶层的对象，整个 HTML 文档就是一个浏览器窗口，当打开一个浏览器窗口以后，不管有没有内容，都会在内存中形成一个 window 对象。window 对象所提供的方法很多，在下面的内容中将对最常用的几种方法进行介绍。

（1）窗体的创建和关闭

利用 window 对象可以新建浏览器窗口，也可以关闭浏览器窗口，下面来看具体的操作代码。

例 3-2 窗体的创建和关闭示例。

```html
<html>
<head>
<title>窗体的创建和关闭示例</title>
<script type="text/javascript">
    var win;
    function createWin() {
       win = window.open("","","width=300,height=200");
    }
    function closeWin() {
        if (win) {
            win.close();
        }
    }
</script>
</head>
<body>
<form>
<input type="button" value="创建新窗口" onclick="createWin()">
<input type="button" value="关闭新窗口" onclick="closeWin()">
</form>
</body>
</html>
```

这个程序在浏览器中运行以后，界面上会有两个按钮，鼠标单击"创建新窗口"按钮会弹出一个新的浏览器窗口，这个窗口的宽为 300 像素，高为 200 像素。鼠标单击"关闭新窗口"，这个弹出窗口就会被关闭。

上面这个程序中用到的就是 window 对象的 open 和 close 两个方法，open 方法新建一个窗口，close 方法关闭指定窗口。

（2）三种常用的对话框

在 window 对象中，有三种常用的对话框，第一种是警告对话框，第二种是确认对话框，第三种是输入对话框。例 3-3 展示了这三个对话框的用法。

例 3-3 三种常用的对话框。

```html
<html>
<head>
<title>三种常用的对话框</title>
<script type="text/javascript">
    function alertDialog() {
    alert("您成功执行了这个操作。");
    }
    function confirmDialog() {
       if(window.confirm("您确认要进行这个操作吗?"))
           alert("您选择了确定!");
       else
           alert("您选择了取消");
    }
    function promptDialog() {
      var input = window.prompt("请输入内容:");
      if(input != null)
      {
           window.alert("您输入的内容为" + input);
      }
    } </script>
</head>
<body>
<form>
<input type="button" value="警告对话框" onclick="alertDialog()">
<input type="button" value="确认对话框" onclick="confirmDialog()">
<input type="button" value="输入对话框" onclick="promptDialog()">
</form>
</body>
</html>
```

运行结果如图 3-4 所示。

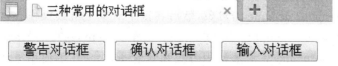

图 3-4 三种常用对话框

单击"警告对话框"时,会弹出如图 3-5 所示对话框。

图 3-5　警告对话框

单击"确认对话框"时,会弹出如图 3-6 所示对话框。

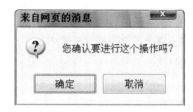

图 3-6　确认对话框

单击"输入对话框"时,会弹出如图 3-7 所示对话框。

图 3-7　输入对话框

在上面这个程序中,对后两种对话框的返回值也进行了示例处理,读者可以参照上面的格式稍加修改就可以用到自己的程序中去。

3．document 对象

document 对象是在具体的开发过程中应用最频繁的对象,利用 document 对象可以访问页面上的任何元素。通过控制这些元素可以完成与用户的互动。

(1) 利用 document 定位 HTML 页面元素

所有的 HTML 页面元素都可以用 document. getElementById()这个方法访问,还有一部分 HTML 页面元素可以使用数组来访问,如表单元素就可以使用 document. forms["formName"]或者是 document. forms["formIndex"]来访问,其中 formName 是表单的名称,formIndex 是表单的序号。

当 HTML 页面中使用了框架集 frameset 时,使用 document 对象定位 frame 中的元素时,首先要取得 frame 的 document 对象,然后在这个对象上继续操作。这个 document 对象可以这样获得:document. frames["framesName"]. document,这里的 frameName 是 frame 的名称,取得 frame 的 document 对象使用方法和其他 document 的使用方法是一样的,在这个 document 基础上可以继续定位 frame 中的元素。

(2) 利用 document 对象动态生成 HTML 页面

用 document 对象不仅仅可以取出或者设置 HTML 页面元素的值,而且可以动态生成整个新的 HTML 文档。下面的例子就是利用 document 对象生成一个新的 HTML 文档。

例 3-4　动态生成 HTML 页面。

```html
<html>
<head>
<title>动态生成 HTML 页面</title>
<script type = "text/javascript">
function create() {
    var content = "<html><head><title>动态生成的 HTML 文档</title></head>";
    content += "<body><font size = '2'><b>这个文档的内容是利用 document 对象动态生成的
</b></font></h1>";
    content += "</body></html>";
    var newWindow = window.open();
    newWindow.document.write(content);
    newWindow.document.close();
}
</script>
</head>
<body>
<form>
<input type = "button" value = "创建 HTML 文档" onclick = "create()">
</form>
</body>
</html>
```

在上面这个示例程序中,利用 JavaScript 动态生成一个 HTML 代码串,并且利用 document 对象把这段代码串写入新建窗口的 document 对象中,这样就完成动态生成 HTML 页面的功能,此处如果是在原窗体显示,只需要把新建的窗体对象替换成当前窗体的 window 对象即可。

上面这个程序在浏览器中打开以后,会显示如图 3-8 所示的操作页面,鼠标单击"创建 HTML 文档"按钮,就会弹出一个如图 3-9 所示的新窗体,窗体内容是利用 document 对象动态创建的。

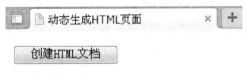

图 3-8　操作页面

图 3-9　动态生成的 HTML 页面

注意:在 JavaScript 的字符串操作中,不允许在单引号中嵌套单引号或者在双引号中嵌套双引号,但是这两种引号可以交叉使用,可以在双引号中嵌套单引号,也可以在单引号中嵌套双引号。

4. location 对象

在 HTML 标签中可以用< a ></a >超链接标签来控制网页中的跳转,在 JavaScript 中如果要实现类似的网页跳转功能只能选择 location 对象,这个对象的使用方法非常简单,只需要在 JavaScript 代码中添加下面这行代码即可。

```
window.location.href = "http://www.sohu.com";
```

window 对象就是要控制的目标窗体,赋值的内容就是窗体将要跳转到的页面,这行代码可以实现类似超链接标签的效果。

JavaScript 常用预定义函数、内建对象及事件读者可以自行查阅互联网上相关帮助文档。

3.3 JavaScript 的应用

3.3.1 在 HTML 页面嵌入 JavaScript 脚本

在 HTML 文档中,通过< script >标签及其相关属性可以引入 JavaScript 代码。< script >标签的常用属性如表 3-1 所示。

表 3-1 < script >标签的常用属性及说明

属性	说明
language	设置所使用的脚本语言及版本
src	设置一个外部脚本文件的路径位置
type	设置所使用的脚本语言,此属性已代替 language 属性
defer	表示当 HTML 文档加载完毕后再执行脚本语言

(1) language 属性

language 属性用于指定在 HTML 中使用的是哪种脚本语言及其版本。language 属性的使用格式如下:

```
< script language = "javascript"></script >
```

(2) src 属性

src 属性用来指定外部脚本文件的路径。外部脚本文件通常使用 JavaScript 脚本,其扩展名为.js。src 属性的使用格式如下:

```
< script src = "01.js"></script >
```

(3) type 属性

type 属性用来指定 HTML 中使用的是哪种脚本语言及其版本。该属性从 HTML4.0 标准开始,推荐使用 type 属性来代替 language 属性。type 属性的使用格式如下:

```
< script type = "text/javascript"></script >
```

（4）defer 属性

defer 属性的作用是当文档加载完毕后再执行脚本。当脚本语言不需要立即运行时,设置 defer 属性,浏览器将不必等待脚本语言装载,这样页面加载会更快。但当有一些脚本需要在页面加载过程中或加载完成后立即执行时,就不需要使用 defer 属性。defer 属性的使用格式如下:

```
< script defer ></ script >
```

在 HTML 文档中,可以通过< script >标记嵌入 JavaScript 代码,具体代码如下:

```
< script type = "text/javascript">
        javascript 代码
</ script >
```

当 HTML 文件嵌入 JavaScript 程序代码后,浏览器程序在读到< script >标签时,就解释执行其中的脚本。其中,< script >标签可以放在 Web 页面的< head ></ head >标签中,也可以放在< body ></ body >标签中。例如,在< body ></ body >标签中可以输入以下代码:

```
< script type = "text/javascript">
    alert("我要去学习 JavaScript!")                //弹出警告框
</ script >
```

需要注意的是,JavaScript 脚本可以放在< body >标签中的任何位置。如果所编写的 JavaScript 程序用于输出网页的内容,应该将 JavaScript 程序置于 HTML 文件中需要显示该内容的位置。

3.3.2 在 HTML 页面中链接外部的 JavaScript 文件

在 Web 页面引入 JavaScript 的另一种方法是采用链接外部 JavaScript 文件的形式。如果脚本代码比较复杂或是同一段代码需要被多个页面使用,则可以将这些脚本代码放置在一个单独的文件中(保存文件的扩展名是. js),然后在需要使用该代码的 Web 页面中链接该 JavaScript 文件即可。在 Web 页面中链接外部 JavaScript 文件的语法格式如下:

```
< script type = "text/javascript" src = "myjs. js"></ script >
```

需要注意的是,调用外部文件 myjs. js 时,首先需要编写外部的 JavaScript 文件,并命名为 myjs. js。然后,在 HTML 页面中调用外部的 JavaScript 文件 myjs. js。

例 3-5 设计如图 3-10 所示的表单。

在表单中使用 JavaScript 来验证表单的各个控件的输入,主要保证:

（1）"注册账号""账号密码""确认密码"非空;

（2）"账号密码"和"确认密码"一致;

（3）"账号密码"位数为 6～20 位

编写 JavaScript 代码如下:

```
< script language = "javascript">
    function check()
    {
        if(document. form1. zczh. value == "")
```

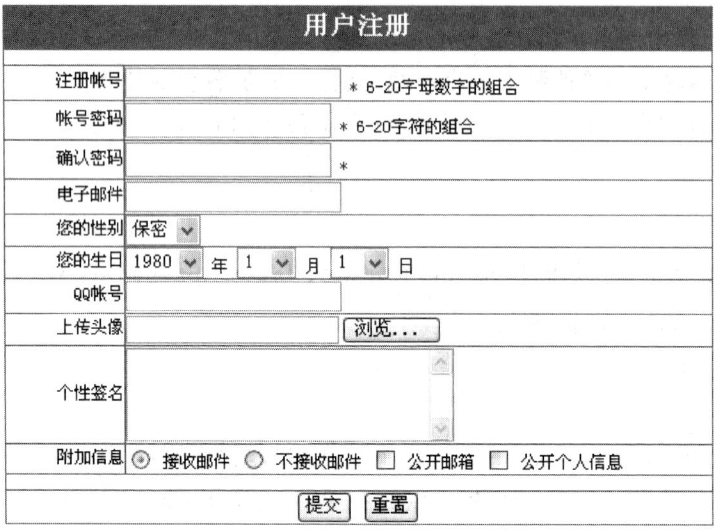

图 3-10　用户注册表单

```
{
    window.alert("请输入注册账号");
    document.form1.zczh.value = "";
    document.form1.zczh.focus();
    return false;
}
if(document.form1.zhmm1.value == "")
{
    window.alert("请输入账号密码");
    document.form1.zhmm1.value = "";
    document.form1.zhmm1.focus();
    return false;
}
if(document.form1.zhmm2.value == "")
{
    window.alert("请输入确认密码");
    document.form1.zhmm2.value = "";
    document.form1.zhmm2.focus();
    return false;
}
if(document.form1.zhmm1.value != document.form1.zhmm2.value)
{
    window.alert("两次密码不一致,请重新输入");
    document.form1.zhmm1.value = "";
    document.form1.zhmm2.value = "";
    document.form1.zhmm1.focus();
    return false;
```

```
                }
        if(document.form1.zhmm1.value.length<6|| document.form1.zhmm1.value.length>20)
        {
                window.alert("密码长度范围必须在 6 和 20 之间");
                document.form1.zhmm1.value = "";
                document.form1.zhmm2.value = "";
                document.form1.zhmm1.focus();
                return false;
        }
        return true;
    }
</script>
```

界面及各控件的设计读者可以自行实现。

3.4　CSS 样式表

CSS(cascading style sheet)即层叠样式表,又称为级联样式表,它是一种用来表现 HTML 文件样式的计算机语言,是网页设计不可缺少的工具之一。CSS 能够根据不同使用者的理解能力,简化或者优化写法,针对各类人群,有较强的易读性。CSS 文件可由记事本和 Dreamweaver 等网页文件编辑器打开。

通常情况下,CSS 的描述部分由三部分组成,分别是选择器、属性和属性值,写法为:

选择器{属性:属性值;}

例如:h1 { color: red; font-size: 25px; }。

3.4.1　在网页中引用 CSS

在网页中使用 CSS 样式,根据使用方法不同有以下几种表现形式。

1. 内部样式表

内部样式表即在网页中使用<style>标签把一个或多个 CSS 样式定义包含起来。使用这种方法通常会把<style>标签置于<head>标签内,这样做的好处是能让浏览器预先加载该样式表。

2. 外部样式表

可以把 CSS 样式代码单独写在一个以"css"为扩展名的文件中,然后在需要应用该样式的网页中使用<link>标签引入该样式表。如编写了一个样式表文件 Mycss.css,如果某页面需要使用该样式表文件,则可在<head>标签内用以下列语句引用它:

<link rel = "stylesheet" type = "text/css" href = "Mycss.css">

3. 内嵌样式

如果只要修改网页中的单个组件(如某个文本框元素),就可以使用内嵌样式为一个标签指定"style"属性。如:

<p style = "text-align:right;color:blue;">

这种样式只作用于这个元素,而不影响其他元素的样式。内嵌样式表多用于修改局部元素的 CSS 样式。

另外,使用@import 导入样式表的方法类似于使用< link >标签引入外部样式表。该方法也是在 HTML 文档的< head >和</head >标签之间插入,而且要出现在< style >标签内。如与当前网页同一目录下存在一个名为"example.css"的样式表,那么可以使用以下代码方式在当前网页中导入样式表:

```
< html >
< head >
< style type = "text/css">
<!--
@ import "example.css";
……
-->
</style >
</head >
……
</html >
```

需要注意的是"@import"一定位于样式声明的第一行而且所处一行一定以分号结束,不能遗漏。而且导入的样式表中应为 CSS 声明语句而不必再使用< style >标签。

应该说使用@import 方法导入样式表与使用< link >标签引入外部样式表在功能上没有太大区别,而从本质上讲一种是 CSS 语句,一种是 HTML 标签。

3.4.2 CSS 选择器

1. 标记选择器

语法定义实例:

h1 { color: red; font-size: 25px; }

其中,"h1"代表的是 HTML 语言中的内部标签语言,如 p、body、hr 等关键词。color、font-size 都为其属性,":"后面的为其对应的值。

2. 类别选择器

语法定义实例:

.myclass123 { color: red; font-size: 25px; }

以"."为开头的格式,而"myclass123"是自定义的名字,不是 HTML 语言中的内部标签语言。

3. ID 选择器

语法定义实例:

myid789 { color: red; font-size: 25px; }

以"#"为开头的格式,而"myid789"是自定义的名字,不是 HTML 语言中的内部标签语言。

3.4.3 CSS 属性设置

CSS 常用文本属性包括文本对齐属性(text-align),其值可取 left、right 和 center;文本修饰属性的取值为:none(无任何修饰)、underline(下划线)、line-through(在文字中间划线)、overline(在文字上边划线)。除此之外,还有文本缩进属性(text-indent)、行高属性(line-height)、字间距属性(letter-spacing)等,这几个属性都可以使用毫米、厘米、像素数、百分比等类型。

字体属性是 CSS 最基本的属性,其最常用的属性包括 font-family、font-style、font-weight、font-size 等,其中 font-family 定义使用哪种字体,font-style 定义是否使用斜体,font-weight 定义字体的粗细,font-size 定义字体的大小。

例 3-6 字体属性示例。

```
<html>
<head>
<title>字体名称属性 font-family</title>
<STYLE>
BODY{font-size:10pt}
.s1 {font-family:Arial}
.s2 {font-size:16pt}
.s3 {font-size:80%}
.s4 {font-size:larger}
.s5 {font-size:xx-large}
.s6{font-style:italic}
.s7 {font-style:oblique}
.s8 {font:italic normal bold11pt Arial}
.s9 {font:normal small-caps normal14pt Courier}
</STYLE>
</head>
<body>
<p>The font-family value of the text is the browser default font.</p>
<p class = "s1">The fon-family value of the text is "Arial"。</p>
<p class = "s2">这段文字大小是16pt。</p>
<p class = "s3">这段文字大小是10pt 的 80%。</p>
<p class = "s4">这段文字的大小比 10pt 大。</p>
<p class = "s5">这段文字的大小是特大号(xx-large)。</p>
<p>这段文字风格是 normal,正常显示。normal 是字体风格属性(font-style)的缺省值。</p>
<p class = "s6">这段文字的字体风格(font-style)属性值是 italic,斜体显示。</p>
<p class = "s7">这段文字的字体风格(font-style)属性值是 oblique,斜体显示。</p>
<p class = "s8">这段文字的字体风格(font-style)属性值是 italic,字体变量(font-variant)属性值是
normal,字体浓淡(font-weight)属性值是 bold,字体大小(font-size)属性值是 11pt,字体名称(font-family)属性
值是 Arial。</p>
<p class = "s9">这段文字的字体风格(font-style)属性值是 normal,字体变量(font-variant)属性值
是 small-caps,字体浓淡(font-weight)属性值是 normal,字体大小(font-size)属性值是 14pt,字体名称
(font-family)属性值是 Courier。</p>
    </body>
```

```
</html>
```

运行结果如图 3-11 所示。

The font-family value of the text is the browser default font.

The fon-family value of the text is "Arial".

这段文字大小是16pt。

这段文字大小是10pt的80%。

这段文字的大小比10pt大。

这段文字的大小是特大号(xx-large)。

这段文字风格是normal，正常显示。normal是字体风格属性(font-style)的缺省值。

这段文字的字体风格(font-style)属性值是italic，斜体显示。

这段文字的字体风格(font-style)属性值是oblique，斜体显示。

这段文字的字体风格(font-style)属性值是italic，字体变量(font-variant)属性值是normal，字体浓淡(font-weight)属性值是bold，字体大小(font-size)属性值是11pt，字体名称(font-family)属性值是Arial。

这段文字的字体风格(FONT-STYLE)属性值是NORMAL，字体变量(FONT-VARIANT)属性值是SMALL-CAPS，字体浓淡(FONT-WEIGHT)属性值是NORMAL，字体大小(FONT-SIZE)属性值是14PT，字体名称(FONT-FAMILY)属性值是COURIER。

图 3-11　字体属性示例

color 定义前景颜色，background-color 定义背景颜色，background-image 定义背景图片，background-repeat 定义背景图片重复方式，background-attacement 定义滚动，background-position 定义背景图片的初始位置。

例 3-7　字体及颜色属性示例。

```
< head >
    <title>属性设置示例</title>
</head>
< body >
    < div align = "left">字体属性设置:</div>
< span style = "font-family:幼圆;font-style:italic;font-weight:bold; font-size: 10pt;"> 幼圆、斜体、黑体、10pt </span>< br >
    < span style = "font-family:隶书;font-size:16pt;">隶书、黑体、16pt </span>< br >
    < div align = "left">字体属性设置:</div>
< span style = "color:red;background-color:yellow;">前景红色、背景黄色</span>< br >
    < span style = " background-image:url('image. gif'); background-repeat: no-repeat;">      图片背景、不重复</span>< br >
    </body>
</html>
```

运行结果如图 3-12 所示。

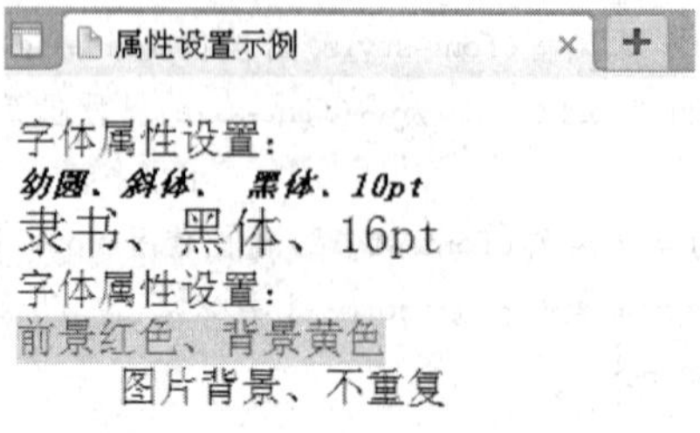

图 3-12　字体及颜色属性设置

3.5　JavaScript＋DIV＋CSS 结合

在 Web 应用中,可以使用 JavaScript＋DIV＋CSS 结合实现下拉菜单,下拉菜单在网页中使用很普遍,在学习了 JavaScript 和 CSS 后就可以轻松实现。其原理就是用 JavaScript 控制不同 DIV 的显示和隐藏,其中所有的 DIV 都是用 CSS 定位方法提前定义好位置和表现形式,下拉的效果只是当鼠标经过的时候触发一个事件,把对应的 DIV 内容显示出来而已。下面的例子中将会实现一个简单的下拉菜单。

例 3-8　下拉菜单示例。

```
<html>
  <head>
    <title>下拉菜单示例</title>
    <script language = "javascript">
        //当鼠标移到菜单选项的时候显示对应的 DIV
        function show(menu)
        {
            document.getElementById(menu).style.visibility = "visible";
        }
        //当鼠标移出的时候隐藏所有的 DIV
        function hide()
        {
            document.getElementById("menu1").style.visibility = "hidden";
            document.getElementById("menu2").style.visibility = "hidden";
            document.getElementById("menu3").style.visibility = "hidden";
        }
    </script>
  </head>
  <body>
      <table>
        <tr bgcolor = "#9999FF">
        <td width = "80" onMouseMove = "show('menu1')" onMouseOut = "hide()">菜单一</td>
        <td width = "80" onMouseMove = "show('menu2')" onMouseOut = "hide()">菜单二</td>
        <td width = "80" onMouseMove = "show('menu3')" onMouseOut = "hide()">菜单三</td>
        </tr>
      </table>
      <div id = "menu1"   onMouseMove = "show('menu1')" onMouseOut = "hide()" style = "background:#
9999FF;position:absolute;left = 12;top = 38;width = 80; visibility = hidden">
      <span>子菜单一</span><br>
      <span>子菜单二</span><br>
      <span>子菜单三</span><br>
      </div>
      <div id = "menu2" onMouseMove = "show('menu2')" onMouseOut = "hide()" style = "background:#
9999FF;position:absolute;left = 95;top = 38;width = 80; visibility = hidden">
```

```
    <span>子菜单一</span><br>
    <span>子菜单二</span><br>
    <span>子菜单三</span><br>
  </div>
  <div id="menu3" onMouseMove="show('menu3')" onMouseOut="hide()" style="background:#
9999FF;position:absolute;left=180;top=38;width=80;visibility=hidden">
    <span>子菜单一</span><br>
    <span>子菜单二</span><br>
    <span>子菜单三</span><br>
  </div>
 </body>
</html>
```

运行效果如图 3-13 所示。

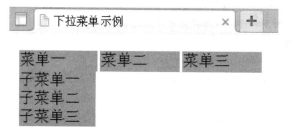

图 3-13 下拉菜单示例程序运行效果

3.6 案 例 实 践

3.6.1 案例需求说明

设计一个三星手机商务网站,将几个页面链接在一起,可以很快速地跳转到想要浏览的页面,具体链接情况如图 3-14 所示。

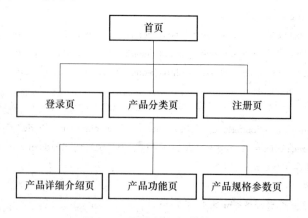

图 3-14 网站的组织结构图

3.6.2 技能训练要点

本案例主要让读者自己实现页面验证效果,学会如何书写 JavaScript 程序,了解各元素的功能和实现方法,并学会如何使用 JavaScript 程序来验证网页的常用控件。掌握 CSS 样式表功能;熟悉样式表的创建,并会在网页中运用样式表。

3.6.3 案例实现

以网站首页的布局实现为例,网站首页包括网站导航、商品广告、商品推荐、服务中心、网站新闻及版权信息。整体布局如图 3-15 所示。

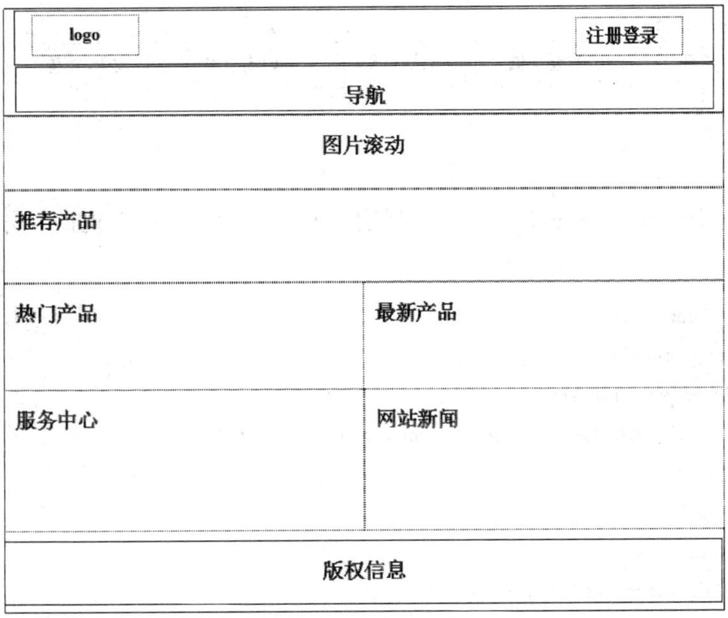

图 3-15 网站首页整体布局

1. 建立 HTML 的组织结构

< div id = "header">顶部</div>

< div id = "main">主体</div>

< div id = "footer">底部</div>

2. 在外部加上顶级容器,进行统一设置及整体加载

< div id = "container">

< div id = "header">顶部</div>

< div id = "main">主体</div>

< div id = "footer">底部</div>

</div>

3. 添加 CSS 样式代码

container{margin:auto;width:1000px;height:100%;font-size:16px;color:#666;font-weight:normal;text-decoration:none;}

header{margin:auto;width:1000px;height:120px;font-size:16px;color:#666;font-weight:

normal;text-decoration: none;}

 ♯main{margin: auto;width: 1000px;height: 100%;}

 ♯footer{margin: auto; width: 1000px; height: 155px; font-size: 16px; color: ♯666; font-weight: normal;text-align:center;}

4. 顶部导航的实现

确定组织结构及宽高实现布局。顶部分为上、下两块分别为"log"和"header_nav"。header_nav 中又嵌套了定义无序列表的< ul >标签,在< ul >标签下使用< li >标签,每个< li >标签中又用到了定义列表 dl-dt-dd,实现了导航中的下拉列表。在 CSS 样式表中,对每个 ID 选择器和类选择器的属性进行设定。顶部 header 布局实现如图 3-16 所示。

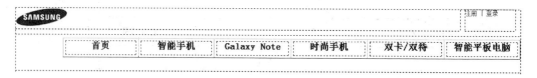

图 3-16　顶部 header 的布局

导航是通过 div+ul+li 实现的,下拉列表是由 dl+dt+dd 实现的。导航实现的部分 HTML 代码如下:

```
< div id = "header-nav">
    < ul id = "menu">
     < li class = gallery>
       < dt class = one>< a href = "index.html">首页</a>
       </dt>
    </li>
      < li>
      < dl class = gallery>
        < dt class = one>< a href = "a.html">智能手机</a>
        < dd>< ahref = "a.html">Android</a>
        < dd>< ahref = "♯.html">bada</a>
        < dd>< a href = "♯.html">Windows Phone</a>
        < dd>< ahref = "♯.html">Ophone</a>
        </dd>
        </dl>
     </li>
    </ul>
  </div>
```

导航代码的 CSS 样式如下。

(1) 将下拉列表隐藏:

♯menu li dd { display: none }

(2) 显示下拉列表:

♯menu li:hover dd { display: block }

（3）对下拉列表中的每项的样式进行设置：

.gallery dt a {display：block；color：#444；height：25px}

.gallery dt a：visited {display：block；color：#444}

.gallery dd a {padding-right：5px；display：block；padding-left：20px；background：　#47a；
padding-bottom：4px；width：125px；color：#fff；padding-top：4px；text-decoration：none}

.gallery dd a：visited {padding-right：5px；display：block；padding-left：20px；background：　#
47a；padding-bottom：4px；width：125px；color：#fff；padding-top：4px；text-decoration：none}

.gallery dd a：hover {background：#258；color：#9cf}

导航实现的下拉菜单如图 3-17 所示。

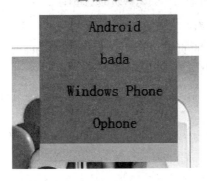

图 3-17　下拉菜单

5. 主体 main 的实现

确定组织结构和布局，主体的 HTML 结构代码如下：

```
<div id="main">
  <div id="content"></div>
  <div class="box">
    <div class="box1"></div>   <div class="box2"></div>
  </div>
  <div id="cp">
    <div class="c"></div>   <div class="c1"></div>
  </div>
</div>
<div id="severs">服务中心</div>   <div id="new">网站新闻</div>
</div>
```

添加 CSS 样式代码。

```
/* 服务中心 */
#severs{width：480px;height：250px;float：left}
.severs{width：220px;height：180px;float：left;margin-top：40px;}
.severs1{width：260px;height：200px;float：right;margin-top：10px;}
/* 新闻滚动 */
#new{width：520px;height：250px;float：right;}
```

```
    .new{width: 220px;height: 180px;float: left;margin-top: 30px;margin-right: 0px;margin-bottom:
0px;margin-left: 20px;}
    .new1{width: 280px;height: 220px;float: right;}
    #silder{width: 280px;margin-top: 0px;height: 220px;float: right;}
    .new_sort{border: solid 0px #999;margin-bottom: 10px;height: 220px;}
    /*网站新闻*/
    .new_sort_bg{background-color: #ffffff;padding-left: 10px;color: #666666;font-size: 18px;
height: 40px;font-weight: bold;line-height: 25px;margin-left: 30px;}
    .new_class{clear:both;margin:0px 5px 0px 5px;}
    .new_sort_bottom{margin:0px 10px 0px 10px;line-height:25px;border-bottom:solid 1px #666;}
    .new_cate{padding:10px 0px 0px 10px;font-weight:bold;}
    #dome{overflow: hidden; height: 130px;padding: 5px;}
```

6. 使用<iframe>实现顶部和底部的复用

分离顶部和底部为单独的页面文件，分别命名为 header.html 和 footer.html。使用<iframe>复用顶部和底部。格式如下：

```
    <iframe id="header" runat="server" src="header.html" width="1000" height="120" frameborder="0"
scrolling="no"></iframe>
    <iframe id="footer" runat="server" src="footer.html" width="1000" height="155" frameborder="0"
scrolling="no">    </iframe>
```

7. 首页特效的实现

（1）首页的亮点之一在于图片的滚动，可以通过图片自由滚动传递产品信息，网页图片自动切换效果可以通过 js 代码来实现，如图 3-18 所示。

图 3-18　js 实现图片自动切换

实现图片自动切换的程序代码如下。

① HTML 代码：

```
<div>
  <div id="content">
    <img src="images/dd_scroll_2.jpg" alt="轮换显示的图片广告" id="dd_scroll"/>
      <div id="scroll_number">
        <ul>
          <li id="scroll_number_1" onmouseover="loopShow(1)">1</li>
```

```
        < li id = "scroll_number_2" onmouseover = "loopShow(2)"> 2 </li>
        < li id = "scroll_number_3" onmouseover = "loopShow(3)"> 3 </li>
        < li id = "scroll_number_4" onmouseover = "loopShow(4)"> 4 </li>
      </ul>
    </div>
  < p >  </p>
</div><!--conent 结束-->
  < script type = "text/javascript" src = "js/book.js"></script>
  </div>
```

② 在 HTML 代码中编写 JS 代码，先定义一个数组，用来存放循环显示的图片地址，然后定义一个存放按钮的 ID 编号。通过函数 function loopShow(d1) 设置显示当前图片和下一张图片。通过设定定时器的时间，自动显示下一张图片。JS 代码如下：

```
var scorll_img = new Array();
scorll_img[0] = "images/dd_scroll_1.jpg";
scorll_img[1] = "images/dd_scroll_2.jpg";
scorll_img[2] = "images/dd_scroll_3.jpg";
scorll_img[3] = "images/dd_scroll_4.jpg";
/* 按钮的 ID 编号 */
var scroll_number = new Array();
scroll_number[0] = "scroll_number_1";
scroll_number[1] = "scroll_number_2";
scroll_number[2] = "scroll_number_3";
scroll_number[3] = "scroll_number_4";
var NowFrame = 1;                      //最先显示第一张图片
var MaxFrame = 4;                      //一共四张图片
function loopShow(d1){
    if(Number(d1)){
        NowFrame = d1;                  //设当前显示图片
        }
    for(var i = 1;i<(MaxFrame + 1);i + + ){
        if( i = = NowFrame){
            document. getElementById("dd_scroll"). src = scorll_img[i-1];  //显示当前图片
document. getElementById(scroll_number[i-1]). className = "scroll_number_over";
            //设置当前按钮的 CSS 样式
        }
    else{
    document. getElementById(scroll_number[i-1]). className = "scroll_number_out";
    }
    }
    if(NowFrame = = MaxFrame){                       //设置下一个显示的图片
        NowFrame = 1;
        }
    else{
```

```
        NowFrame ++ ;
            }
//var theTimer = setTimeout(´loopShow()´, 3000);          //设置定时器,显示下一张图片
}
var theTimer = setInterval(´loopShow()´, 3000);           //设置定时器,显示下一张图片
```

（2）首页右侧浮动的图片可以随着页面滚动而滑动。如图 3-19 所示。实现代码如下。

图 3-19　右侧浮动窗口

① 在 CSS 中确定右侧浮动图片的位置：

```
< div    id = ˝right˝ class = ˝right˝>
     < div class = ˝dd_close˝ id = ˝dd_close˝> < a href = ˝javascript:dd_close();˝>关闭</a></div>
          < img src = ˝images/samsung. jpg˝ id = ˝right1˝ />
</div>
```

② 右侧随鼠标滚动的广告图片用 JS 代码实现：

```
var rightT;
var rightR;
var objRight;
var rightWidth;
function place(){
     objRight = document. getElementById(˝right˝);
     rightWidth = document. getElementById(˝right1˝). width;
     if(objRight. currentStyle){                          //IE 浏览器
         rightT = parseInt(objRight. currentStyle. top);
         rightR = parseInt(objRight. currentStyle. right);
     }
     else{                                               //fireFox 浏览器
rightT = parseInt(document. defaultView. getComputedStyle(objRight,null). top);
rightR = parseInt(document. defaultView. getComputedStyle(objRight,null). right);
```

```
            }
        }
    function move(){
        objRight.style.top = rightT + parseInt(document.documentElement.scrollTop) + "px";
        objRight.style.left = parseInt(document.documentElement.scrollLeft) + parseInt(document.
documentElement.clientWidth)-rightR-rightWidth + "px";
        document.getElementById("dd_close").style.left = "62px";
        }
    window.onload = place;
    window.onscroll = move;
    /* 右侧随鼠标滚动的广告图片关闭 */
    function dd_close(){
        var objRight = document.getElementById("right");
        objRight.style.display = "none";
        }
```

（3）首页底部是加了特效后的网站新闻版块，它是以循环垂直向上滚动的文字特效传递网站最新新闻、最新动态、最新活动等最新资讯，当鼠标移动到区域内时新闻滚动停止，移开时继续滚动。如图 3-20 所示。实现代码如下。

图 3-20   新闻滚动模块

① 在 CSS 中确定网站新闻版块的样式、文字滚动区域的大小以及字体。具体的代码如下：

```
    < div id = "silder">
        < div class = "new_sort">
            < div class = "new_sort_bg">< h4 >网站新闻</h4 ></div >
            < div class = "new_class">
                < div id = "dome">
                    < div id = "dome1">
                        < ul id = "express">
                    <li>三星 GALAXY S4 上市销售"心意合一"完美之旅    ...</li>
                    <li>三星手机 GALAXY S4 五一促销:智趣分享,任我游    ...</li>
                    <li>无尽可能 随心创写——三星 GALAXY Note 8.0    ...</li>
```

```
    <li>中国移动与三星电子联手发布新一代智能手机 GALAXY ...</li>
    <li>心意合一 尽享无限可能 三星新一代智能旗舰 GALAXY...</li>
    <li>玩年轻 就玩 GALAXY 三星 GALAXY Studio 百校行 ...</li>
        ......
        </ul>
    </div>
    <div id="dome2"></div>
    </div>
    </div>
    </div>
</div>
<script type="text/javascript" src="js/book.js"></script>
```

② 实现网站新闻循环垂直向上滚动的文字特效,通过函数设置文字向上滚动的速度等,代码如下:

```
var dome = $("dome");
    var dome1 = $("dome1");
    var dome2 = $("dome2");
    var speed = 50;                              //设置向上滚动速度
    dome2.innerHTML = dome1.innerHTML            //复制 dome1 为 dome2
    function moveTop(){
    if(dome2.offsetTop-dome.scrollTop <= 0)      //当滚动至 dome1 与 dome2 交界时
    dome.scrollTop- = dome1.offsetHeight         //dome 跳到最顶端
    else{ dome.scrollTop++ }
    }
    var MyMar = setInterval(moveTop,speed)       //设置定时器
    dome.onmouseover = function() {clearInterval(MyMar)} //鼠标移上时清除定时器达到滚动停止的
                                                         目的
    dome.onmouseout = function() {MyMar = setInterval(moveTop,speed)} //鼠标移开时重设定时器,继
                                                                      续滚动
```

(4) 首页弹出窗口使页面更加醒目,如图 3-21 所示。实现代码如下。

图 3-21　弹出窗口的实现

window.open('open.html','','top = 0,left = 200,width = 500,height = 327,scrollbars = 0,resizable = 0');

首页效果图最终完成效果如图 3-22 所示。

图 3-22　首页效果图

网站其余各页面的设计读者可以自行实现。

本 章 小 结

在本章内容中，首先介绍了 JavaScript 的概念，了解了 JavaScript 的特点、引入方式及基本应用等，然后介绍了 JavaScript 入门的基础知识，包括基本语法及函数、对象等相关知识。本章对 CSS 在网页开发中的应用进行了介绍，读者通过本章的学习可以了解 CSS 的基本的概念，掌握 CSS 选择器和 CSS 样式的应用，通过本章的学习，读者能够简单地认识 JavaScript 语言和 CSS 的语法及作用，熟练掌握在 HTML 文档中引入 JavaScript 和 CSS 的方法，并能够熟练编写相应的程序。

本 章 习 题

一、选择题

1. JavaScipt 是一门（　　　）语言。

A. 强类型编程语言　　　　　　　　B. 运行在客户端弱类型编程语言

C. 运行在服务端　　　　　　　　　D. 浏览器不能运行

2. ＜script＞通常放在（　　　）标签中。

A. ＜body＞　　　　B. ＜head＞　　　　C. ＜header＞　　　　D. ＜foot＞

3. 在 JavaScript 中，关于 alert() 和 confirm()方法的正确说法是（　　　）。

A. alert() 和 confirm() 都是 window 对象的方法

B. alert() 和 confirm() 方法功能相同

C. alert() 方法的功能是显示一个带有"确定"和"取消"按钮的对话框

D. confirm() 方法的功能是显示一个带有"确定"按钮的对话框

4. 要将页面的状态栏中显示"已经选中该文本框"，下列 JavaScript 语句正确的是（　　　）。

A. window. status＝"已经选中该文本框"

B. document. status＝"已经选中该文本框"

C. window. screen＝"已经选中该文本框"

D. document. screen＝"已经选中该文本框"

5. 分析下面的 JavaScript 代码段：

a＝new Array(2,3,4,5,6); sum＝0;

for(i＝1;i＜a. length;i＋＋)　　　sum ＋＝a[i];

document. write(sum);

输出结果是（　　　）。

A. 20　　　　　　　　B. 18　　　　　　　　C. 14　　　　　　　　D. 12

6. CSS 是（　　　）的缩写。

A. Colorful Style Sheets

B. Computer Style Sheets

C. Cascading Style Sheets

D. Creative Style Sheets

7. 如果要在不同的网页中应用相同的样式表定义,应该( )。

A. 直接在 HTML 的元素中定义样式表

B. 在 HTML 的< head >标记中定义样式表

C. 通过一个外部样式表文件定义样式表

D. 以上都可以

8. 样式表定义. outer {background-color:yellow} 表示( )。

A. 网页中某一个 ID 为 outer 的元素的背景色是红色的

B. 网页中含有 class="outer"元素的背景色是红色的

C. 网页中元素名为 outer 元素的背景色是红色的

D. 以上任意一个都可以

9. 下列选项中不属于 CSS 文本属性的是( )。

A. font-size   B. text-transform

C. text-align   D. line-height

10. 下面关于 CSS 的说法不正确的是( )。

A. CSS 可以控制网页背景图片

B. margin 属性的属性值可以是百分比

C. 字体大小的单位可以是 em

D. 1em 等于 18 像素

二、填空题

1. JavaScript 声明变量的关键字是_____。

2. JavaScript 的三种引入方式有_____、_____、_____。

3. CSS 分层是利用_____标记构建的分层。

4. 应用_____,网页元素将依照定义的样式显示,从而统一了整个网站的风格。

5. 给所有的< h1 >标签添加背景颜色的语句是_____。

三、简答题

1. 简述 JavaScript 变量的命名规范。

2. 简述 JavaScript 和 Java 的区别。

3. 简述列举文档对象模型 DOM 里 document 的常用的查找访问节点的方法并做简单说明。

4. 加载 CSS 样式的方式有哪些?如何使用?

5. CSS 布局方法与表格布局方法相比,有哪些优势?

四、程序题

1. 下面程序段的运行结果为_____。

```
< script language = "JavaScript">
  var i,j,a = 0;
    for(i = 0;i < 2;i + + )
        for(j = 4;j > = 0;j − − )
            a + + ;
    document.write("a = " + a + i );
</script>
```

2. 在JavaScript中分别用提示框弹出、页面输出、控制台输出三种方式实现在页面上输出"Hello world!"。

3. 编写注册页面,使用JavaScript验证相关输入的合法性。

第 4 章　JSP 开发技术

4.1　JSP 简介

JSP 是 Java Server Pages 的缩写，是 1999 年推出的一种动态网页技术标准。JSP 是基于 Java Servlet 以及整个 Java 体系的动态 Web 页面开发技术，利用这一技术可以建立安全、跨平台的高效动态网站。

在网页程序中加入 Java 程序片段和 JSP 标记就构成了一个 JSP 页面程序。JSP 页面程序文件以“.jsp”为扩展名。一个 JSP 页面程序可由 5 种元素组合而成：分别是 HTML 相关标记（包括 JavaScript 脚本）、Java 脚本、JSP 指令、JSP 动作标记和 JSP 内置对象。

4.1.1　JSP 的运行原理

当服务器上的一个 JSP 页面被第一次请求执行时，服务器上的 JSP 引擎首先将 JSP 页面文件转译成一个 Java 文件，再将这个 Java 文件编译生成字节码文件，然后通过执行字节码文件响应客户的请求，而当这个 JSP 页面再次被请求执行时，JSP 引擎将直接执行这个字节码文件来响应客户，这也是 JSP 比 ASP 速度快的一个原因。而 JSP 页面的首次执行往往由服务器管理者来执行，主要工作是：

（1）把 JSP 页面中普通的 HTML 标记符号（页面的静态部分）交给客户的浏览器负责显示。

（2）执行“<%”和“%>”之间的 Java 程序片（JSP 页面中的动态部分），并把执行结果交给客户的浏览器显示。

（3）当多个客户请求一个 JSP 页面时，JSP 引擎为每个客户启动一个线程而不是启动一个进程，这些线程由 JSP 引擎服务器来管理，与传统的 CGI 为每个客户启动一个进程相比较，效率要高得多。

4.1.2　JSP 开发环境安装与配置

1. JDK 的下载与安装

打开 http://download.java.net/jdk 站点，下载 Windows 平台的 JDK 安装程序。下载后，安装步骤如下。

（1）双击 JDK 安装程序，出现如图 4-1 所示的“欢迎使用 Java”界面。

（2）在“欢迎使用 Java”界面单击“下一步”按钮，出现如图 4-2 所示的“自定义安装”界面。

（3）单击“下一步”，将 JDK 安装到“D:\Java\jdk16\”文件夹下。在“自定义安装”界面，单击“更改(A)”按钮，出现“更改当前文件夹”界面，在“文件夹名称(F):”下的文本框中输入：D:\Java\jdk16\，如图 4-3 所示。

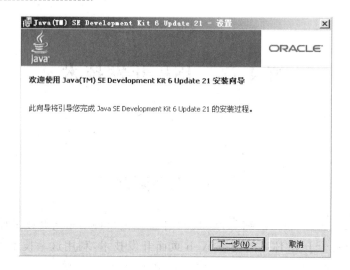

图 4-1 "欢迎使用 Java"界面

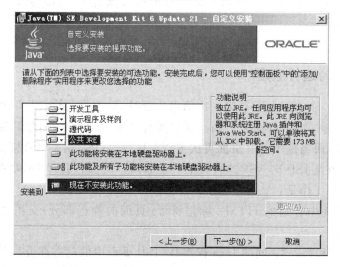

图 4-2 "自定义安装"界面

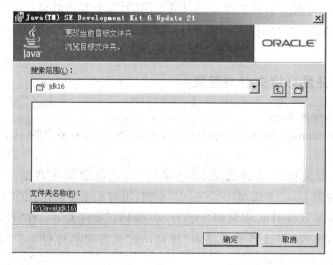

图 4-3 "更改当前文件夹"界面

（4）在"更改当前文件夹"界面输入完 JDK 要安装的文件夹后,单击"确定"按钮,返回到如图 4-4 所示的"自定义安装"界面。记住 JDK 安装的文件夹:D:\Java\jdk16,后面在定义 Windows 环境变量时要用到它。

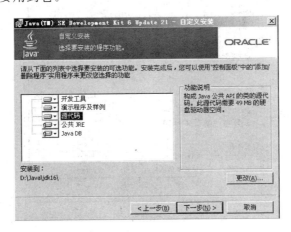

图 4-4 "自定义安装"界面

（5）在如图 4-4 所示的"自定义安装"界面,单击"下一步"按钮,则安装程序自动安装 JDK,直到结束。

2. JDK 环境变量配置

配置 Java 环境变量的目的是告诉操作系统在运行 Java 程序时与之相关的文件和文件夹的路径等相关信息。例如,系统在编译 Java 程序时,它要知道到哪个或哪些文件夹下去寻找 Java 编译程序;又如,Java 程序要引入相关的类库包,编译程序要知道到哪儿去寻找这些类库包。这些都是在环境变量中定义的。与 Java 相关的环境变量有三个:classpath、path 和 java_home。classpath 和 path 在编译和执行 Java 时要用到。java_home 是下面要介绍的 Web 服务器要用到。在此一并定义,操作步骤如下。

（1）鼠标右键单击"我的电脑"后,选择"属性",出现如图 4-5 所示的"系统属性—常规"界面。

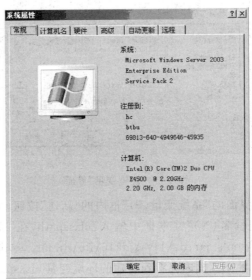

图 4-5 "系统属性—常规"界面

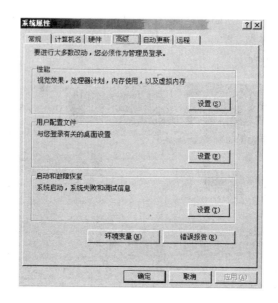

图 4-6 "系统属性—高级"界面

（2）在"系统属性—常规"界面单击"高级"按钮，出现如图 4-6 所示的"系统属性—高级"界面。

（3）在"系统属性—高级"界面单击"环境变量"按钮，出现如图 4-7 所示的"环境变量"界面。

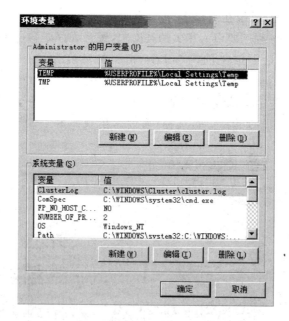

图 4-7 "环境变量"界面

（4）单击"环境变量"界面的"系统变量（S）"框内的"新建"按钮，出现"新建系统变量"对话框，如图 4-8 所示。在"变量名（N）"文本框中输入：classpath，在"变量值（V）"文本框中输入：.;d:\Java\jdk1.6\lib\tools.jar;d:\Java\jdk16\lib\dt.jar。单击"确定"按钮，返回到"环境变量"界面。在"系统变量（S）"框内会看到新建的环境变量 classpath 和它的值。

图 4-8 "新建系统变量"对话框

(5) 重复第(4)步,再新建一个环境变量,变量名为:java_home,它的值为:d:\Java\jdk16。

(6) 在"环境变量"界面的"系统变量(S)"框内,选中环境变量"Path"项,如图 4-9 所示。单击"编辑"按钮,出现"编辑系统变量"对话框,如图 4-10 所示。

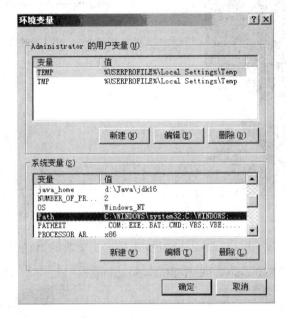

图 4-9 选中环境变量"Path"项

(7) 在编辑环境变量"Path"对话框中"变量值(V)"文本框的开头输入".;d:\Java\jdk16\bin;",如图 4-10 所示。单击"确定"按钮,返回到"环境变量"界面,再单击"确定"按钮,返回到"系统属性"界面,最后单击"确定"按钮,则三个环境变量建立完毕。三个环境变量的值都用到了字串"d:\Java\jdk16",这就是 JDK 的安装文件夹。用户可以将 JDK 安装在其他的文件夹,但要切记,对三个环境变量 classpath、path 和 java_home 值的定义要与之一致。否则,JDK 和 Web 服务器不能正确运行。

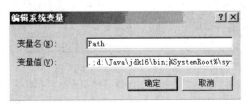

图 4-10 "编辑系统变量"对话框

4.1.3 Tomcat 安装

有了 Java 的编译环境,还需要安装一个 Web 服务器。下面讲解如何安装一个小型的免费服务器 Tomcat。在安装 Tomcat 之前要配置环境变量 JAVA_HOME,它的值就是安装 JDK 的根目录,如 d:\Java\jdk16。然后双击 Tomcat 的安装图标,显示如图 4-11 所示的页面。选择默认值,单击"Next"。

图 4-11　安装主页面

如图 4-12 所示,在此处可以更改安装路径,务必记住更改的路径。

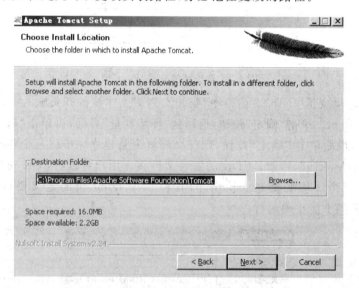

图 4-12　选择路径页面

如图 4-13 所示,在此处可以修改 Tomcat 服务器的运行端口号。默认是 8080,User Name 与 Password 是 Tomcat 服务器的用户名和密码。一直单击"Next"按钮直到最后完成安装,如图 4-14 所示。

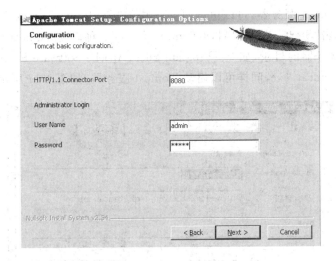

图 4-13 端口号及用户名密码页面

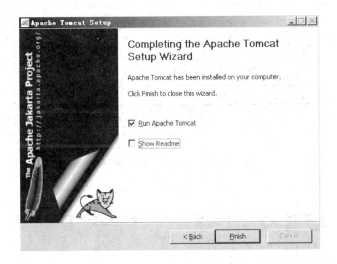

图 4-14 安装完成

完成安装后，就可以在"开始—程序"中找到已经安装好的 Tomcat，如图 4-15 所示。

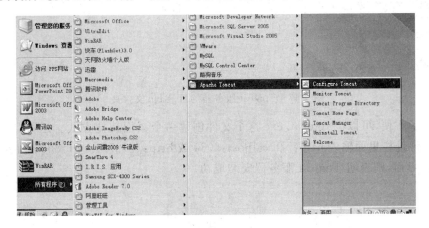

图 4-15 所有程序列表

如果要启动Tomcat服务器,可以单击图4-15中的"Configure Tomcat",显示如图4-16所示页面。然后再单击"Start",就可以启动Tomcat了。第二种启动Tomcat服务器的方法就是找到安装Tomcat服务器的目录,如C:\Program Files\Apache Software Foundation\Tomcat,在bin文件夹下双击tomcat.exe,同样可以启动Tomcat服务器,如图4-17所示。

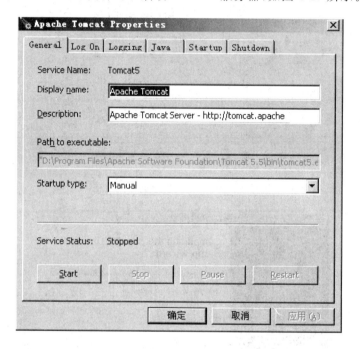

图4-16 "Configure Tomcat"页面

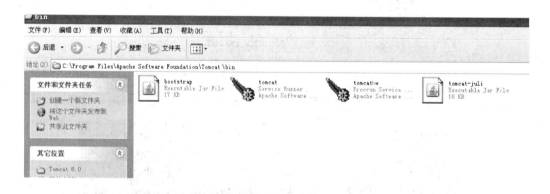

图4-17 Tomcat服务器的目录bin文件夹

通常为了方便,可以把tomcat.exe这个文件创建一个桌面快捷方式。运行Tomcat服务器后,在IE地址栏里面输入http://localhost:8080或http://127.0.0.1:8080,如果出现如图4-18所示的界面,则表明Tomcat服务器安装成功。

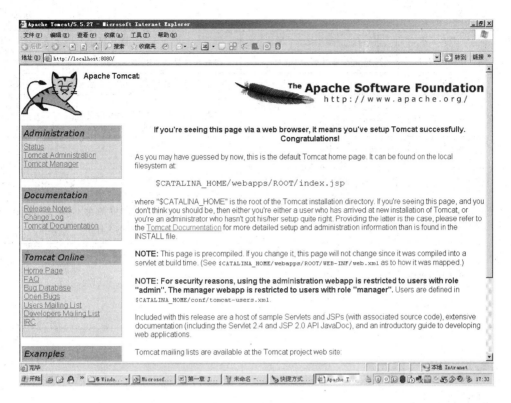

图 4-18　Tomcat 测试页面

4.2　JSP 动态网页开发

4.2.1　JSP 基本语法

JSP 是一种很容易学习和使用的,在服务器端编译执行的 Web 程序设计语言,其脚本语言采用 Java,完全拥有 Java 的优点。通过 JSP 能使网页的动态部分与静态部分有效分开,只要用熟悉的 DW 之类网页制作工具,编写普通的 HTML,然后通过专门的 JSP 标签将动态程序设计部分包含进来就可以了。被开始标签"(<%)"和结束标签"(%>)"包围的部分称为 JSP 元素内容,主要是符合 Java 语法的 Java 程序,这些内容由 JSP 引擎解读和处理。

JSP 元素可分成脚本元素、指令元素与动作组件三种类型。脚本元素规范 JSP 网页所使用的 Java 代码,指令元素针对 JSP 引擎控制转译后的 Servlet 的整个结构,而动作组件主要连接要用到的组件,如 JavaBean 和 Plugin,另外还能控制 JSP 引擎的行为。如表 4-1 所示。

表 4-1　JSP 基本元素和语法一览表

元素类型	JSP 元素	语　法	解　释
脚本元素	表达式	<%＝表达式%>	表达式经过运算然后输出到页面
	程序码片段	<%代码%>	嵌入 Java 代码
	声明	<%!声明代码%>	嵌入 JSP 中,用于声明变量、方法、类、对象
	注释	<%－注释－%>	在将 JSP 转译成 Servlet 时,将被忽略

续表

元素类型	JSP 元素	语　法	解　释
指令元素	JSP 页面指令	<%@page 属性名="值"%>	在载入时提供 JSP 引擎使用
	JSP 包含指令	<%@include file="url",%>	一个在经过转译成 Servlet 之后被包含进来的文件
动作组件	jsp：include	< jsp：include　page = " relative URL"，fiush="true"/>	当页面得到请求时,所包含的文件
	jsp：forward	< jsp:forward page="relativeURL"/>	将页面得到的请求转向下一页
	jsp：param	< jsp：param name=参数名称，value=值 />	该组件配合<jsp:include >和<jsp:forword>一起使用,可以将 param 组件中的值传递到 include 和 forword 动作组件要加载的文件中
	jsp：useBean	<jsp：useBean attr="val"/>	找到并建立 JavaBean 对象
	jsp：setProperty	<jsp：setProperty att="val"/>	设置 JavaBean 的属性
	jsp：getProperty	< jsp： getProperty　name = "propertyName" value="val"/>	得到 JavaBean 的属性

4.2.2　JSP 脚本元素

1. 表达式

JSP 表达式的输出格式为<%＝表达式%>。JSP 表达式的结果可以转换成字符串并且直接输出到网页上。

2. 程序码片段

JSP 程序码片段包含在<%代码%>标签里。这段 Java 程序代码会在 Web 服务器端执行。使用程序代码片段可以在原始的 HTML 或 XML 内部建立有流程控制程序。

3. 声明

JSP 声明可以定义网页内的变量、类、函数或存储信息,让 JSP 网页的其余部分能够使用。声明的格式为<%! 声明%>。需要注意的是要在变量声明的后面加上分号,就跟任何有效的 Java 语句形式一样。

4. 注释

注释也是一种主要的 JSP 脚本元素。可以在 JSP 网页中包含 HTML 注释,HTML 注释格式为<!--注释-->。如果浏览者在客户端查看网页的源代码,会在源代码中看到这些注释。如果不想让客户端浏览者看到注释,可以将它放在<%--注释--%>标签里。

4.2.3　JSP 页面的基本结构

在传统的 HTML 页面文件中加入 Java 程序片和 JSP 标签就构成了一个 JSP 页面文件,Java 程序片可以使用标记符号"<%""%>"加入页面中。JSP 页面文件的扩展名是.jsp,文件的名字必须符合 Java 标识符的规定。需要注意的是可以用大写字母书写普通的 HTML 标记符号来区分 JSP 技术相关程序代码和标签。下面的例 4-1 是一个简单的 JSP 页面。

例 4-1 一个统计客户访问量的页面。

```
<%@ page language = "java" pageEncoding = "GB2312" %>
<%@ page contentType = "text/html;charset = GB2312" %>
<HTML>
<!DOCTYPE HTML PUBLIC "-//w3c//dtd html 4.0 transitional//en">
<head>
<title>声明变量</title>
</head>
<BODY><FONT size = 5>
<% i++;  %>
<P>您是第 <% = i%>个访问本站的客户。</p>
<%!int i = 0; %>
</BODY>
</HTML>
```

4.2.4 JSP 页面的运行过程

JSP 页面的运行步骤如下。

（1）首先建立目标文件夹，用来存放项目，如图 4-19 所示。

图 4-19 目标文件夹

（2）然后解压用来开发 Java EE 应用的 Eclipes 软件，这是一个绿色软件，解压以后即可使用，如图 4-20 所示。

（3）双击应用程序图标，选中目标文件夹作为工作区间，如图 4-21 所示。

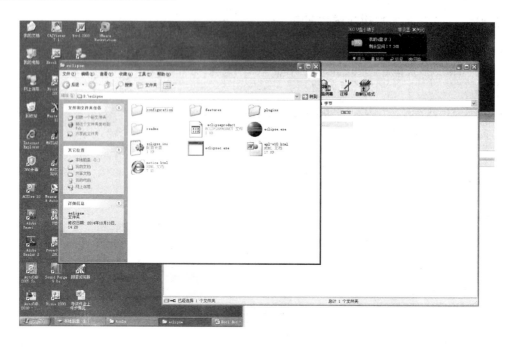

图 4-20　解压 Eclipes 软件

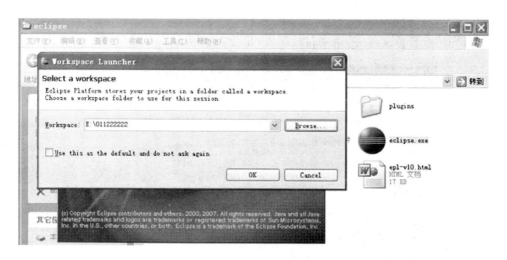

图 4-21　选中工作区间

单击"OK"按钮继续,单击"File"→"Project"菜单项,如图 4-22 所示。

(4) 单击 Web 下的"Dynamic Web Project"项目,新建一个动态的 Web 项目,如图 4-23 所示。

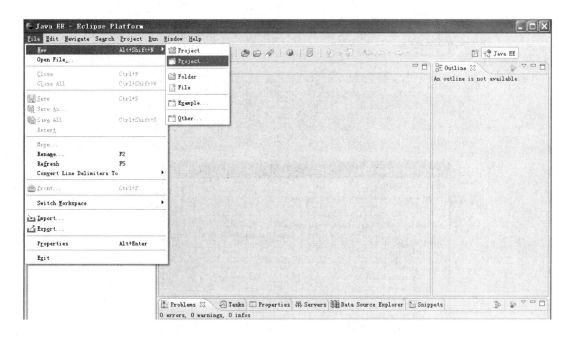

图 4-22 项目选项页面

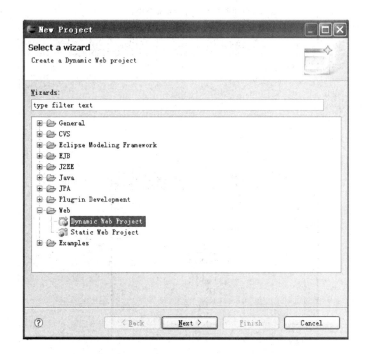

图 4-23 新建 Web 项目

（5）单击"New"，选择服务器，如图 4-24 所示。

进一步选择服务器的位置，一般在 C:\Program Files\Apache Software Foundation\ Tomcat 6.0，如图 4-25 所示。

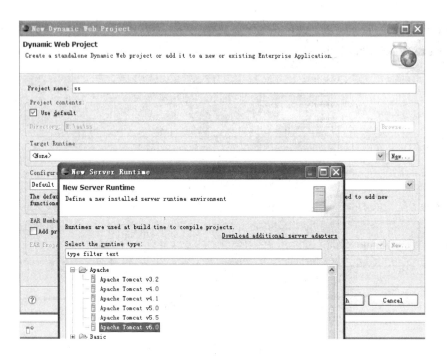

图 4-24　选择服务器

图 4-25　服务器位置

　　单击"确定"按钮,一直单击"Next"按钮,直至单击"Finish"按钮,工程建立完毕,如图 4-26 所示。

　　(6) 右击"WebContent",选择"New"→"JSP",如图 4-27 所示。

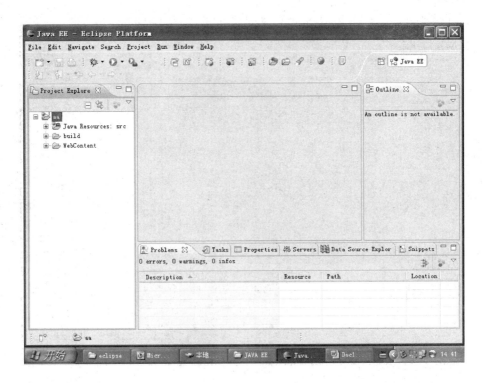

图 4-26　工程建立示意图

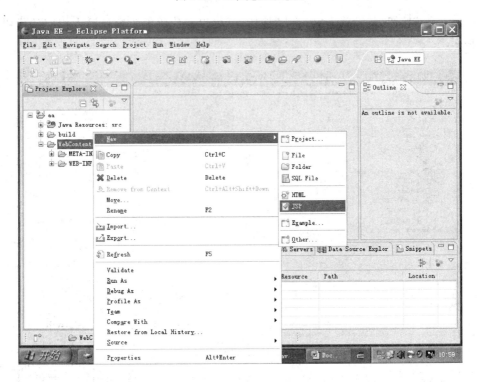

图 4-27　新建 JSP 页面

为新建的 JSP 页面取一个名字，如图 4-28 所示。

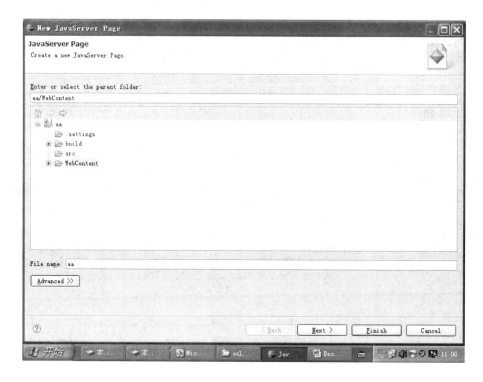

图 4-28　页面命名

单击"Next"按钮,最后单击"Finish"按钮,就可以在代码编辑窗口输入相应的代码,如图 4-29 所示。

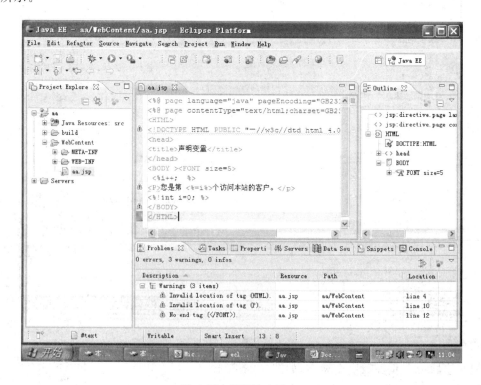

图 4-29　代码输入窗口

（7）代码输入完毕后，可以在页面上单击右键，选择"Run As"→"Run on Server"，在新建工程时指定的服务器上运行该页面，具体效果如图 4-30 和图 4-31 所示。

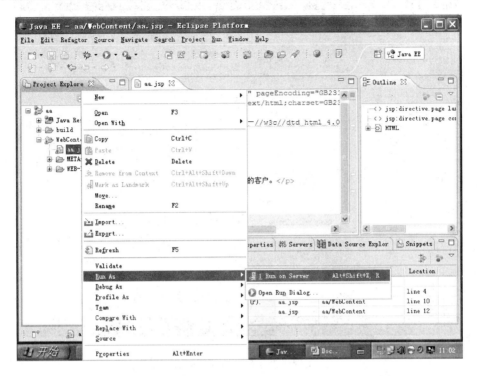

图 4-30　选择服务器运行

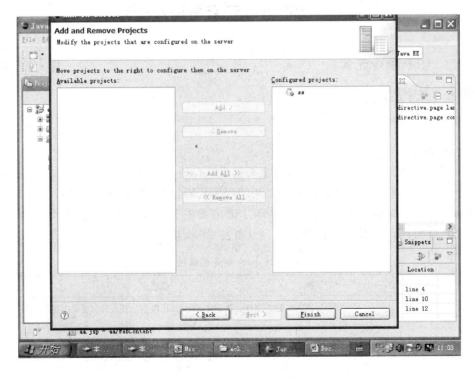

图 4-31　运行示意图

单击"Finish"就可以看到如图 4-32 所示的运行结果页面。

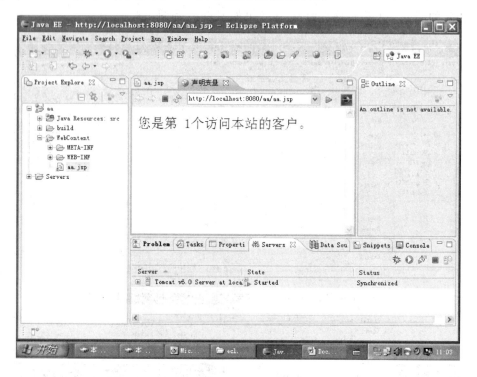

图 4-32   运行结果示意图

4.3   JSP 指令元素与动作组件

4.3.1   JSP 指令元素

JSP 指令元素的格式为：

<%@ 指令名 属性 ="属性值"%>

1. page 指令

page 指令用来定义整个 JSP 页面的全局属性。page 指令由"<%@"和"%>"字符串构成的标记符来指定。标记符中是符合 JSP 语法的程序代码，包括指令的类型和值。例如，"<%@ page import="java. sql. *"%>"指令是告诉 JSP 容器将 java. sql 包中的所有类和接口都引入当前的 JSP 页面。page 指令的属性有 15 个，如表 4-2 所示。

表 4-2   **page 指令的属性**

属性	功能
language ="语言"	指定 JSP 容器要用什么语言来编译 JSP 网页。JSP 2.0 规范中指出，目前只可以使用 Java 语言
extends = "基类名"	定义 JSP 网页转换 Servlet 时继承的父类，通常不使用该属性

属性	功能
import="importLis"	定义此 JSP 网页可以使用哪些 Java 类库,默认已导入 4 个包:java. lang. *,java. servlet. *,java. servlet. http. *,java. servlet. jsp. *。如果要导入多个包,既可以用一个语句写完,也可以分多个语句来写,例如: <%@ page import="java. io. *"%> <%@ page import="java. sql. *"%> 与<%@ page import="java. io. *,java. sql. *"%>等效
session="true | false"	决定此 JSP 网页是否可以使用 session 对象。默认值为 true
buffer="none|size in kb"	决定输出流是否有缓冲区。默认值为 8KB 的缓冲区
autoFlush="true | false"	决定输出流的缓冲区是否要自动清除,如果为 false,缓冲区满了会产生异常。默认值为 true
isThreadSafe="true | false"	告诉 JSP 容器,此 JSP 网页是否能同时处理多个请求。默认值为 true,如果此值设为 false,JSP 在转换成 Servlet 时会实现 SingleThreadModel 接口
info ="text"	指定此 JSP 网页的相关信息,可用 Servlet 接口的 getServletInfo()运行得到
errorPage="error_url"	如果发生异常错误时,网页会被重新指向指定的 URL
isErrorPage="true | false"	表示此 JSP Page 是否为专门处理错误和异常的网页
contentType = "ctinfo"	指定 MIME 类型和 JSP 网页的编码方式,其作用相当于 HttpServletResponse 接口的 setContentType()方法,例如: <%@ page contentType="text/html;charset=GB2312"%>
pageEncoding="peinfo"	指定 JSP 页面的编码方式,如果设置了该属性,JSP 页面就以此方式编码,否则,就使用 contentType()属性指定的字符集,假若两个属性都没有指定,就默认为"iso-8859-1"
isELIgnored="true|false"	如果为 true,则忽略 EL 表达式;否则,EL 表达式有效

说明:还有两个属性不常用,这里不作介绍

例如,语句"<%@page contentType="application/msword;charset=GBK"%>"即是使用 page 指令设置该 JSP 页面的 MIME 类型(MS-WORD)和字符编码(GBK),它表示用户浏览器请求页面时要启动本地的 MS-Word 应用程序来解析执行收到的信息。如果用户浏览器所在计算机没有安装 MS-Word 应用程序,那么浏览器就无法处理接收到的数据。若将该语句改为"<%@ page contentType="text/html;charset=GBK"%>",则表示用户浏览器启用 HTML 解析器来解析执行收到的信息。page 指令的 contentType 属性的值还有如表 4-3 所示的类型。

表 4-3 page 指令的 contentType 属性

contentType 属性值	MIME 类型	说明
text/html	html	HTML 文档
text/plain	txt	文本文件

contentType 属性值	MIME 类型	说明
application/java	class	Java 类文件
application/zip	zip	压缩文件
application/pdf	pdf	pdf 文件
image/gif	gif	图片类型
audio/basic	au	音频类型
Application/x-msexcel	Excel	电子表格
Application/msword	Word	Word 文档

对于 page 指令,需要说明的是:<%@ page %>指令作用于整个 JSP 页面,可以在一个页面中引用多个<%@ page %>指令,但是其中的属性只能用一次,不过也有例外,那就是 import 属性。因为 import 属性和 Java 中的 import 语句类似(参照 Java Language,import 语句引入的是 Java 语言中的类)。无论把<%@ page %>指令放在 JSP 的文件的哪个地方,它的作用范围都是整个 JSP 页面。不过,为了 JSP 程序的可读性,以及良好的编程习惯,最好还是把它放在 JSP 文件的顶部。

2. include 指令

include 指令就是前面所说的静态包含,它是向 JSP 页面内某处嵌入一个文件。这个文件可以是 HTML 文件、JSP 文件或其他文本文件。

JSP 语法格式如下:

```
<%@ include file = "relativeURL" %>
```

或

```
<%@ include file = "相对位置" %>
```

例 4-2　编写"网上购物系统"登录页面,头部显示该网上购物系统的名称,底部显示开发单位、版本号等信息,编写页面 login.jsp,用 include 指令插入 top.html 和 bottom.html 文档。

top.html:

```
< table border = "0" width = "100%">
< tr >
< td style = "width:100%;font:normal normal bolder16pt 宋体;
text-align:center;">网上购物系统</td>
</tr>< table >
```

bottom.html:

```
< table border = "0" width = "100%">
< tr >
< td style = 'width:100%;text-align:center;font-size:9.0pt;font-family:
"Times New Roman";color:black;border-top:1 solid red;
padding-top:5;'>Copyright &copy; 2016 RunCheng Inc. All rights reserved. CXXY 版权所有</td>
</tr>　< table >
```

login.jsp:

```
<%@page contentType = "text/html;charset = gbk" %>
```

```
<%@page language="java"%>
<html>
<head>
<meta http-equiv="Content-Type" content="text/html;charset=gbk">
<title></title>
</head>
<body>
<center>
<%@include file="top.html"%>
<br><div style="font:normal normal bolder14pt 宋体;">用户登录</div>
<form name="f1" action="" method="post" target="_self">
<table width="300" border="0">
<tr>
<td align="right">用户名:</td>
<td align="left"><input type="text" size="15" name="UserName" /></td>
</tr>
<tr>
<td align="right">密   码:</td>
<td align="left"><input type="password" size="15" name="Password" /></td>
</tr>
</table>
<table width="300" border="0">
<tr>
<td align="center"><input type="submit" name="submit" value="登录" /></td>
</tr>
</table>
</form>
<%@include file="bottom.html"%>
</center>
</body>
</html>
```

运行结果如图 4-33 所示。

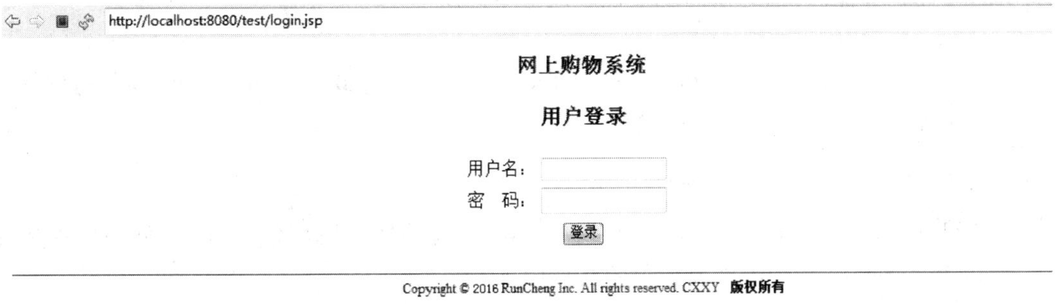

图 4-33　使用 include 指令统一插入页面的头部和底部运行结果

4.3.2 JSP 动作组件

JSP 动作组件是一些符合 XML 语法格式的标记,被用来控制 Web 容器的行为,可以动态地向页面中插入文件,重用 JavaBean 组件,设置 JavaBean 的属性等。

常见的 JSP 动作组件共有以下几种。

(1) <jsp:include>:动态包含在页面被请求的时候引入一个文件。

(2) <jsp:param>:在动作组件中引入参数信息。

(3) <jsp:forward>:把请求转到一个新的页面。

(4) <jsp:setProperty>:设置 JavaBean 的属性。

(5) <jsp:getProperty>:输出某个 JavaBean 的属性。

(6) <jsp:useBean>:寻找或者实例化一个 JavaBean。

1. include 动作组件

include 动作组件把指定文件插入正在生成的页面。其语法如下:

```
< jsp:include page = "文件名" flush = "true"/>
```

它与指令<%@ include file="文件名"%>的功能基本上是一样的,但在运行机理上还是有很大的区别。

指令标签的包含指令"include"是将静态嵌入文件作为主体文件的一部分,所以主文件和子文件其实是一体的。而动作标签的包含指令"include"是动态包含文件,子文件不必考虑主文件的属性,因此 JSP 页面和它所包含的文件在逻辑上和语法上是独立的。

如果对动态包含的文件进行修改,那么运行时可以看到所包含文件修改后的结果。而静态 include 指令包含的文件如果发生变化,必须重新将 JSP 页面转译成 Java 文件,否则只能看到所包含的修改前的文件内容。

归纳来讲,指令标签在编译时就将子文件载入;而动作标签在运行时才将子文件载入。

2. forward 动作组件

forword 动作组件用于将浏览器显示的网页导向至另一个 HTML 网页或 JSP 网页,客户端看到的地址是 A 页面的地址,而实际内容却是 B 页面的内容。其语法如下:

```
< jsp:forword   page = "网页名称">
```

其中,page 属性包含的是一个相对路径,page 的值既可直接给出,也可以在请求的时候动态计算。使用该功能时,浏览器的地址栏中地址不会发生任何变化。

3. <jsp:param>

<jsp:param>用于传递参数信息,必须配合<jsp:include>或<jsp:forward>动作组件一起使用。语法如下:

```
< jsp:param name = 参数名称 ,value = 值 />
```

当该组件配合<jsp:include>和<jsp:forword>一起使用,可以将 param 组件中的值传递到 include 和 forword 动作组件要加载的文件中去。

例 4-3 编写四个 JSP 页面:one.jsp、two.jsp、three.jsp 和 error.jsp。one.jsp、two.jsp 和 three.jsp 页面都含有一个导航条,以便让用户方便地单击超链接访问这三个页面,要求这三个页面通过使用 include 动作标记动态加载导航条文件 head.txt。

导航条文件 head.txt 的内容如下所示：

head.txt

```
<%@ page contentType="text/html;charset=GB2312" %>
<table cellSpacing="1" cellPadding="1" width="60%" align="center" border="0">
  <tr valign="bottom">
  <td><A href="one.jsp"><font size=3>one.jsp 页面</font></A></td>
  <td><A href="two.jsp"><font size=3>two.jsp 页面</font></A></td>
  <td><A href="three.jsp"><font size=3>three.jsp 页面</font></A></td>
  </tr>
  </Font>
</table>
```

各页面具体要求如下。

（1）one.jsp 的具体要求

要求 one.jsp 页面有一个表单，用户使用该表单可以输入一个 1～100 之间的整数，并提交给该页面；如果输入的整数在 50～100 之间（不包括 50）就转向 three.jsp，如果在 1～50 之间就转向 two.jsp；如果输入不符合要求就转向 error.jsp。要求 forward 标记在实现页面转向时，使用 param 子标记将整数传递到转向的 two.jsp 或 three.jsp 页面，将有关输入错误传递到转向的 error.jsp 页面。

（2）two.jsp、three.jsp 和 error.jsp 的具体要求

要求 two.jsp 和 three.jsp 能输出 one.jsp 传递过来的值，并显示一幅图像，该图像的宽和高刚好是 one.jsp 页面传递过来的值。error.jsp 页面能显示有关的错误信息和一幅图像。

one.jsp 效果如图 4-34 所示。

图 4-34　使用 include 动作标记加载导航条

two.jsp 效果如图 4-35 所示。

图 4-35　输入 param 子标记传递来的值（1～50）

101

three.jsp 效果如图 4-36 所示。

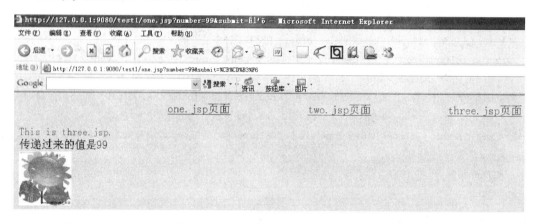

图 4-36　输入 param 子标记传递来的值(51～100)

error.jsp 效果如图 4-37 所示。

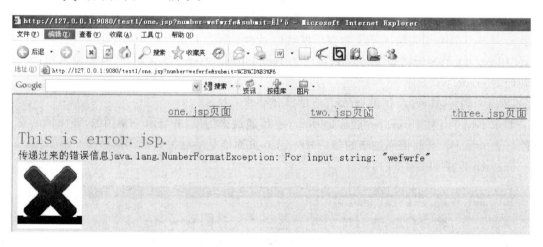

图 4-37　显示错误信息

各页面参考代码如下：

one.jsp：

```
< % @ page contentType = "text/html;charset = GB2312" % >
< HEAD >
    < jsp:include page = "head.txt"/>
</HEAD >
< HTML >
< BODY bgcolor = yellow >
< FORM action = "" method = get name = form >
请输入 1 至 100 之间的整数:< INPUT type = "text" name = "number">
    < BR >< INPUT TYPE = "submit" value = "送出" name = submit >
    </FORM >
< %
    String num = request.getParameter("number");
```

```
        if(num = = null)
        { num = "0";
        }
        try
        {
          int n = Integer.parseInt(num);
          if(n > = 1&&n < = 50)
          {
% >        < jsp:forward page = "two.jsp" >
             < jsp:param name = "number" value = "< % = n % >" />
           </jsp:forward >
< %     }
        else if(n > 50&&n < = 100)
          {
% >        < jsp:forward page = "three.jsp" >
             < jsp:param name = "number" value = "< % = n % >" />
           </jsp:forward >
< %     }
      }
      catch(Exception e)
      {
% >        < jsp:forward page = "error.jsp" >
             < jsp:param name = "mess" value = "< % = e.toString() % >" />
           </jsp:forward >
< %   }
% >
</BODY>
</HTML>
```

two.jsp:

```
< % @ page contentType = "text/html;charset = GB2312" % >
< HEAD >
  < jsp:include page = "head.txt"/>
</HEAD >
< HTML >
< BODY bgcolor = yellow >
< P >< Font size = 2 color = blue >
    This is two.jsp.
    </Font >
  < Font size = 3 >
  < %
    String s = request.getParameter("number");
    out.println("< BR >传递过来的值是" + s);
  % >
< BR >< img src = "a.jpg" width = "< % = s % >" height = "< % = s % >" ></img >
```

```
    </FONT>
    </BODY>
</HTML>
```

three.jsp：

```
<%@ page contentType = "text/html;charset = GB2312" %>
<HEAD>
  <jsp:include page = "head.txt"/>
</HEAD>
<HTML>
<BODY bgcolor = yellow>
<P><Font size = 2 color = red>
    This is three.jsp.
    </Font>
  <Font size = 3>
  <%
    String s = request.getParameter("number");
    out.println("<BR>传递过来的值是" + s);
  %>
  <BR><img src = "b.jpg" width = "<% = s %>" height = "<% = s %>"></img>
  </FONT>
  </BODY>
</HTML>
```

error.jsp：

```
<%@ page contentType = "text/html;charset = GB2312" %>
<HEAD>
  <jsp:include page = "head.txt"/>
</HEAD>
<HTML>
<BODY bgcolor = yellow>
<P><Font size = 5 color = red>
    This is error.jsp.
    </Font>
  <Font size = 2>
  <%
    String s = request.getParameter("mess");
    out.println("<BR>传递过来的错误信息" + s);
  %>
  <BR><img src = "c.jpg" width = "120" height = "120"></img>
  </FONT>
  </BODY>
</HTML>
```

4.4　JSP 内置对象

JSP 的内置对象由 JSP 容器自动为 JSP 页面提供，可以使用标准的变量来访问这些对象，并且不用编写任何额外的代码,可以在 JSP 网页中使用。在 JPS 2.0 规范中定义了以下 9 个内置对象:request(请求对象)、response(响应对象)、session(会话对象)、application(应用程序对象)、out(输出对象)、page(页面对象)、config(配置对象)、exception(异常对象)、pageContext(页面上下文对象)。

4.4.1 request 对象

当客户端请求一个 JSP 页面时,JSP 容器会将客户端的请求信息封装于 request 对象中,请求信息的内容包括请求的头信息、请求的方式、请求的参数名称和参数值等信息。通过调用该对象相应的方法可以获取来自客户端的请求信息,然后做出响应。request 对象的主要方法如表 4-4 所示。

表 4-4　request 对象的主要方法

序号	方 法 名	方 法 说 明
1	getAttribute(String name)	返回指定属性的属性值
2	getAttributeNames()	返回所有可用属性名的枚举
3	getCharacterEncoding()	返回字符编码方式
4	getContentLength()	返回请求体的长度(以字节数)
5	getContentType()	得到请求体的 MIME 类型
6	getInputStream()	得到请求体中一行的二进制流
7	getParameter(String name)	返回 name 指定参数的参数值
8	getParameterNames()	返回可用参数名的枚举
9	getParameterValues(String name)	返回包含参数 name 的所有值的数组
10	getProtocol()	返回请求用的协议类型及版本号
11	getServerName()	返回接受请求的服务器主机名
12	getServerPort()	返回服务器接受此请求所用的端口号
13	getReader()	返回解码过了的请求体
14	getRemoteAddr()	返回发送此请求的客户端 IP 地址
15	getRemoteHost()	返回发送此请求的客户端主机名
16	setAttribute(String key,Object obj)	设置属性的属性值
17	getRealPath(String path)	返回一虚拟路径的真实路径
18	getMethod()	返回客户机向服务器传输数据的方式
19	getRequestURL()	返回发出请求字符串的客户端地址
20	getSession()	创建一个 session 对象

例 4-4 通过 request 对象中的常用方法获取表单信息。

form1.html 的源代码如下:

```
</html>
< body >
< form id = "form1" name = "form1" method = "post" action = "requestForm1.jsp">
姓名:< input type = "text" name = "name" />< p>
```

密码：< input type = "password" name = "pass" /><p>

性别：< input name = "sex" type = "radio" value = "男" checked = "checked" />男

   < input name = "sex" type = "radio" value = "女" />女<p>

性格：< input type = "checkbox" name = "checkbox" value = "热情大方" />热情大方

   < input type = "checkbox" name = "checkbox" value = "温柔体贴" />温柔体贴

   < input type = "checkbox" name = "checkbox" value = "多愁善感" />多愁善感<p>

简介：< textarea name = "textarea"></textarea><p>

城市：

   < select name = "select">

      < option value = "北京">北京</option>

      < option value = "上海">上海</option>

      </select><p>

   < input type = "submit" name = "Submit" value = "提交" />

</form>

</body>

</html>

表单输入如图 4-38 所示。

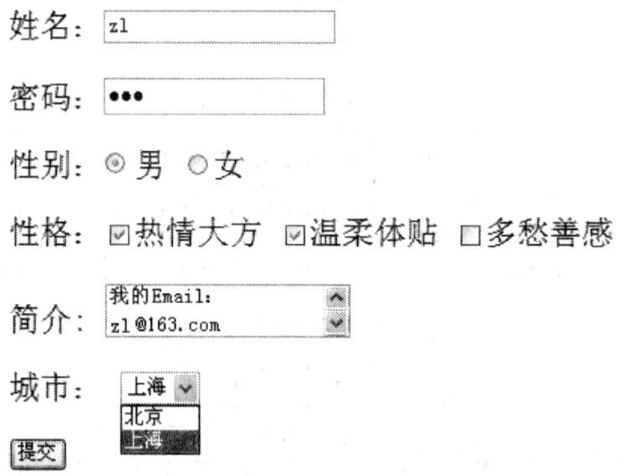

图 4-38　表单输入页面

requestForm1.jsp 源代码如下：

```
< % @ page contentType = "text/html;charset = gb2312" %>
< html >
< body >
    < % !
        public String trans(String str) throws Exception{
            byte  b[]  = str.getBytes("ISO-8859-1");
            str = new String(b);
            return str;
        }
    % >
    < %
        String name = trans(request.getParameter("name"));
        String pass = trans(request.getParameter("pass"));
```

```
        String sex = trans(request.getParameter("sex"));
        String[] temp = request.getParameterValues("checkbox");
        String xingge = "";
        for (int i = 0; i < temp.length; i++){
            xingge = xingge + temp[i] + " ";
            }
        xingge = trans(xingge);
        String jianjie = trans(request.getParameter("textarea"));
        String city = trans(request.getParameter("select"));
    %>
    姓名:<% = name %><p>
    密码:<% = pass %><p>
    性别:<% = sex %><p>
    性格:<% = xingge %><p>
    简介:<% = jianjie %><p>
    城市:<% = city %>
</body>
</html>
```

其中 trans 方法是将编码格式重新编码,以解决中文乱码的问题。信息获取页面如图 4-39 所示。

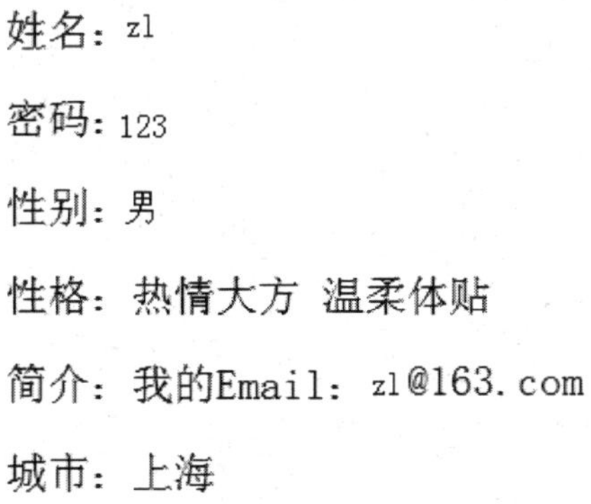

姓名: zl

密码: 123

性别: 男

性格: 热情大方 温柔体贴

简介: 我的Email: zl@163.com

城市: 上海

图 4-39　信息获取页面

4.4.2　response 对象

与 resquest 对象相对应的对象是 response 对象。可以用 response 对象对用户的请求作出动态响应,向客户端发送数据。response 对象的主要方法如表 4-5 所示。

表 4-5　response 对象的主要方法

序号	方　法　名	方　法　说　明
1	addCoolie(Cookie coolie)	向客户端写入一个 cookie
2	addHeader(String name,String value)	添加 HTTP 文件头
3	containsHeader(String name)	判断名为 name 的 header 文件头是否存在

序号	方 法 名	方 法 说 明
4	encodeURL(String url)	把 sessionId 作为 URL 参数返回到客户端
5	getOutputStream( )	获得到客户端的输出流对象
6	sendError(int)	向客户端发送错误信息。如 404 信息
7	sendRedirect(String url)	重定向请求
8	setContentType(String type)	设置响应的 MIME 类型
9	setHeader(String name, String value)	设置指定的 HTTP 文件的头信息值,如果该值已经存在,则新值会覆盖原有的旧值.

response 对象的常用技术主要如下。

(1) 使用 response 对象设置 HTTP 文件的头信息

主要有两个方法:setContentType(String type)和 setHeader(String name, String value)。setContentType(String s)方法可以动态改变 ContentType 的属性值,参数 s 可取 text/html、text/plain、application/x-msexcel、application/msworld 等。setHeader(String name, String value)方法可以添加新的相应头和头的值。下面的示例中 response 对象添加一个响应头 refresh,其头值是"3"。那么客户端收到这个头之后,每隔 3 秒刷新一次页面。

例 4-5 setHeader 方法的使用。

```
<%@ page contentType="text/html;charset=GB2312" %>
<%@ page import="java.util.*" %>
<HTML>
<BODY bgcolor=cyan><Font size=5>
<P>现在的时间是:<BR>
<% out.println("" + new Date());
    response.setHeader("Refresh","3");
%>
</FONT>
</BODY>
</HTML>
```

(2) 使用 response 实现重定向

对于 response 对象,最常用的是 sendRedirect 方法,可以使用这个方法将当前客户端的请求转到其他页面去。相应的代码格式为"response.sendRedirect("URL 地址");"。下面示例中 login.html 提交姓名到 response3.jsp 页面,如何提交的姓名为空,需要重定向到 login.html 页面,否则显示欢迎界面。

例 4-6 response 实现重定向的例子。

```
index.html:
<HTML>
    <BODY>
        <FORM ACTION="response.jsp" METHOD="POST">
        <P>姓名:<INPUT TYPE="TEXT" SIZE="20" NAME="UserID"></P>
```

```
        <P><INPUT TYPE="SUBMIT" VALUE="提 交"></P>
      </FORM>
    </BODY>
</HTML>
response.jsp
<%@ page contentType="text/html;charset=GB2312" %>
<HTML>
<BODY>
    <%
        String s = request.getParameter("UserID");
        byte b[] = s.getBytes("ISO-8859-1");
        s = new String(b);
        if (s==null) response.sendRedirect("login.html");
        else  out.println("欢迎您来到本网页!"+s);
    %>
</BODY>
</HTML>
```

注意:用<jsp:forward>指令和 response 对象中 sendRedirect 方法都可以实现页面的重定向,但二者是有区别的,使用<jsp:forward>只能在本网站内跳转,且跳转后在地址栏中仍然显示以前页面的 URL,跳转前后的二个页面属同一个 request,用户程序可以用 request 来设置或传递用户程序数据。但对于 response. sendRedirect 则不一样了,它相对前者是绝对跳转,在地址栏中,显示的是跳转后页面的 URL,跳转前后的两个页面不属同一个 request。

4.4.3　session 对象

1. session 的基本含义

session 的中文意思是“会话”,在 JSP 中代表了服务器与客户端之间的信息交互。从一个客户端的使用者打开浏览器并连接到服务器开始,到客户端的使用者关闭浏览器离开这个服务器结束,被称为一个会话。当客户端的使用者访问服务器时,可能会在这个服务器的几个页面之间反复连接或反复刷新一个页面,服务器会通过 session 对象知道是否为同一个客户端使用者。

当程序需要为某个客户端的请求创立一个 session 的时候,服务器首先检查这个客户端的请求里是否已包含了一个 session 标识,即 session id。如果已包括一个 session id 则说明以前已经为此客户端创建过 session,服务器就依照 session id 把这个 session 检索出来使用,如果客户端请求不包括 session id,则为此客户端创建一个 session 并且生成一个与此 session 相关联的 session id,session id 的值是唯一的。

2. session 对象的常用操作

session 对象在实际应用中使用频率最高的是存入变量与读取变量,这两个方法的使用是 session 对象最常用的操作。

(1) 存入 session 信息。根据需要,可以将多个信息存入 session 中。在早期的 JSP1.0 版本中,使用 putValue 方法实现这一功能,新版本则使用 setAttribute 方法将信息存入 session 中,其语法格式如下:

```
session. setAttribute("变量名称",值)
```

（2）读取 session 信息。session 中的信息在使用前要先读取,读取使用 getAttribute 方法,在 JSP1.0 版本中则使用 getValue 方法,其语法格式如下:

```
session.getAttribute("变量名称")
```

（3）删除 session 信息。session 中的信息在不再需要时,可以移除,移除使用 removeAttribute 方法,其语法格式如下:

```
session. removeAttribute("变量名称");
```

session 对象的主要方法如表 4-6 所示。

表 4-6　session 对象的主要方法

序号	方 法 名	方 法 说 明
1	getAttribute(String name)	获取与指定名字相关联的 session 属性值
2	getAttributeNames( )	取得 session 内所有属性的集合
3	getCreationTime( )	返回 session 创建时间,最小单位 1/1000 s
4	getId( )	返回 session 创建时 JSP 引擎为它设的唯一 id 号
5	getLastAccessedTime( )	返回此 session 里客户端最后一次访问时间
6	getMaxInactiveInterval( )	返回两次请求间隔多长时间,以 s 为单位
7	getValueNames( )	返回一个包含此 session 中所有可用属性的数组
8	invalidate( )	取消 session,使 session 不可用
9	isNew( )	返回服务器创建的一个 session,客户端是否已经加入
10	removeValue(String name)	删除 session 中指定的属性
11	setAttribute(String name, Object value)	设置指定名称的 session 属性值
12	setMaxInactiveInterval( )	设置两次请求间隔时间,以 s 为单位

session 对象的结束有几种情况:客户端关闭浏览器;session 过期;调用 invalidate 方法使 session 失效等。session 对象有默认的生存时间,通常为 1 800 s,可以通过 setMax InactiveInterval方法设置生存时间,单位是 s,该方法的原型如下:

```
public void setMaxInactiveInterval(int n)
```

设置 session 对象生存时间可以达到对系统安全使用的保护。例如,当一个用户在使用系统一段时间后,因事离开,且没有退出系统,在该用户离开的这一段时间内,若有其他用户进行恶意操作,则会带来意想不到的损失。以下程序给出关于 session 生存期的一些设置方法。

例 4-7　创建登录程序,login1. html 为登录界面,login1. jsp 为登录处理程序,使用 session 保存用户登录信息,若在 login1. htm 中输入的用户名和密码都为"admin"则登录成功,程序转到登录结果文件 welcome. jsp,否则则提示登录失败,系统提示 5 秒钟后自动转到登录页面,要求程序不能不经过登录而直接访问登录结果网页 welcome. jsp。

程序代码如下:

login1.html:

```
< html >
```

```
<head>
<title>用户登录</title>
</head>
<body>
<form method="POST" action="login1.jsp">
    <p>用户名:<input type="text" name="user" size="18"></p>
    <p>密码:<input type="text" name="pass" size="20"></p>
    <p><input type="submit" value="提交" name="ok">
    <input type="reset" value="重置" name="cancel"></p>
</form>
</body>
    </html>
```

login1.jsp:

```
<%@ page contentType="text/html;charset=GB2312" %>
<html>
<head><title>Session应用演示</title></head>
<%
    if(request.getParameter("user")!=null && request.getParameter("pass")!=null)
    {
        String strName=request.getParameter("user");
        String strPass=request.getParameter("pass");
        if(strName.equals("admin") && strPass.equals("admin"))
        {
            session.setAttribute("login","OK");
            response.sendRedirect("welcome.jsp");
        }
        else
        {
            out.println("<h2>登录错误,请输入正确的用户名和密码</h2>");
        }
    }
%>
</html>
```

其中,If判断获取的参数user的值不为空并且pass的值也不为空,则把user和pass的值分别赋给strName和strPass。If判断strName的内容等于admin并且strPass的等容等于admin,则把OK设定到login里,重定向到welcome.jsp页面。否则就输出else里要打印的内容。

welcome.jsp:

```
<%@ page contentType="text/html;charset=GB2312" %>
<html>
<head><title>欢迎光临</title></head>
<body>
<%
```

111

```
        String strLogin = (String)session.getAttribute("login");
        if (strLogin!= null && strLogin.equals("OK"))
        {
            out.println("<h2>欢迎进入我们的网站！</h2>");
        }
        else
        {
            out.println("<h2>请先登录,谢谢！</h2>");
            out.println("<h2>5秒钟后,自动跳转到登录页面！</h2>");
            response.setHeader("Refresh","5;URL = login1.htm");
        }
    %>
</body>
</html>
```

代码的作用是获取参数 login 的值并且强转换成 string(字符串)型,赋给 strLogin,如果 strLogin 不等于空并且 strLogin 的内容等于 OK,则输出"欢迎进入我们的网站!",否则输出 else 里面的内容。

如果不是通过登录,直接由地址访问 welcome.jsp 则无法匹配相应的 session 值,系统提示"请先登录,谢谢!"并且设置定时刷新,5 秒后跳转到 login1.htm 页面。运行结果如图 4-40、图 4-41 和图 4-42 所示

用户名：
密　码：

图 4-40　登录页面　　　　　　　　　　　　　图 4-41　成功登录页面

图 4-42　非法登录页面

4.4.4 application 对象

application 对象实现了用户间数据的共享,可存放全局变量。它开始于服务器的启动,消失于服务器的关闭。在此期间,此对象将一直存在,不同用户可以对此对象的同一属性进行操作,并且在任何地方对此对象属性的操作,都将影响到其他用户对此对象的访问。

所有用户的 application 对象是共享的,即所有客户端共用同一个 application 对象,因此 application 对象负责提供应用程序在服务器中运行时的一些全局信息。application 对象的主要方法如表 4-7 所示。

表 4-7 application 对象的主要方法

序号	方 法 名	方 法 说 明
1	getAttribute(String name)	返回给定名的属性值
2	getAttributeNames()	返回所有可用属性名的枚举
3	setAttribute(String name,Object object)	设定属性的属性值
4	removeAttribute(String name)	删除某一属性及其属性值
5	getServerInfo()	返回 JSP(SERVLET)引擎名及版本号
6	getRealPath(String path)	返回某一虚拟路径的真实路径
7	getInitParameter(String name)	返回 name 属性的初始值

例 4-8 使用 application 对象编程,实现一个简易的留言板。

程序分析:在本例中,客户端的使用者可以通过页面 submit.jsp 向 messagePane.jsp 页面提交姓名、留言标题和留言内容,messagePane.jsp 页面获取这些信息之后,用同步方法将这些内容添加到一个向量中,然后将这个向量再添加到 application 对象中。当用户查看留言板时,showMessage.jsp 负责显示所有客户端的使用者的留言内容,即从 application 对象中取出向量,然后遍历向量中存储的信息。

Java 的 java.util 包中的 Vector 类负责创建一个向量对象:Vector a=new Vector()。其中,a 可以使用 add(Object o)把任何对象添加到向量的末尾,向量的大小会自动增加;可以用 add(int index, Object o)把任何对象添加到向量的指定位置;可以使用 elementAt(int index)获取指定索引处的向量的元素(索引初始位置是 0);可以使用方法 size()获取向量所有的元素的个数。具体实现代码如下:

```
submit.jsp:
    <%@ page contentType="text/html;charset=GB2312" %>
    <HTML><BODY>
    <FORM action="messagePane.jsp" method="post" name="form">
        <P>输入您的名字:
    <INPUT type="text" name="peopleName">
        <BR>输入您的留言标题:
    <INPUT type="text" name="Title">
        <BR>输入您的留言:
    <BR><TEXTAREA name="messages" ROWs="10" COLS=36 WRAP="physical">    </TEXTAREA>
    <BR><INPUT type="submit" value="提交信息" name="submit">
```

```
      </FORM>
      <FORM action="showMessage.jsp" method="post" name="form1">
          <INPUT type="submit" value="查看留言板" name="look">
      </FORM>
</BODY></HTML>
```

messagePane.jsp：

```
      <%@ page contentType="text/html;Charset=GB2312" %>
      <%@ page import="java.util.*" %>
      <HTML>
      <BODY>
          <%! Vector v = new Vector();
              ServletContext  application;
              synchronized void sendMessage(String s)
                {  application = getServletContext();;
                   v.add(s);
                   application.setAttribute("Mess",v);
                }
          %>
          <% String name = request.getParameter("peopleName");
              String title = request.getParameter("Title");
              String messages = request.getParameter("messages");
                if(name == null)
                  {  name = "guest" + (int)(Math.random() * 10000);
                  }
                if(title == null)
                  {  title = "无标题";
                  }
                if(messages == null)
                  {  messages = "无信息";
                  }
              String time = new Date().toString();
              String s = "#" + name + "#" + title + "#" + time + "#" + messages + "#";
              sendMessage(s);
              out.print("您的信息已经提交！");
          %>
      <A HREF="submit.jsp">返回</A>
      <A HREF="showMessage.jsp">查看留言版</A>
</BODY></HTML>
```

showMessage.jsp：

```
      <%@ page contentType="text/html;Charset=GB2312" %>
      <%@ page import="java.util.*" %>
      <HTML><BODY>
          <%  Vector v = (Vector)application.getAttribute("Mess");
              out.print("<table border=2>");
```

```
out.print("<tr>");
    out.print("<td bagcolor = cyan>" + "留言者姓名" + "</td>");
    out.print("<td bagcolor = cyan>" + "留言标题" + "</td>");
    out.print("<td bagcolor = cyan>" + "留言时间" + "</td>");
    out.print("<td bagcolor = cyan>" + "留言内容" + "</td>");
out.print("</tr>");
for(int i = 0;i < v.size();i ++ )
{  out.print("<tr>");
   String message = (String)v.elementAt(i);
   StringTokenizer fenxi = new StringTokenizer(message,"#");
   out.print("<tr>");
   int number = fenxi.countTokens();
   for(int k = 0;k < number;k ++ )
   { String str = fenxi.nextToken();
     if(k < number-1)
       { out.print("<td bgcolor = cyan>" + str + "</td>");
       }
     else
       {out.print("<td><TextArea rows = 3 cols = 12>" + str + "</TextArea>
</td>"); }
   }
   out.print("</tr>");
 }
out.print("</table>");
%>
</BODY></HTML>
```

4.4.5 out 对象

out 对象代表向客户端发送数据,发送的内容是浏览器需要显示的内容,out 对象是 JspWriter 类的实例,是向客户端输出内容常用的对象。out 对象的主要方法如表 4-8 所示。

表 4-8 out 对象的主要方法

序号	方 法 名	方 法 说 明
1	clear()	清除缓冲区的内容
2	clearBuffer()	清除缓冲区的当前内容
3	flush()	清空流
4	getBufferSize()	以字节数的大小返回缓冲区,如不设缓冲区则为 0
5	getRemaining()	还剩余多少可用的返回缓冲区
6	isAutoFlush()	返回缓冲区满时,是自动清空还是抛出异常
7	close()	关闭输出流

4.4.6 page 对象

page 对象就是指向当前 JSP 页面本身,有点类似类中的 this 指针,它是 java.lang.Object

类的实例,它可以使用 Object 类的方法,例如,hashCode()、toString()等方法。page 对象在 JSP 程序中的应用不是很广,但是 java.lang.Object 类还是十分重要的,因为 JSP 内置对象的很多方法的返回类型是 Object,需要用到 Object 类的方法,读者可以参考相关的文档,这里就不详细介绍了。

4.4.7　config 对象

config 对象是在一个 Servlet 初始化时 JSP 引擎向它传递信息用的,此信息包括 Servlet 初始化时所要用到的参数(通过属性名和属性值构成)以及服务器的有关信息(通过传递一个 ServletContext 对象)。config 对象的主要方法如表 4-9 所示。

表 4-9　config 对象的主要方法

序号	方　法　名	方　法　说　明
1	getServletContext()	返回含有服务器相关信息的 ServletContext 对象
2	getInitParameter(String name)	返回初始化参数的值
3	getInitParameterNames()	返回 Servlet 初始化所需所有参数的枚举

config 对象提供了对每一个给定的服务器小程序或 JSP 页面的 javax.servlet.ServletConfig 对象的访问,它封装了初始化参数以及一些使用方法,作用范围为当前页面。config 对象在 JSP 中作用不大,而在 servlet 中作用比较大。

4.4.8　exception 对象

exception 对象是一个异常处理对象,实际上是 java.lang.Throwable 的实例,当一个页面在运行过程中发生了异常,就产生这个对象。如果一个 JSP 页面要应用此对象,就必须把 isErrorPage 设为 true,否则无法编译。即在 page 指令中设定<%@ isErrorPage="true"%>。exception 对象的主要方法如表 4-10 所示。

表 4-10　exception 对象的主要方法

序号	方　法　名	方　法　说　明
1	getMessage()	返回描述异常的消息
2	toString()	返回关于异常的简短描述消息
3	printStackTrace()	显示异常及其栈轨迹
4	FillInStackTrace()	重写异常的执行栈轨迹

4.4.9　pageContext 对象

pageContext 对象提供了对 JSP 页面内所有的对象及名字空间的访问,也就是说可以访问到本页面所在的 session,也可以取本页面所在的 application 的某一属性值,相当于页面中所有功能的全局把控者。pageContext 对象的主要方法如表 4-11 所示。

表 4-11   pageContext 对象的主要方法

序号	方 法 名	方 法 说 明
1	getSession( )	返回当前页的 HttpSession 对象(session)
2	getRequest( )	返回当前页的 ServletRequest 对象(request)
3	getResponse( )	返回当前页的 ServletResponse 对象(response)
4	getException( )	返回当前页的 Exception 对象(exception)
5	getServletConfig( )	返回当前页的 ServletConfig 对象(config)
6	getServletContext( )	返回当前页的 ServletContext 对象
7	setAttribute(String name,Object attribute)	设置属性及属性值
8	setAttribute (String name, Object obj, int scope)	在指定范围内设置属性
9	getAttribute(String name)	取属性的值
10	getAttribute(String name,int scope)	在指定范围内取属性的值
11	findAttribute(String name)	寻找一属性,返回属性值或 NULL
12	removeAttribute(String name)	删除某属性
13	removeAttribute(String name,int scope)	在指定范围删除某属性
14	getAttributeScope(String name)	返回某属性的作用范围
15	forward(String relativeUrlPath)	使当前页面重导到另一页面

其中,scope 参数是 4 个常数,代表 4 种范围:PAGE_SCOPE 代表 page 范围,REQUEST_SCOPE 代表 request 范围,SESSION_SCOPE 代表 session 范围,APPLICATION_SCOPE 代表 application 范围。

4.5 案 例 实 践

4.5.1 案例需求说明

编程模拟一个简单网上购物过程,首先提醒用户输入名字连接到商场,如图 4-43 所示。

图 4-43   输入姓名页面

单击"送出"按钮,页面跳转到 first.jsp 页面,让用户输入要购买的商品,然后单击"发送"按钮,连接到结账处,如图 4-44 所示。

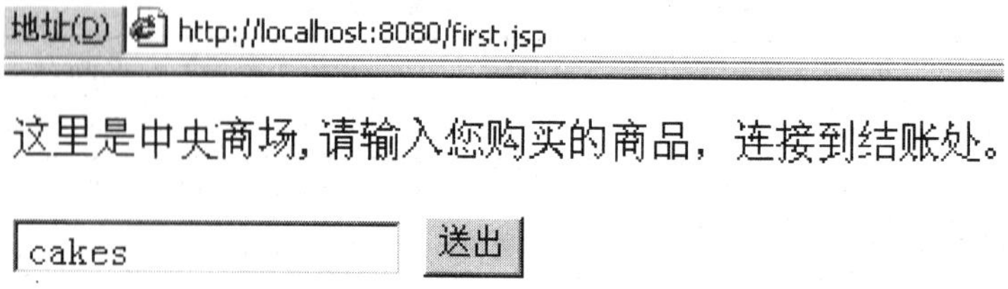

这里是中央商场, 请输入您购买的商品, 连接到结账处。

cakes   送出

图 4-44　输入商品页面

最后跳转到结账处后,显示前面用户输入的姓名和商品,如图 4-45 所示。

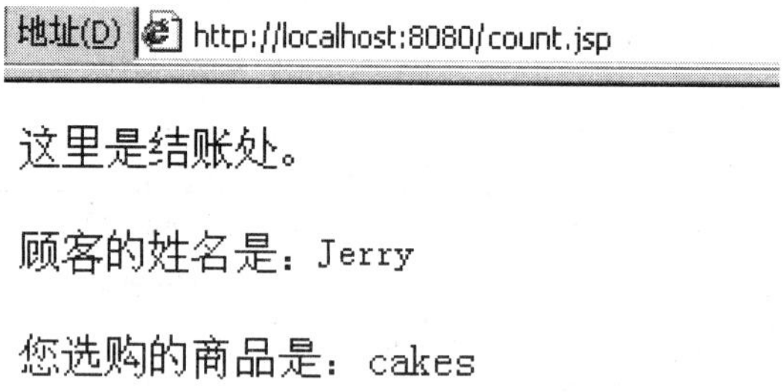

这里是结账处。

顾客的姓名是：Jerry

您选购的商品是：cakes

图 4-45　结账处页面

4.5.2　技能训练要点

在电子商务平台开发中,一个重要的关键点就是电子商务平台如何记录下客户端的状态,在 JSP 为开发技术的动态网页开发中,是使用 session 内置对象来达到这个目的的,本案例主要就 session 内置对象读写方法及值的传递过程进行训练。

4.5.3　案例实现

本案例涉及三个页面,分别为:输入姓名页面、输入商品页面和结账处页面,具体实现代码如下:

输入姓名页面(example.jsp):

```
<%@ page contentType="text/html;charset=gb2312"%>
<html>
<body>
<% session.setAttribute("custom","顾客");　//将顾客对象加入 session 中,并指定关键字为 custom
%>
<p>输入您的名字,连接到中央商场。
<form action="first.jsp" method=post name=form>
<input type="text" name="name1">
<input type="submit" name="submit" value="送出">
</form>
</body>
</html>
```

输入商品页面(first.jsp):

```
<%@ page contentType="text/html;charset=gb2312"%>
<html>
<body>
<% String nm=request.getParameter("name1");
   session.setAttribute("name",nm);  //将 nm 对象加入 session 中,并指定关键字为 name
%>
<p>这里是中央商场,请输入您购买的商品,连接到结账处。
<form action="count.jsp" method=post name=form>
<input type="text" name="buy">
<input type="submit" name="submit" value="送出">
</form>
</body>
</html>
```

结账处页面(count.jsp):

```
<%@ page contentType="text/html;charset=gb2312"%>
<%! public String getString(String s)
      {
      if(s==null)
        s="";
      try{
          byte b[]=s.getBytes("ISO-8859-1");
          s=new String(b);
      }
          catch(Exception e){}
      return s;
      }
%>
<html>
<body>
<% String pa=request.getParameter("buy");
   session.setAttribute("goods",pa);  //将 nm 对象加入 session 中,并指定关键字为 name
%>
<p>这里是结账处。
<% String cus=(String)session.getAttribute("custom");
   String nam=(String)session.getAttribute("name");
   String goo=(String)session.getAttribute("goods");
   nam=getString(nam);
   goo=getString(goo);
%>
<br>
<p><%=cus%>的姓名是:<%=nam%>
<p>您选购的商品是:<%=goo%>
</body>
```

通过以上案例的训练,读者可以清楚地体会到数据在页面与页面之间跳转时的传递过程,学会在页面跳转时如何记录客户端的信息。

本 章 小 结

在本章内容中对动态 Web 开发的 JSP 技术做了系统的介绍,读者通过本章的学习可以学会 JSP 开发环境安装与配置,掌握 JSP 页面基本结构及运行过程,学会使用 JSP 基本语法和内置对象进行相应的编程,并了解 JSP 编程在项目中的作用。

本 章 习 题

一、选择题

1. JSP 页面经过编译之后,后缀名为( )。

A. . java   B. . class   C. . css   D. . exe

2. 不能在不同用户之间共享数据的方法是( )。

A. 通过 session 对象   B. 利用文件系统

C. 利用数据库   D. 通过 application 对象

3. 对于声明<%! 声明%>的说法错误的是( )。

A. 一次可声明多个变量和方法

B. 一个声明仅在一个页面中有效

C. 声明的变量将作为局部变量

D. 声明的变量将在 JSP 页面初始化时初始化

4. 以下对象中的( )不是 JSP 的内置对象。

A. request   B. session   C. application   D. bean

5. 下列哪一项不属于 JSP 动作标记?( )

A. <jsp:param>   B. <jsp:plugin>

C. <jsp:useBean>   D. <jsp:javaBean>

6. Page 指令用于定义 JSP 文件中的全局属性,下列关于该指令用法的描述不正确的是( )。

A. <%@ page %>作用于整个 JSP 页面

B. 可以在一个页面中使用多个<%@ page %>指令

C. 为增强程序的可读性,建议将<%@ page %>指令放在 JSP 文件的开头,但不是必须的

D. <%@ page %>指令中的属性只能出现一次

7. 可以利用 request 对象的哪个方法获取客户端的表单信息( )。

A. request. getParameter()   B. request. outParameter()

C. request. writeParameter()   D. request. handlerParameter()

8. 使用 response 对象进行重定向时,使用的方法是( )。

A. getAttribute   B. setContentType

C. sendRedirect   D. setAttribute

9. session 对象中用于设定指定名字的属性值,并且把它存储在 session 对象中的方法是( )。

A. setAttribute   B. getAttributeNames

C. getValue   D. getAttribute

10. 在 application 对象中用(　　　　)方法可以获得 application 对象中的所有变量名。

A. getServerInfo   B. nextElements()

C. removeAttribute   D. getRealPath

二、填空题

1. JSP 有三种指令,它们分别是_____,_____,_____。

2. JSP 有七项标准的"动作元素",分别是_____,_____,_____,_____,_____,_____,_____。

3. Tomcat 服务器的默认端口是_____。

4. <jsp:param>需要配合和_____、_____动作元素一起使用。

5. JSP 标记都是以_____或_____开头,以_____或_____结尾。

6. JSP 页面的基本构成元素,其中变量和方法声明、表达式和 Java 程序片统称为_____。

7. response.setHeader("Refresh","5")的含义是指页面刷新时间为_____。

8. 在 JSP 中为内置对象定义了 4 种作用范围,即_____、_____、_____和_____四个作用范围。

9. 表单标记中的_____属性用于指定处理表单数据程序 url 的地址。表单的提交方法包括_____和_____方法。

10. JSP 主要内置对象有:_____,_____,_____,_____,_____,_____,out,config,page。

三、简答题

1. 简述 JSP 的工作原理。

2. 简述 page 指令、include 指令的作用。

3. application 对象有什么特点? 它与 session 对象有什么联系和区别?

4. JSP 常用基本动作有哪些? 简述其作用。

5. 简述 include 指令和<jsp:include>动作的异同。

6. 有几种方法实现页面的跳转,如何实现?

7. JSP 内置对象有哪些? 它们的作用是什么?

四、程序题

1. 下面是万年历程序代码,请补充空白处。

```
<% String yearS = request.getParameter("year");
    String monthS = _____;
    String dayS = request.getParameter("day");
    int year = _____;
    int month = Integer.parseInt(monthS);
    int day = Integer.parseInt(dayS);
    Calendar c1 = _____;
    c1.set(_____);
    int cellStart = _____;
```

```
int cellEnd = cellStart + c1.getActualMaximum(Calendar.DAY_OF_MONTH)-1;
%>
<div>
<font><_____>年<% = month %>月</font>
<table style = "border:1px solid red;font-size:12px;text-align:center;">
<tr style = "background-color:#00ffdd"><td>星期日</td><td>星期一</td><td>星期二
</td><td>星期三</td><td>星期四</td><td>星期五</td><td>星期六</td>
</tr>
<tr style = "height:20px;">
<%
for(int i = 0;i < 42;i++){
if(_____){
out.println("</tr><tr style = \"height:20px\">");
}
if(i + 1 >= cellStart&&i + 1 <= cellEnd){
if(i + 2-cellStart == day){
out.println("<td style = \"background-color:pink\">" + (i + 2-cellStart) + "</td>");
}
    else{
        out.println("<td>" + (i + 2-cellStart) + "</td>");
    }
}
    else{
        out.println("<td></td>");
    }
}
out.println("</tr>");
%>
```

2. 编写程序 reg.htm 和 reg.jsp,做一用户注册界面,包括用户名、年龄、性别。然后提交到 reg.jsp 进行注册检验,若用户名为 admin,就提示"欢迎你,管理员",否则,显示"注册成功"并显示出注册信息。

3. 开发一个用户购物车的功能,这个功能主要涉及三个页面,一个是购物大厅页面(hall.jsp),其中,商品类主要有 name(名称)、id(编号)、price(价格)、produce(产地)、number(数量)。另一个是处理页面(buy.jsp),主要是接收从 hall.jsp 页面中传递过来的商品信息,把信息封装到一个 good 对象中。最后一个是购物车页面(showcart.jsp),通过 request 对象接收从 hall.jsp 页面传递过来的变量显示用户购物车信息,购物车页面可以实现修改商品数量,删除商品,清空购物车的功能。

第 5 章　JDBC 数据库连接

应用程序需要经常操作大量数据,这就需要使用数据库,应用程序对数据库的操作主要有 4 种:插入记录、删除记录、更新记录、查询符合条件的记录,这 4 种操作常称为 CRUD。目前常见的数据库主要有 Oracle、DB2、Microsoft SQLServer 、MySql 等。

5.1　JDBC 简介

5.1.1　JDBC 概念

JDBC 是 Java DataBase Connectivity(Java 数据连接)技术的简称,是一种可用于执行 SQL 语句的 Java API。它由一些 Java 语言编写的类和接口组成;程序员通过使用 JDBC 可以方便地将 SQL 语句传送给几乎任何一种数据库,如图 5-1 所示。

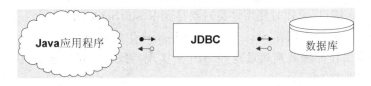

图 5-1　JDBC 的作用

JDBC 规范定义了如何操作数据库的标准,数据库厂商要实现这些标准来完成真正的数据库连接和操作。这就像 Java 语言中的接口和实现类,JDBC 的标准提供接口,数据库厂商提供实现类。在 JDBC 的体系结构中,接口定义如何操作数据库的方法模型,实现类用来实例化这些方法模型,完成接口中定义的操作。JDBC 的体系结构如图 5-2 所示。

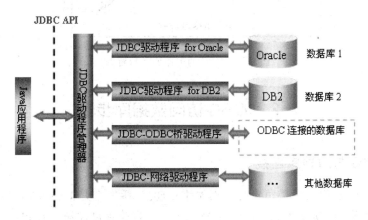

图 5-2　JDBC 的体系结构

在 Java 应用程序中使用 JDBC 的 API 来访问数据库时要在 classpath 中加载某个具体的数据库的 JDBC 驱动,这样不管是什么数据库,只要有驱动,在 Java 程序中使用统一的类和接口就能完成对数据库的操作。

5.1.2 JDBC 工作原理

JDBC 主要功能有三个:

(1) 与数据库建立连接。

(2) 向数据库发送 SQL 语句并执行这些语句。

(3) 处理数据返回的结果。

在完成这些功能时涉及 JDBC 的两个程序包:

(1) java.sql 为核心包,这个包中的类主要完成数据库的基本操作,如生成连接、执行 SQL 语句、预处理 SQL 语句等。

(2) javax.sql 为扩展包,主要为数据库的高级操作提供接口和类。

JDBC 通过提供一个抽象的数据库接口,使得程序开发人员在编程时可以不用绑定在特定数据库厂商的 API 上,大大增加了应用程序的可移植性。JDBC 常用类和接口如下。

(1) Driver 接口:加载驱动程序。

(2) DriverManager 类:装入所需的 JDBC 驱动程序,编程时调用它的方法来创建连接。

(3) Connection 接口:编程时使用该类对象创建 Statement 对象。

(4) Statement 接口:编程时使用该类对象得到 ResultSet 对象。

(5) ResultSet 类:负责保存 Statement 执行后所产生的查询结果。

JDBC 的基本工作原理就是通过这些 API 来实现与数据库建立连接、执行 SQL 语句、处理结果等操作,如图 5-3 所示。

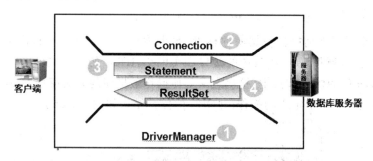

图 5-3　JDBC 的工作原理示意图

5.2　JDBC 访问数据库步骤

5.2.1 创建与数据库连接

从编程角度出发,有两个类负责与数据库建立连接,第一个是 DriverManager,它是 JDBC API 提供的为数不多的实际类之一,DriverManager 负责管理已注册驱动程序的集合,实质上就是提取使用驱动程序的细节,这样程序员就不必直接处理它们。第二个类是实际处理的 JDBC Driver 类,它是由独立厂商提供的,负责建立数据库连接和处理所有与数据库的通信。

创建数据库连接,分为以下几个步骤。

1. 加载驱动程序

进行数据库的连接与操作首先要加载驱动程序,以下是几种常用数据库驱动程序的加载。

(1) 加载 MySql 数据库驱动:

```
Class.forName("com.mysql.jdbc.Driver");
```

(2) 加载 SQL Server 数据库驱动程序:

```
Class.forName("com.microsoft.sqlserver.jdbc.SQLServerDriver");
```

(3) 加载 Oracle 数据库驱动程序:

```
Class.forName("oracle.jdbc.driver.OracleDriver");
```

注意:如果使用 Eclipse 编写程序,需右键单击"project"→"Properties"→"Java Bulid Path"→"Libraries"→"Add External JARS"→选择驱动 jar 文件,导入后才能运行。

2. 创建连接对象

如果驱动程序可以正常加载,接下来使用 DriverManager 类的 getConnection(String url, String user, String password)方法连接数据库。该方法得到一个数据库的连接,返回一个 Connection 对象。该方法需要三个参数:连接地址、用户名、密码。

```
Connection con = DriverManger.getConnection(url,user,password);
```

其中 url 是数据库的网络位置,JDBC URL 的格式是:jdbc:子协议:数据库定位器。

(1) MySQL 数据库:

```
jdbc:mysql://机器名/数据库名
```

(2) SQL Server 数据库:

```
jdbc:microsoft:sqlserver:// 机器名:端口号;数据库名
```

(3) Oracle 数据库:

```
jdbc:oracle:thin@机器名:端口号:数据库名
```

user 和 password 是访问数据库的用户名和密码。如果使用的数据库是 SQL Server 且位置在本机上,那么访问数据库的程序是:

```
String url = "jdbc:microsoft:sqlserver://localhost:1433;DatabaseName = pubs";
String user = "sa";
String password = "sa";
Connection conn = DriverManager.getConnection(url,user,password);
```

注意:数据库打开后必须关闭,释放服务器资源。

例 5-1　编写一个程序,测试数据库连接。

```
test.jsp
<%@ page contentType = "text/html;charset = gb2312" %>
<%@ page import = "java.sql.*" %>
<%
Connection conn;
```

```
String strConn;
try{
Class.forName("org.gjt.mm.mysql.Driver");
conn = DriverManager.getConnection("jdbc:mysql://localhost/test","root","123456");
%>
连接 Mysql 数据库成功!
<%
} catch (java.sql.SQLException e){
out.println(e.toString());
}
%>
```

运行结果如图 5-4 所示。

图 5-4   数据库连接测试

5.2.2   通过 JDBC 执行 SQL 语句

数据库成功连接后,如果进行数据库操作,需要使用 Statement 接口完成,此接口可以使用 Connection 接口中提供的 createStatement()方法进行实例化。

java.sql.Statement 对象代表一条发送到数据库执行的 SQL 语句。有三种 Statement 对象:

(1) Statement 对象用于执行不带参数的简单 SQL 语句。

(2) PreparedStatement 对象用于执行带或不带参数的预编译 SQL 语句。

(3) CallableStatement 对象用于执行对数据库存储过程的调用。

Statement 对象将 SQL 语句发送到 DBMS,由 Connection 对象的 createStatement()方法创建 Statement 对象:

```
Connectioncon = DriverManager.getConnection("url","账号","密码")
Statement stmt = con.createStatement();
```

Statement 接口提供的执行 SQL 语句的常用方法有以下几个,均会抛出 SQLException 异常。

(1) executeQuery()

用于 SELECT 语句,产生单个结果集,例如:

```
stmt.executeQuery("SELECT a,b,c FROM Table1");
```

（2）execute()

返回布尔值,用于执行任何 SQL 语句,返回多个结果集、多个更新计数或二者组合的语句。调用格式为:stmt.execute()。

（3）executeUpdate()

用来创建和更新表,用于执行 INSERT、UPDATE 或 DELETE 语句以及 SQL DDL 语句,例如 CREATE TABLE 和 DROP TABLE。INSERT、UPDATE 或 DELETE 语句的效果是修改表中零行或多行中的一列或多列,该方法返回一个整数,指示受影响的行数(即更新计数)。对于 CREATE TABLE 和 DROP TABLE 等不操作行的数据,方法的返回值总为零。例如:

```
String sql = "UPDATE student SET data = " + newdata + " WHERE xm = " + "'" + name + "'",
stmt.executeUpdate(sql);
```

（4）void addBatch(String sql)

用来增加一个待执行的 SQL 语句。

（5）int[] executeBatch()

用来批量执行 SQL 语句。

（6）void close()

用来关闭 Statement。

5.2.3 ResultSet 对象

1. ResultSet 对象的使用

ResultSet 对象包含 SQL 语句的执行结果,是 executeQuery()方法的返回值,被称为结果集,它代表符合 SQL 语句条件的所有行。

它通过一套 get 方法提供了对这些行中数据的访问,即使用 getXXX()方法检索数据,例如 getInt()用于检索整型值,getString()用于检索字符串值等。

上述 get 方法很多,究竟用哪一个 getXXX()方法,由列的数据类型来决定。为了保证可移植性,应该从左至右获取列值,并且从列号 1 开始,一次性地读取列值。同一种类型的 getXXX()方法是成对出现的,一个是根据列号得到值,另一个是根据列名得到值,getXXX()方法输入的列名不区分大小写,假设 ResultSet 对象 rs 的第二列名为 title,并将值存储为字符串,获取值的代码如下:

```
String s = rs.getString("title");   //根据列名获得值
String s = rs.getString(2);          //根据列号获得值
```

如果多个列具有相同的名字,则需要使用列号来索引以确保检索了正确的列值,如果列名已知,但不知其索引,则可用方法 findColumn()得到其列号。

2. 游标

ResultSet 对象自动维护指向其当前数据行的游标。结果集游标可以从第一行移动到最后一行,也可以从最后一行移动到第一行。每调用一次 next()方法,游标向下移动一行。每调用一次 previous()方法,游标向上移动一行。

游标的用处是遍历结果集对象,输出记录,游标最初位于第一行之前,因此第一次调用 next(),将把游标置于第一行上,使它成为当前行。随着每次调用 next(),导致游标向下移动一行,按照从上至下的次序获取 ResultSet 行。需注意如果查询数据总量过大,系统可能会出现问题。在 ResultSet 对象或其对应的 Statement 对象关闭之前,游标一直保持有效。

ResultSet 的常用方法如下。

(1) int getInt(int colunmIndex):以整数形式按列的编号获取指定列的内容。

(2) int getInt(String colunmName):以整数形式按列名称获取指定列的内容。

(3) Float getFloat(int colunmIndex):以浮点数形式按列的编号获取指定列的内容。

(4) Float getFloat (String colunmName):以浮点数形式按列名称获取指定列的内容。

(5) String getString(int colunmIndex):以字符串形式按列的编号获取指定列的内容。

(6) String getString(String colunmName):以字符串形式按列名称获取指定列的内容。

(7) Date getDate(int colunmIndex):以 Date 形式按列的编号获取指定列的内容。

(8) Date getDate(String colunmName):以 Date 形式按列名称获取指定列的内容。

(9) boolean next():将指针移动到下一行。

(10) public boolean previous():将游标向上移动,该方法返回 boolean 型数据,当移到结果集第一行之前时,返回 false。

(11) public void beforeFirst:将游标移动到结果集的初始位置,即在第一行之前。

(12) public void afterLast():将游标移到结果集最后一行之后。

(13) public void first():将游标移到结果集的第一行。

(14) public void last():将游标移到结果集的最后一行。

(15) public boolean isAfterLast():判断游标是否在最后一行之后。

(16) public boolean isBeforeFirst():判断游标是否在第一行之前。

(17) public boolean ifFirst():判断游标是否指向结果集的第一行。

(18) public boolean isLast():判断游标是否指向结果集的最后一行。

(19) public int getRow():得到当前游标所指向行的行号,行号从 1 开始,如果结果集没有行,返回 0。

(20) public boolean absolute(int row):将游标移到参数 row 指定的行号。如果 row 取负值,就是倒数的行数,absolute(−1)表示移到最后一行,absolute(−2)表示移到倒数第 2 行。当移动到第一行前面或最后一行的后面时,该方法返回 false。

一般来说,JDBC 类型和 get 方法中的 Java 类型有下面的对应关系,如表 5-1 所示。

表 5-1   类型对应关系

JDBC 类型	Java 类型
DATALINK	java. net. URL
DATE	java. sql. Date
TIME	java. sql. Time
BIGINT	long
SMALLINT	short
CHAR, VARCHAR, LONGVARCHAR	String
JAVA_OBJECT	java class
NUMERIC	java,math. BigDecimal
INTEGER	int, Integer

续 表

JDBC 类型	Java 类型
REAL	float, Float
DOUBLE	double, Double
BIT, BOOLEAN	boolean, Boolean
ARRAY	Array
TINYINT	byte
BINARY, VARBINARY, LONGVARBINARY	byte[]

注意:查询所得到的 ResultSet 所有的数据都可以通过 getString()方法获得;查询 SQL 语句在编写时尽量减少使用"select *",最好明确写出查询列名,方便后期代码编写。

JDBC 操作最后要依次关闭资源对象。关闭 ResultSet、Statement、Connection 等资源,注意关闭顺序与建立顺序相反。此处也可以只写一次关闭连接的方法,一般来说连接关闭,其他的操作都会关闭,但为了养成良好的编码习惯,最好将所有打开的对象全部依次关闭。

5.3　数据库编程应用

5.3.1　JDBC 操作数据库

下面是一个使用 JDBC 技术操作数据库的示例:

```
try {
    Class.forName(JDBC 驱动类);        // ①注册 JDBC 驱动
    } catch (ClassNotFoundException e) {
        System.out.println("无法找到驱动类");
    }

    try {                          ②获得数据库连接    ③JDBC URL 标识要访问的数据库

        Connection con = DriverManager.getConnection(JDBC URL,数据库用户名,密码);
        Statement stmt = con.createStatement();        //④发送 SQL 操作命令
        ResultSet rs = stmt.executeQuery("SELECT a, b, c FROM Table1");
        while (rs.next())
        {
            int x = rs.getInt("a");
            String s = rs.getString("b");      //⑤SQL 命令执行后得到的结果处理
            float f = rs.getFloat("c");
        }
        con.close();               //⑥释放资源
    } catch (SQLException e) {
        e.printStackTrace();
    }
```

注意:在 Eclipse 中,如 classpath 不能直接使用,需要将 mysql 的驱动 jar 文件导入或复制到 lib 目录下。

例 5-2　编写一个 JSP 页面,输出电商平台的所有客户列表。

customer.jsp:

```
<%@ page contentType = "text/html;charset = gb2312" %>
<%@ page import = "java.sql.*" %>
<%
Connection conn;          //连接对象
String strConn;
Statement sqlStmt;        //语句对象
ResultSet sqlRst;         //结果集对象
try{
Class.forName("org.gjt.mm.mysql.Driver")
conn = DriverManager.getConnection("jdbc:mysql://localhost:3306/shop","root","123456");
sqlStmt = conn.createStatement(java.sql.ResultSet.TYPE_SCROLL_SENSITIVE,java.sql.ResultSet.
CONCUR_ UPDATETABLE);          //执行 Sql 语句
String sqlQuery = "select customerid,address,phone from customer";
sqlRst = sqlStmt.executeQuery (sqlQuery);
%>
<center>顾客信息表</center>
<table border = "1" width = "100%" bordercolorlight = "#CC99FF" cellpadding = "2" bordercolordark =
"#FFFFFF" cellspacing = "0">
  <tr>
    <td align = "center"> ID</td>
    <td align = "center">地址</td>
    <td align = "center">电话</td>
  </tr>
  <% while (sqlRst.next()) { //取得下一条记录 %>
  <tr><!--显示记录-->
    <td><% = sqlRst.getString("customerid") %></td>
  <td><% = new String(sqlRst.getString("address").getBytes("gb2312")) %></td>
    <td><% = sqlRst.getString("phone") %></td>
  </tr>
  <% } %>
</table>
<%
//关闭结果集对象
  sqlRst.close();
  //关闭语句对象
  sqlStmt.close ();
  //关闭数据库连接
  conn.close();
} catch (java.sql.SQLException e){
out.println(e.toString());
```

```
}
%>
```

程序运行结果如图 5-5 所示。

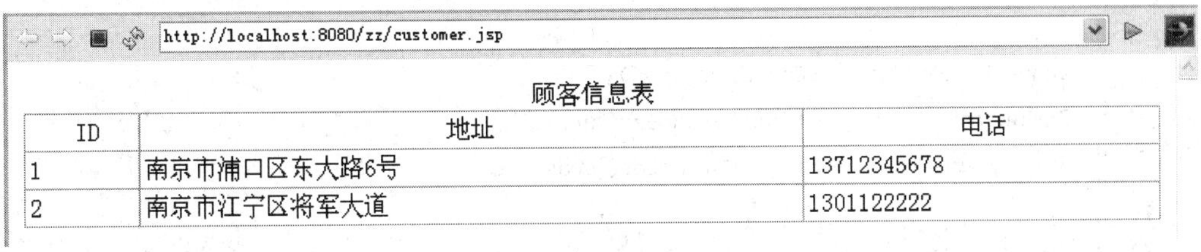

图 5-5 程序运行结果示意图

程序中 Statement 的原型是：Statement st = con. createStatement (int type, int concurrency);,其中 type 的取值决定滚动方式,它可以是如下取值。

(1) ResultSet. TYPE_FORWORD_ONLY:表示结果集只能向下滚动。

(2) ResultSet. TYPE_SCROLL_INSENSITIVE:表示结果集可以上下滚动,当数据库变化时,结果集不变。

(3) ResultSet. TYPE_SCROLL_SENSITIVE:表示结果集可以上下滚动,当数据库变化时,结果集同步改变。

concurrency 取值表示是否可以用结果集更新数据库,它的取值如下。

(1) ResultSet. CONCUR_READ_ONLY:表示不能用结果集更新数据库的表。

(2) ResultSet. CONCUR_UPDATETABLE:表示能用结果集更新数据库的表。

5.3.2 PreparedStatement 的应用

PreparedStatement 接口是 Statement 接口的子接口,它直接继承并重载了 Statement 的方法。PreparedStatement 对象并不将 SQL 语句作为参数提供给这些方法,因为它们已经包含预编译 SQL 语句,这也是将其命名冠以"Prepared"的原因。包含于 PreparedStatement 对象中的 SQL 语句可具有一个或多个 IN 参数。IN 参数的值在 SQL 语句创建时未被指定。相反的,该语句为每个 IN 参数保留一个问号("?")作为占位符。每个问号的值必须在该语句执行之前通过适当的 setXXX()方法来提供。

由于 PreparedStatement 对象已预编译过,所以其执行速度要快于 Statement 对象。因此多次执行的 SQL 语句经常创建为 PreparedStatement 对象,以提高效率。

例 5-3 设计注册表单,接受用户输入信息,将信息插入到数据库中。

分析:该例子中需要准备两个页面,一个是提交数据页面:reg. html;另一个是数据库处理页面 reg.jsp。

reg.html：

```
< body >
    < form action = "reg. jsp" method = "post">
    姓名:< input type = "text" name = "uname"> < br > < br >
    密码:< input type = "password" name = "upass"> < br > < br >
    < input type = "submit" value = "注册">
    < input type = "reset" value = "取消">
```

```
          </form>
        </body>
    reg.jsp:
    <body>
        <%
            request.setCharacterEncoding("gbk");
            String name = request.getParameter("uname");
            String pass = request.getParameter("upass");
    try{
    Class.forName("org.gjt.mm.mysql.Driver");
    Connection con = DriverManager.getConnection ("jdbc: mysql://localhost: 3306/test","
root","123456");
    Statement sta = con.createStatement();
    sta.executeUpdate("insert into user_table(name,pass) values('" + name + "','" + pass + "')");
        sta.close();
        con.close();
            }catch(Exception e)
            {
                e.printStackTrace();
            }
        %>
    </body>
```

在例 5-3 中，如果在姓名的 text 框中输入了带单引号的内容，如：姓名：li's ，就会发现执行出现了操作数据库失败。原因是使用 statement 语句对象需要一个完整的 SQL 语句，但如果输入的内容中包含单引号，就会造成数据输入的不正确。这种情况的解决办法是可以使用 Statement 的子接口 PreparedStatement 来完成语句对象的创建。

在 JDBC 应用中，通常会以 PreparedStatement 代替 Statement。也就是说，在熟练掌握 JDBC 编程后，一般情况下不要使用 Statement，这是因为：

（1）用 PreparedStatement 来代替 Statement 会使代码多出几行，但这样的代码无论从可读性还是可维护性上来说，都比直接用 Statement 的代码好。

（2）PreparedStatement 是预编译过的，会提高性能。每种数据库都会尽最大努力对预编译语句提供最大的性能优化。因为预编译语句有可能被重复调用，所以语句在被数据库的编译器编译后，其执行代码被缓存下来，那么下次调用时只要是相同的预编译语句就不需要编译，只要将参数直接传入编译过的语句执行代码中。

（3）极大地提高了安全性。使用预编译语句，传入的内容就不会和原来的语句发生任何匹配的关系，只要全使用预编译语句，就不用对传入的数据做任何过滤。

PreparedStatment 常用方法如下。

（1）int executeUpdate()：执行设置的预处理 SQL 语句。

（2）ResultSet executeQuery()：执行数据库查询操作，返回 ResultSet。

（3）void setInt(int parameterIndex,int x)：指定要设置的索引编号，设置整数内容。

（4）void setFloat(int parameterIndex, Float x)：指定要设置的索引编号，设置浮点数

内容。

　　(5) void setString(int parameterIndex,String x):指定要设置的索引编号,设置字符串内容。

　　(6) void setDate(int parameterIndex,Date x):指定要设置的索引编号,设置 java.sql.Date 型内容。

　　注意:setDate()方法中是 java.sql.Date 而不是.java.util.Date 类型

　　在使用 PreparedStatement 时,SQL 语句与 Statement 完全相同,但是具体内容采用"?"作为占位符形式出现,后面设置时按照"?"占位符的顺序设置具体的内容。"?"按照从左到右出现的位置其值从 1 开始,以后依次加 1,究竟用哪一个 setXXX()方法,由"?"所表示的参数类型来决定。

　　例 5-4　使用 PreparedStatement 语句对象执行 SQL 语句。

```
<%
        request.setCharacterEncoding("gbk");
        String name = request.getParameter("uname");
        String pass = request.getParameter("upass");
        try{
            Class.forName("org.gjt.mm.mysql.Driver");
            Connection con = DriverManager.getConnection("jdbc:mysql://localhost:3306/test","root","123456");
    PreparedStatement psta = con.prepareStatement("insert into user_table(name,pass) values(?,?)");
            psta.setString(1, name);
            psta.setString(2, pass);
            psta.executeUpdate();
            PreparedStatement psta = con.prepareStatement("select * from user_table");
            ResultSet res = psta.executeQuery();  //查询操作
            while(res.next()){
%>
        <h1> ID:<% = res.getInt(1) %>,name:<% = res.getString(2) %>,pass:<% = res.getString(3) %></h1>
        <%
            }
        psta.close();
        con.close();
    }catch(Exception e)
    {
        e.printStackTrace();
    }
%>
```

　　注意:在实际开发中,尽量使用 PreparedStatement 去操作数据库,而不要使用 Statement,如不确定查询内容,可使用模糊查询。例如,查询所有姓"朱"的人的信息,可将语句改为:

133

```
st.setString(1,"%" + "朱" + "%")
```

在程序中可以用循环语句生成这一系列的语句,可以用 PreparedStatement 对象的 public void addBatch() throws SQLException 方法将其加入到一个批次作业。最后用 PreparedStatement 对象的 public int[] executeBatch() throws SQLException 方法一次执行所有加入的批次作业。例如:

```
PrepareStatement p = con.prepareStatement("insert into city values(?)");
for(int i = 0;i < aa.length;i ++)
  {
    p.setString(1,aa[i]);
    p.addBatch();
  }
p.excuetBatch();
```

该段代码可以将数组 aa 中的所有城市名称批次加入表 city 中。

5.4 数据库连接池

5.4.1 数据库连接池概述

在基于数据库的 Web 系统中,如果在较短的时间内访问数据库的请求量不大,那么在前面例子中使用的数据库连接方法是可以满足需求的。但随着请求数量的不断增加,系统的开销越来越大,响应 Web 请求的速度越来越慢,甚至导致系统无法响应 Web 请求。造成这种结果的原因是由于传统数据库访问模式存在下面的一些缺陷:

(1)每次数据库请求都需要建立一次数据库连接,而每建立一次数据库连接就需要花费 0.05~1 s 的时间,这个时间相对于数据库本身的操作时间和软件本身的执行时间来说,是非常漫长的。

(2)由于没有对连接数据库的连接数量进行控制,因此可能出现超出数据库处理能力的连接数量和处理请求,导致系统的崩溃。

(3)单独管理每一个连接,并进行使用后的资源回收。在这种方式下,如果某些连接出现了异常,导致无法正常关闭连接,那么将会导致资源的严重浪费甚至数据库服务器的内存泄漏。

由于以上的缺点,开发人员设计出一种称作"连接池"的技术,来处理传统连接方式带来的问题,数据库连接池可以控制连接数据库的数量,避免因为连接过多而使数据库服务器崩溃,还可以缩短连接时间,提高系统访问速度。

5.4.2 数据库连接池的基本原理

在应用共享资源的开发中,有一个很著名的设计模式:资源池(Resource Pool)模式。该模式正是为了解决资源的频繁分配、释放所造成的一系列问题而设计的。在数据库领域,这个设计模式很重要的应用就是数据库连接池。

数据库连接池的基本思想就是为数据库连接建立一个"存储池"。数据库建立初期,预先在缓冲池中放入一定数量的连接,当需要建立数据库连接时,只需从"连接池"中申请一个,使用完毕之后再将该连接作为公共资源保存在"连接池"中,以供其他连接申请使用。在这种情况下,当需要连接时,就不用再需要重新建立连接,这样就在很大程度上提高了数据库连接处理的速度;同时,还可以通过设定连接池最大连接数来防止系统与数据库的无限制连接;更为重要的是可以通过连接池管理机制监视数据库的连接数量以及各连接的使用情况,为系统开发、测试及性能调整提供依据。

数据库连接池的基本工作原理如图 5-6 所示。

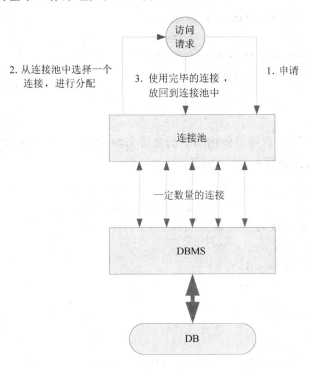

图 5-6   数据库连接池的基本工作原理

除了向连接池请求分配数据库连接之外,由于不能使用同一个连接次数过多,数据库连接池还负责按照一定的规则释放使用次数较多的连接,并重新生成新的连接实例。保持连接池中所有连接的可用性。

5.4.3   在服务器中配置连接池

数据库连接池配置时,首先将驱动文件复制到服务器(例如 tomcat)安装目录下的 lib 里,并添加到 web 应用项目中去。以 mysql 为例,配置过程和内容如下。

(1)配置 tomcat 安装目录的 conf 文件夹下的 context. xml 文件,在< context ></ context >之间添加连接池如下:

```
< resource name = "jdbc/mysql"                //定义数据库连接的名称
  auth = "Container"
  type = "javax. sql. DataSource"
  driverClassName = "com. mysql. jdbc. Driver"   //指定 JDBC 驱动器的类
  url = "jdbc:mysql://localhost/test"          //表示的是需要连接的数据库的地址和名称
  username = "root"                            //登录数据库时使用的用户名
  password = "123456"                          //登录数据库的密码
```

```
maxActive = "5"                            //连接池的最大数据库连接数。设为 0 表示无限制
maxIdle = "30"    //数据库连接的最大空闲时间。超过此空闲时间,数据库连接将被标记为不可用,然
后被释放。设为 0 表示无限制
maxWait = "10000" />//最大建立连接等待时间。如果超过此时间将接到异常。设为 -1 表示无限制
```

（2）在 Web 项目下的 web.xml 中的< web-app >< /web-app >之间加入 xml 代码：

```xml
< resource-ref >
    < description > DB Connection < /description >
    < res-ref-name > jdbc/mysql < /res-ref-name >
    < res-type > javax.sql.DataSource < /res-type >
    < res-auth > Container < /res-auth >
< /resource-ref >
```

（3）测试数据源。

完成上述配置以后,读者可以使用如下的文件来测试数据库连接池的配置是否正确。在 Web 项目下创建测试 JSP 页面,代码如下：

```jsp
< % @ page language = "java" import = "java.util. * " pageEncoding = "GBK" % >
<!doctype html public "-//w3c//dtd html 4.0 transitional//en"
    "http://www.w3.org/TR/REC-html40/strict.dtd">
< % @ page import = "java.sql. * " % >
< % @ page import = "javax.sql. * " % >
< % @ page import = "javax.naming. * " % >
< % @ page session = "false" % >
< html >
< head >
< meta http-equiv = "Content-Type" content = "text/html; charset = gb2312">
< title >< /title >
< %
  out.print("测试开始");
  DataSource ds = null;
   try{
   InitialContext ctx = new InitialContext();
   ds = (DataSource)ctx.lookup("java:comp/env/jdbc/mysql");
   Connection conn = ds.getConnection();
   Statement stmt = conn.createStatement();
   String strSql = " select * from person";// person 必须是数据库已建好的表
   ResultSet rs = stmt.executeQuery(strSql);
   while(rs.next()){
       out.print(rs.getString(1));
       }
 out.print("测试结束");
     }
   catch(Exception ex){
       out.print("出现例外,信息是:" + ex.getMessage());
```

```
        ex.printStackTrace();
    }
%>
</head>
<body>
</body>
</html>
```

运行该页面,如果能看到 person 中存储的用户名和密码,则说明成功;由于已经将最大数据库连接数设置为 5 个,故当有 6 个连接时,将会报错:Cannot get a connection, pool exhausted。

5.5 案例实践

5.5.1 案例需求说明

设计商品数据库,具体设计如图 5-7 所示。

列名	数据类型	允许空
id	int	☐
name	varchar(50)	☐
model	varchar(50)	☑
price	float	☑
number	int	☑
maker	varchar(50)	☐

图 5-7　数据库具体设计

其中 Id 为主键,自动增量。其他字段所对应名称分别为:产品名、类型、价格、库存数量和制造商。主键、产品名、类型和制造商不能为空。在商品数据库中添加具体数据,如图 5-8 所示。

id	name	model	price	number	maker
1	可口可乐	饮料	2.5	300	可口可乐公司
2	康师傅冰红茶	饮料	2.5	270	康师傅
4	康师傅绿茶	饮料	2.5	55	康师傅
6	雪碧	碳酸饮料	3	433	可口可乐公司
7	康师傅牛肉面	方便面	2	456	康师傅
8	美年达（橙味）	碳酸饮料	3	700	百事公司
9	百事可乐	碳酸饮料	3	450	百事公司
10	哇哈哈	饮料	1.5	200	哇哈哈
11	优乐美	饮料	1	100	优乐美
12	康师傅茉莉清茶	饮料	2.5	55	康师傅
13	康师傅矿泉水	饮用品	1	1000	康师傅
14	康师傅酸梅汤	饮料	3	550	康师傅
16	康师傅香辣面	方便面	2	300	康师傅
17	王老吉	茶饮料	3	60	王老吉公司
NULL	NULL	NULL	NULL	NULL	NULL

图 5-8　数据库数据

建立查询页面 index.jsp,运行界面如图 5-9 所示。

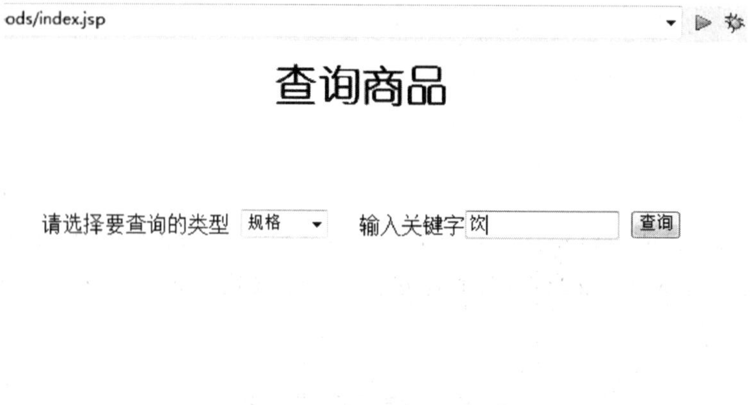

图 5-9　商品查询界面

查询结果需要分页显示,如图 5-10 所示。

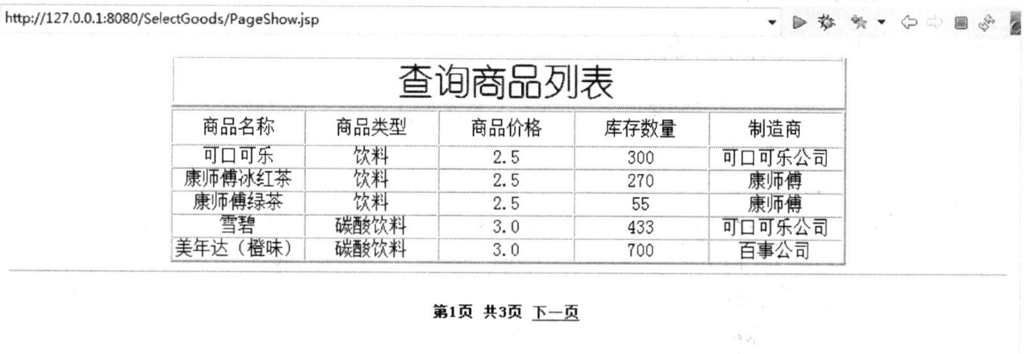

图 5-10　查询结果分页显示

5.5.2　技能训练要点

电子商务平台开发的重要一步是如何对数据库进行增、删、改、查的操作,本案例的训练要点在于:

(1) 如何创建数据库并输入相应的数据。

(2) 如何使用 JSP 连接数据库并完成增、删、改、查等操作。

(3) 如何在 JSP 页面中完成数据的分页。

5.5.3　案例实现

案例的总体流程是进入查询页面(index.jsp)后选择想通过什么查询类型和关键字进行模糊查询,输入产品名、制造商、关键字等,页面跳转到 PageShow.jsp 页面。在 PageShow.jsp 页面中,实现了对数据库的模糊查询和分页显示。实现代码如下。

(1) 查询页面(index.jsp):

```
<%@ page language = "java" import = "java.util. * " pageEncoding = "gb2312" %>
    <body bgcolor = "white">
        <center>
```

```
<font size = "6" face = "幼圆"><b>查询商品</b></font>
<form action = "Date.jsp" method = "get">
<br><br><br>
请选择要查询的类型
<select name = "mm" size = "">
    <option value = "name">名称</option>
    <option value = "maker">制造商</option>
    <option value = "model">规格</option>
</select>
 
输入关键字<input type = "text" name = "key" size = "15">
    <input type = "submit" value = 查询>
</form>
</center>
</body>
</html>
```

(2) PageShow.jsp 页面代码：

```
<%@ page language = "java" import = "java.sql.*" pageEncoding = "gb2312"%>
<body bgcolor = white>
<center>
    <table width = "600" border = "2" cellspacing = "1" cellpadding = "1">
    <tr align = "center">
    <td height = "30" align = "center"><span class = "goodtitle"><font size = 6 face = "幼圆">
查询商品列表</font></span></td>
        </tr>
    </table>
        <table width = "600" border = "2" cellspacing = "0" cellpadding = "0" height = "10">
            <tr>
        <td width = "120" height = "10" align = "center">商品名称</td>
        <td width = "120" height = "30" align = "center">商品类型</td>
        <td width = "120" height = "30" align = "center">商品价格</td>
        <td width = "120" height = "30" align = "center">库存数量</td>
        <td width = "120" height = "30" align = "center">制造商</td>
            </tr>
        <%
            String key1 = (String)session.getAttribute("key1");
            String key = (String)session.getAttribute("key");
            int PageSize = 5;
            int RecordCount;
            int PageCount;
            int Page = 1;
            int i;
            String SPage = request.getParameter("page");
```

```
if(SPage == null){
    Page = 1;
    }
    else{
    Page = java. lang. Integer. parseInt(SPage);
    if(Page < 1)Page = 1;
}
String sql = "SELECT * FROM Goods WHERE " + key1 + " LIKE ' % " + key + " % '";
Class. forName("org. gjt. mm. mysql. Driver");
    Connection
con = DriverManager. getConnection (" jdbc: mysql://localhost: 3306/vote"," root"," 123456");
Statement stmt = con. createStatement(ResultSet. TYPE_SCROLL_INSENSITIVE, ResultSet. CONCUR_READ_
ONLY);
    ResultSet rs = stmt. executeQuery(sql);
    rs. last();
    RecordCount = rs. getRow();
    PageCount = (int)(RecordCount + PageSize-1)/PageSize;
    if(Page > PageCount)
    Page = PageCount;
    if(PageCount > 0){
        rs. absolute((Page-1) * PageSize + 1);
        i = 0;
        while(i < PageSize&&!rs. isAfterLast()){
    %>
    <tr>
<td width = "120" height = "10" align = "center"><% = rs. getString("name") %></td>
<td width = "120" height = "10"align = "center"><% = rs. getString("model") %></td>
<td width = "120" height = "10" align = "center"><% = rs. getFloat("price") %></td>
<td width = "120" height = "10" align = "center"><% = rs. getInt("number") %></td>
<td width = "120" height = "10"align = "center"><% = rs. getString("maker") %></td>
    </tr>
    <%
    rs. next();
    i ++ ;
    }
    }
    %>
    </table>
    <hr>
    <h5>
    <div align = "center">
        第<% = Page %>页      共<% = PageCount %>页
      <%
        if(Page < PageCount){
```

```
        %>
        <a href="PageShow.jsp? page=<%=Page+1%>">下一页</a>
        <%
          }
        if(Page>1){ %>
        <a href="PageShow.jsp? page=<%=Page-1 %>">上一页</a>
        <%
          }
          %>

          </div>
          </h5>
        </center>
  </body>
</html>
```

通过本案例的操作,读者可以充分熟悉如何通过 JDBC 连接数据库并对数据库做增、删、改、查等相应的操作,学会如何在 JSP 中实现分页的功能。

本 章 小 结

在本章内容中,对 JDBC 连接数据库的知识进行了简单的介绍,读者通过本章的学习可以了解 JDBC 概念、工作原理及相关的驱动类型,掌握 JDBC 访问数据库步骤并学会使用 JDBC 连接数据库编写相应的应用程序。

本 章 习 题

一、选择题

1. 在 JDBC 连接数据库编程应用开发中,利用( )可以实现连接数据库。

A. Connection 类   B. PreparedStatement 类

C. CallableStatement 类   D. Statement 类

2. 为了实现在 Java 的程序中调用带参数的 SQL 语句,应该采用( )来完成。

A. Connection 类   B. PreparedStatement 类

C. ResultSet 类   D. Statement 类

3. 在 JDBC 连接数据库编程应用开发中,利用( )可以实现包装数据库中的结果集。

A. Connection 类   B. PreparedStatement 类

C. ResultSet 类   D. Statement 类

4. JDBC 提供 3 个接口来实现 SQL 语句的发送,其中执行简单不带参数 SQL 语句的是( )。

A. Statement 类   B. PreparedStaternent 类

C. CallableStaternent 类   D. DriverStaternent 类

5. Staternent 类提供 3 种执行方法,用来执行更新操作的是( )。

A. executeQuery( )   B. executeUpdate( )

C. execute( )   D. query( )

6. 负责处理驱动的调入并产生对新的数据库连接支持的接口是（   ）。

A. DriverManager   B. Connection

C. Statement   D. ResultSct

7. 从"员工"表的"姓名"字段中找出名字包含"Jerry"的人，下面哪条 select 语句正确：
（   ）。

A. Select ＊ from 员工 where 姓名 ＝'_Jerry_'

B. Select ＊ from 员工 where 姓名 ＝'％ Jerry _'

C. Select ＊ from 员工 where 姓名 like '_ Jerry ％'

D. Select ＊ from 员工 where 姓名 like '％ Jerry ％'

8. 下面对 JDBC API 描述错误的是（   ）。

A. DriverManager 接口的 getConnection( )方法可以建立和数据库的连接

B. Connection 接口的 createStatement( )方法可以创建一个 Statement 对象

C. Statement 接口的 executeQuery( )方法可以发送 select 语句给数据库

D. ResultSet 接口表示执行 insert 语句后得到的结果集

9. 下面哪一项不是 JDBC 的工作任务？（   ）

A. 与数据库建立连接

B. 操作数据库,处理数据库返回的结果

C. 在网页中生成表格

D. 向数据库管理系统发送 SQL 语句

10. 下面哪一项不是加载驱动程序的方法？（   ）

A. 通过 DriverManager. getConnection 方法加载

B. 调用方法 Class. forName

C. 通过添加系统的 jdbc. drivers 属性

D. 通过 registerDriver 方法注册

二、填空题

1. JDBC 能够完成以下三件事：_____、_____、_____。

2. JDBC 主要由两部分组成：一部分是访问数据库的高层接口，即通常所说的_____；另一部分是由数据库厂商提供的使 Java 程序能够与数据库连接通信的驱动程序，即_____。

3. stmt 为 Statement 对象，执行 String sqlStatement ＝ "delete from book where bid ＝ 'tp1001'";语句后,删除数据库表的记录需要执行 stmt. executeUpdate（_____）;语句。

4. 查询结果集 ResultSet 对象是以统一的行列形式组织数据的，执行 ResultSet rs ＝ stmt. executeQuery（"select bid,name,author,publish,price from book"）;语句,得到的结果集 rs 第一列对用_____;而每一次 rs 只能看到_____行,要再看到下一行,必须使用_____方法移动当前行。ResultSet 对象使用_____方法获得当前行字段的值。

5. 下面的代码建立 MySql 数据库的连接,请填空：

```
try{ Class. forName("_____");
   }
```

创建连接的代码如下：

```
try{ //和数据库建立连接
  conn =
    DriverManager.getConnection("_____//localhost:3306/booklib","root","");
      ……
      conn.close();
  }
catch(Exception e){
      out.println(e.toString());
  }
```

三、简答题

1. JSP 一般通过什么连接数据库，数据库连接涉及哪些基本类？

2. 什么是 JDBC，它在访问数据库时起的作用是什么？

3. 简述 JDBC 连接数据库的基本步骤。

4. JDBC 中提供的两种实现数据查询的方法分别是什么？

5. 编写一段程序实现 JDBC 数据库的连接。

四、程序题

1. 编程实现一个 JSP 访问 Access 数据库的 user 表，将所有的记录显示出来；ODBC 数据源名为 test，驱动类名为"sun. jdbc. odbc. JdbcOdbcDriver"，连接数据库的 url 为"jdbc:odbc: test"。user 表中 name 字段为文本类型，password 为数字类型。

2. 建立一个 JSP 文件，通过 JDBC 连接数据库，然后执行如下操作:在雇员表 emp 中插入几行测试数据(英文数据，日期格式为 YYYY-MM-DD)。查看表中的数据。修改表中的某条记录。删除表中的某条记录。

第6章 JavaBean

JavaBean 是一种 Java 类,通过封装属性和方法成为具有某种功能或者处理某个具体业务的对象,简称 Bean,JavaBean 是一个可重复使用的、基于 Java 的软件组件,将 JavaBean 与 JSP 语言元素一起使用,可以很好地实现后台业务逻辑和前台表示逻辑的分离,使得 JSP 页面更加可读、易维护。

6.1 JavaBean 概述

JavaBean 的数据成员属性都是具有 private 或 protect 型成员变量,从组件外只能通过与该属性相关的一对访问方法来设置或读取属性的值。这两种访问方法即 getter 方法(读取器)和 setter(设置器)方法,符合下面的设计规则的任何 Java 类都是一个 JavaBean。

(1)对于数据类型"protype"的每个可读属性,Bean 必须有一个 set 方法:

```
public proptype getProperty() { }
```

(2)对于数据类型"protype"的每个可写属性,Bean 必须有一个 get 方法:

```
public setProperty(proptype x) { }
```

(3)定义一个不带任何参数的构造函数。

JavaBean 是基于 Java 语言的,具有以下特点:

(1)可以实现代码的重复利用,因此可以缩短开发时间。

(2)易编写,易维护,易使用。

(3)可以在任何安装了 Java 运行环境的平台上使用,而不需要重新编译。这为 JSP 的应用带来了更多的可扩展性。

6.2 与 JvavBean 相关的 JSP 动作组件

JSP 页面中与 JavaBean 有关的标签有 3 个,分别是< jsp:useBean >、< jsp:setProperty >和< jsp:getProperty >。其中< jsp:useBean >声明一个具有一定生存范围及一个唯一 id 的 JavaBean 的实例,JSP 页面通过 id 来识别 JavaBean,并可通过 id.method 类似的语句来操作 JavaBean。例如,下面的标签在应用程序作用域中,声明了类型 Student 的 id 为 s1 的 Bean:

< jsp:useBean id="s1" class="Student" scope="application"/>

其中 id 属性是在整个页面引用 Bean 的唯一值,在所定义的范围中确认 Bean 的变量,使之能在后面的程序中使用此变量名来分辨不同的 Bean,这个变量名对大小写敏感,必须符合所使用的脚本语言的规定,这个规定在 Java 语言规范已经写明。

< jsp:useBean >利用 Scope 属性来声明 JavaBean 的生存范围,Scope 的取值范围有四种,

即"page、request、session、application"，Bean 只有在它定义的范围里才能使用，在它的活动范围外将无法访问到它，Scope 的默认值是 page。

class 属性是 JavaBean 的类名，即 Bean 的 .class 文件的路径和文件名。

type 属性是引用此对象的变量的类型，如果使用 type 属性的同时没有使用 class 或 beanName，Bean 将不会被实例化。注意 package 和 class 的名称区分大小写。

<jsp:setProperty>用来设定一个已被创建的 bean 组件的属性值，用法如下：

<jsp:setProperty name = "beanId" property = "propertyName" value = "propertyValue"/>

其中 name 属性对应着 JavaBean 组件的 id 值，property 属性指明要设定属性值的属性名，value 为设定的属性值，这个值可以是字符串也可以是表达式。

<jsp:setProperty name = "s1" property = "classno" value = "56789"/>

其说明如表 6-1 所示。

表 6-1   setProperty 属性说明表

属性	说明
name	Bean 实例的名称，它必须已经被 <jsp:useBean>标签进行了定义。注意在<jsp:setProperty>中的名字必须与<jsp:useBean>标签中的名字一样
property	正在被设置值的 Bean 属性的名字，如果 property 属性有值" * "，标签就会在请求对象中浏览所有的参数去寻找所匹配的请求参数的名称，并且在 Bean 中输入属性名称和类型。请求中的值被赋给每个所匹配的 Bean 属性，除非请求参数有值，否则，不会改变 Bean 的属性
param	当从请求参数中设置 Bean 的属性时，Bean 的属性名称不必与请求参数中所定义的名称相同。用这个属性来定义请求参数的名称，要用它的值来设置 Bean 的属性。如果没有定义 param 值，就认为请求参数的名称与 Bean 属性的名称相同。如果没有该名称的请求参数，或者它的值为" "，则这个动作对 Bean 没有影响
value	要赋给 Bean 属性的值。它可以是一个请求时的属性，或者可以接受一个表达式作为它的值（一个标记不能同时具有 param 和 value 属性。）

<jsp:setProperty>标准标记与在前面部分中介绍的 <jsp:useBean>动作一起被使用，来设置 Bean 的属性值。如对于一个位于 mypackage 包下的 Student 的 Bean，具体匹配过程如图 6-1 所示。

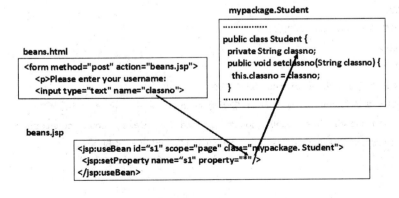

图 6-1   JSP 元素与 JavaBean 变量匹配过程

"＊"代表所有的,即匹配所有 beans. html 页面中控件名称与 Javabean 中变量名字一样的项。

<jsp:getProperty>用来返回一个已被创建的 Bean 组件的属性值,它访问属性的值,并且把该值转换为 String,然后输出到客户的输出流当中。用法如下:

< jsp:getProperty name = "beanId" property = "propertyName" />

其中,name 属性对应 JavaBean 组件的 id 值,property 属性指明要获取的 JavaBean 属性名称,这两个属性都是必须的。

6.3　JavaBean 与 JSP 的结合应用

JavaBean 需要与 JSP 页面结合在一起使用,具体用法如下面实例所示。

例 6-1　使用 JavaBean 与 JSP 结合实现一个简单的计数器程序。

程序分析:本例程序共包含 3 个文件:JavaBean—counter. java 文件、JSP—counter. jsp 文件、counter1. jsp 文件。其中,counter. java 主要用来进行计数器的计数操作,counter. jsp 和 counter1. jsp 文件主要用来显示网页的计数。

counter. java 文件:

```
package count;
public class counter {
int count = 0;                 //初始化 JavaBean 的成员变量
public counter() {             // Class 构造函数
}
public int getCount() {        //属性 Count 的 Get 方法
count ++ ;                     //计数操作,每一次请求都进行计数器加一
return this.count;
}
public void setCount(int count) {  //属性 Count 的 Set 方法
this.count = count;
}
```

上面程序是 JavaBean 的编写,下面编写 counter. jsp 文件来使用该 JavaBean:

```
< HTML >
    < HEAD >
        < TITLE > counter </TITLE >
    </HEAD >
    < BODY >
        < H1 > JBuilder Generated JSP </H1 >
        <! - 初始化 counter 这个 Bean,实例为 bean0 -->
        < jsp:useBean id = "bean0" scope = "application" class = "count.counter" />
<%   out.println("The Counter is : " + bean0.getCount() + "<BR>");
%>
</BODY >
</HTML >
```

该程序中使用 out. println 方法显示当前的属性 count 值，也就是计数器的值，下面的 counter1. jsp 将使用另一种方法：

counter1. jsp 文件：
```
< HTML >
< HEAD >
< TITLE > counter </TITLE >
</HEAD >
< BODY >
< H1 > JBuilder Generated JSP </H1 >
<! - 初始化 counter 这个 Bean,实例为 bean0-->
< jsp:useBean id = "bean0" scope = "application" class = "count.counter" />
<! - 使用 jsp:getProperty 标签得到 count 属性的值,也就是计数器的值-->
The Counter is ：
< jsp:getProperty name = "bean0" property = "count" /><BR >
</BODY >
</HTML >
```

从这个例子我们不难看出 JSP 和 JavaBean 应用的一般操作方法。首先在 JSP 页面中要声明并初始化 JavaBean,这个 JavaBean 有一个唯一的 id 标志,还有一个生存范围 scope(设置为 application 是为了实现多个用户共享一个计数器的功能,如果要实现单个用户的计数功能,可以修改 scope 为 session),最后还要制定 JavaBean 的 class 来源 count. counter：

```
< jsp:useBean id = "bean0" scope = "application" class = "count.counter" />
```

接着就可以使用 JavaBean 提供的 public 方法或者直接使用< jsp:getProperty >标签来得到 JavaBean 中属性的值：

```
out. println("The Counter is ：" + bean0. getCount() + "< BR >");
```

或者：

```
< jsp:getProperty name = "bean0" property = "count" />
```

这样就可以运行程序了,然后多刷新几次,注意看计数器的变化。

例 6-2　编写一个用户注册的 JavaBean 实例,用户注册页面名称为 edit. jsp,JavaBean 名称为 Edit. java,如果在用户注册页面中输入了完整的用户注册信息,则进入显示用户信息页面 showEditInfo. jsp,如果用户在注册页面中没有输入任何信息,则返回用户注册页面。程序如下：

edit. jsp：
```
< %@ page contentType = "text/html;Charset = GB2312" %>
< html >
< head >
< Script Language = "JavaScript">
function mycheck()
{
    if(document. edit. name. value == "")
```

```
    {
        alert("请输入用户姓名");
        return;
    }
    else if(document.edit.number1.value=="")
    {
        alert("请输入密码");
        return;
    }
    else if(document.edit.number1.value!=document.edit.number2.value)
    {
        alert("密码有误,请重新输入");
        return;
    }
    else if(document.edit.realname.value=="")
    {
        alert("请输入用户真实姓名");
        return;
    }
    else if(document.edit.sex.value=="")
    {
        alert("请输入性别");
        return;
    }
    else if(document.edit.age.value=="")
    {
        alert("请输入年龄");
        return;
    }
    else if(document.edit.birthplace.value=="")
    {
        alert("请输入出生地");
        return;
    }
    else if(document.edit.address.value=="")
    {
        alert("请输入地址");
        return;
    }
    else if(document.edit.introduce.value=="")
    {
        alert("请输入介绍");
        return;
    }
```

```
        document.edit.submit();
    }
</Script>
</head>
<body>
<form name="edit" action="showEditInfo.jsp" method="post">
<table border=1>
<tr>
    <td>用户名:</td>
    <td><input type="text" name="name"></td>
</tr>
<tr>
    <td>密码:</td>
    <td><input type="password" name="number1"></td>
</tr>
<tr>
    <td>确认:</td>
    <td><input type="password" name="number2"></td>
</tr>
<tr>
    <td>用户真实姓名:</td>
    <td><input type="text" name="realname"></td>
</tr>
<tr>
    <td>性别:</td>
    <td><input type="radio" name="sex" value="男">男<input type="radio" name="sex" value="女">女</td>
</tr>
<tr>
    <td>年龄:</td>
    <td><input type="text" name="age"></td>
</tr>
<tr>
    <td>出生地:</td>
    <td><input type="text" name="birthplace"></td>
</tr>
<tr>
    <td>地址:</td>
    <td><input type="text" name="address"></td>
</tr>
<tr>
    <td>介绍:</td>
    <td><textarea name="introduce" rows="10" cols="36"></textarea></td>
</tr>
```

```
</table>
<tr><input type="button" value="提交" onclick="mycheck()"><input type="reset" value="重置"></tr>
</form>
</body>
</html>
```

页面及所填信息如图 6-2 所示。

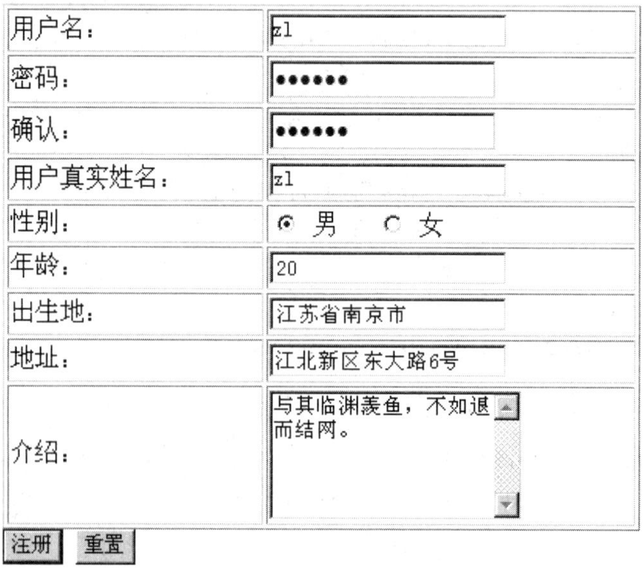

图 6-2　用户注册页面

Edit.java：

```java
package sy.cl;
import java.io.*;
public class Edit
{
private String name="";private String number1="";private String number2="";
private String realname="";private String sex="";private String age="";
private String birthplace="";private String address="";private String introduce="";
public String getName()
  {
    return name;
  }
public String getNumber1()
  {
    return number1;
  }
public String getNumber2()
  {
```

```
        return number2;
    }
  public String getRealname()
    {
        return realname;
    }
  public String getBirthplace()
    {
        return birthplace;
    }
  public String getAddress()
    {
        return address;
    }
  public String getIntroduce()
    {
        return introduce;
    }
  public String getSex()
    {
        return sex;
    }
  public String getAge()
    {
        return age;
    }
  public void setName(String a)
    {
        name = a;
    }
  public void setNumber1(String b)
    {
        number1 = b;
    }
  public void setNumber2(String c)
    {
        number2 = c;
    }
  public void setRealname(String d)
    {
        realname = d;
    }
  public void setBirthplace(String e)
    {
```

```
            birthplace = e;
        }
    public void setAddress(String f)
        {
            address = f;
        }
    public void setIntroduce(String g)
        {
            introduce = g;
        }
    public void setSex(String h)
        {
            sex = h;
        }
    public void setAge(String i)
        {
            age = i;
        }
    }
```

showEditInfo.jsp:

```
<%@ page contentType = "text/html;Charset = GB2312" %>
<%@ page import = "java.util.*"%>
<%@ page import = "sy.cl.Edit" %>
<jsp:useBean id = "zc" class = "sy.cl.Edit" scope = "page" />
<html>
<body>
<jsp:setProperty name = "zc" property = "*" />
<table border = 1>
<tr>
    <td>用户名:</td>
    <td><jsp:getProperty name = "zc" property = "name" /></td>
</tr>
<tr>
    <td>密码:</td>
    <td><jsp:getProperty name = "zc" property = "number1"/></td>
</tr>
<tr>
    <td>确认:</td>
    <td><jsp:getProperty name = "zc" property = "number2"/></td>
</tr>
<tr>
    <td>用户真实姓名:</td>
    <td><jsp:getProperty name = "zc" property = "realname"/></td>
```

```
</tr>
<tr>
    <td>性别:</td>
    <td><jsp:getProperty name="zc" property="sex" /></td>
</tr>
<tr>
    <td>年龄:</td>
    <td><jsp:getProperty name="zc" property="age" /></td>
</tr>
<tr>
    <td>出生地:</td>
    <td><jsp:getProperty name="zc" property="birthplace"/></td>
</tr>
<tr>
    <td>地址:</td>
    <td><jsp:getProperty name="zc" property="address"/></td>
</tr>
<tr>
    <td>介绍:</td>
    <td><% =zc.getIntroduce() %></td>
</tr>
    </table>
  </body>
</html>
```

显示用户信息页面如图 6-3 所示。

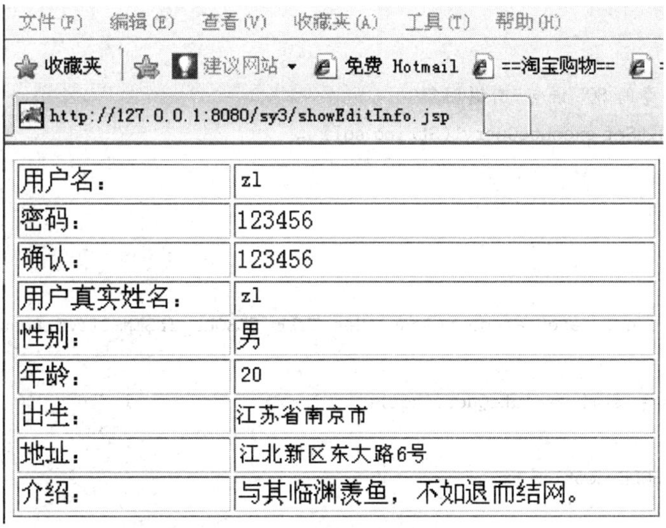

用户名:	zl
密码:	123456
确认:	123456
用户真实姓名:	zl
性别:	男
年龄:	20
出生:	江苏省南京市
地址:	江北新区东大路6号
介绍:	与其临渊羡鱼，不如退而结网。

图 6-3　显示用户信息页面

JavaBean 在 JSP 程序中常用来封装业务逻辑、数据库操作等，可以很好地实现业务逻辑和前台程序的分离，使得系统具有更好的稳健性和灵活性。

例 6-3　使用 JavaBean 建立数据库连接，在 JSP 中显示电商平台的员工基本信息。

程序分析：新建一个数据库 shop，其字段包含 id、name、sex、age、jiguan、department，分别表示员工的工号、姓名、性别、年龄、籍贯和部门。

（1）首先编程实现一个 JavaBean：MyDbBean：

```
package com.DataBase;
import java.sql. * ;
public class MyDbBean
{
    private Statement stmt = null;
    ResultSetrs = null;
    private Connection conn = null;
    private String url;
    public MyDbBean() { }                       //构造函数
    //根据 url 参数,加载驱动程序,建立连接
    public void getConn(String dbname, String uid, String pwd) throws Exception
    {
        try
        {
            url = "jdbc:mysql://localhost:3306/" + dbname;
            Class.forName("org.gjt.mm.mysql.Driver").newInstance();
            conn = DriverManager.getConnection(url, uid, pwd);
        }
        catch (Exception ex)
        {
            System.err.println("aq.executeQuery: " + ex.getMessage());
        }
    }
    //执行查询类的 SQL 语句,有返回集
    public ResultSet executeQuery1(String sql)
    {
        rs = null;
        try
        {
    stmt = conn.createStatement(ResultSet.TYPE_SCROLL_INSENSITIVE,ResultSet.CONCUR_READ_
ONLY);
            rs = stmt.executeQuery(sql);
        }
        catch(SQLException ex)
        {
            System.err.println("aq.executeQuery:" + ex.getMessage());
        }
        return rs;
    }
```

```
//执行更新类的 SQL 语句,无返回集
public void executeUpdate2(String sql)
{
    stmt = null;
    rs = null;
    try
    {
    stmt = conn.createStatement(ResultSet.TYPE_SCROLL_INSENSITIVE,ResultSet.CONCUR_READ_
ONLY);
        stmt.executeQuery(sql);
        stmt.close();
        conn.close();
    }
    catch(SQLException ex)
    {
        System.err.println("aq.executeQuery: " + ex.getMessage());
    }
}
//关闭对象
public void closeStmt()
{
    try{    stmt.close();   }
    catch(SQLException ex)
    {
        System.err.println("aq.executeQuery: " + ex.getMessage());
    }
}
public void closeConn()
{
    try{    conn.close();   }
    catch(SQLException ex)
    {
        System.err.println("aq.executeQuery: " + ex.getMessage());
    }
}
}
```

（2）创建电商平台员工管理列表主页面：

```
<% @page contentType = "text/html" pageEncoding = "UTF-8" %>
<% @page import = "java.sql. *" %>
<!DOCTYPE HTML PUBLIC "-//W3C//DTD HTML 4.01 Transitional//EN"
    "http://www.w3.org/TR/html4/loose.dtd">
    <jsp:useBean id = "testbean" scope = "session" class = "com.DataBase.MyDbBean" />
<html>
```

```html
<head>
    <meta http-equiv = "Content-Type" content = "text/html; charset = UTF-8">
    <title>电商平台员工管理系统</title>
</head>
<%!String url,sql; %>
<%!int i;%>
<body bgcolor = "#ffffff">
    <div align = "center"><font color = "#000000" size = "5">员工管理系统</font></div>
    <table width = "75%" border = "1" cellspacing = "1" cellpadding = "1" align = "center">
    <tr>
        <td width = 16% align = center>工号</td>
        <td width = 16% align = center>姓名</td>
        <td width = 8% align = center>性别</td>
        <td width = 8% align = center>年龄</td>
        <td width = 16% align = center>籍贯</td>
        <td width = 12% align = center>部门</td>
        <td width = 12% align = center>更改</td>
        <td width = 12% align = center>删除</td>
    </tr>
    <%
    //调用getConn方法与数据库建立连接
    testbean.getConn("shop", "root","123456");
    sql = "select * from user";
    ResultSet   rs = testbean.executeQuery1(sql);//查询数据库
    while(rs.next()){
    %>
    <tr>
        <td width = 16% align = center><% = rs.getString(1) %></td>
        <td width = 16% align = center><% = rs.getString(2) %></td>
        <td width = 8% align = center><% = rs.getString(3) %></td>
        <td width = 8% align = center><% = rs.getInt(4) %></td>
        <td width = 16% align = center><% = rs.getString(5) %></td>
        <td width = 12% align = center><% = rs.getString(6) %></td>
        <td width = 12% align = center><a href = "change.jsp? id = <% = rs.getString(1) %>">
修改</a></td>
        <td width = 12% align = center><a href = "del.jsp? id = <% = rs.getString(1) %>">删除
</a></td>
    </tr>
    <%
    }
    rs.close();
    testbean.closeStmt();
    testbean.closeConn();
    %>
```

```
</table>
< div align = ˝center˝>< a href = ˝insert. jsp˝>添加新记录 </a></div>
</body>
</html>
```

运行效果如图 6-4 所示。

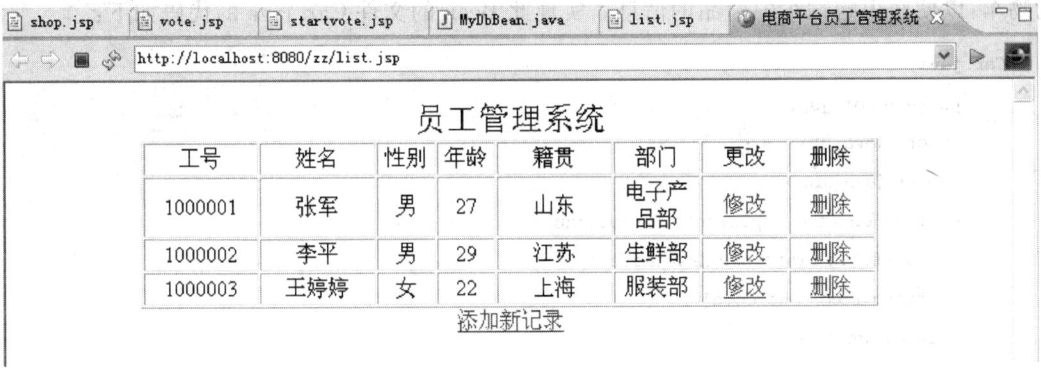

图 6-4 员工列表显示

添加新记录页面及修改和删除的功能读者可以自行完成。

通过 JavaBean 可以很好地实现业务逻辑的封装,使得程序易于维护。在使用 JSP 开发应用程序时一个很好的习惯就是多使用 JavaBean。

6.4 案 例 实 践

6.4.1 案例需求说明

编写一个购物车 Bean(Car.java)实现添加商品到购物车、列出购物车中的商品以及删除货物等功能,页面 car. jsp 使用该购物车 Bean,页面 add. jsp 用来添加商品,页面 selectRemovedGoods . jsp 及 removeWork . jsp 用来删除购物车中的物品。

6.4.2 技能训练要点

购物车的实现在电子商务平台开发过程中是至关重要的,案例的训练要点在于:

(1) 了解购物车的实现原理和操作过程。

(2) 如何使用 JavaBean 实现购物车业务逻辑的封装,并通过 JSP 页面使用 JavaBean 实例实现购物车的各种功能。

(3) 了解动态向量在实现购物车中的重要作用,并进一步熟练使用动态向量。

6.4.3 案例实现

先说一下使用 JavaBean 的必要性,要实现购物车中添加商品的功能,就可以写一个购物车操作的 JavaBean,建立一个 public 的 AddItem 成员方法,前台 JSP 文件里面直接调用这个方法。如果后来又考虑添加商品的时候需要判断库存是否有货物,没有货物不得购买,在这个时候就可以直接修改 JavaBean 的 AddItem 方法,加入处理语句来实现,这样就完全不用修改前台 JSP 程序了。当然,也可以把这些处理操作完全写在 JSP 程序中,不过这样的 JSP 页面可能就有成百上千行,修改比较困难。

(1) 用 JavaBean 程序 Car. java 实现购物车。哈希表(Hashtable list)对象代表购物车,存放客户选择的各种商品。用方法 list. put(item,str)将商品放入购物车。用方法 show()返回购物车,以便获得购物车中商品的信息。实现此 Bean 的文件 Car. java 的代码如下:

Car. java:

```java
package com. jsp;
import java.util. * ;
import java.io. * ;
public class Car implements Serializable
{   Hashtable list = new Hashtable();
   String item = "Welcome!";
   int mount = 0;
   String unit = null;
   public void Car()
   {   }
public void setitem(String item)
   { this. item = item;
   }
public void getitem( )
   { return item;
   }
public void setunit(String  unit)
   { this. unit = unit;
   }
   public void getunit( )
   { return unit;
   }
public void setmount(int mount)
   { this. mount = mount;
   }
public void getmount( )
   { return mount;
   }
public void add()        //添加商品到购物车
   { String str = "Name: " + item + "  Mount: " + mount + "  Unit: " + unit;
     list. put(item,str);
   }
public Hashtable  list()   //列出购物车中的商品
   { return list;
   }
```

```
public void  delete(String s)//删除货物  { list.remove(s);
    }
```

（2）car.jsp 的代码如下：

```
<%@ page contentType = "text/html;charset = GB2312" %>
<%@ page import = "java.util. * " %>
<HTML>
<BODY><Font size = 10>
<jsp:useBean id = "car1" class = "com.jsp.Car" scope = "session">
</jsp:useBean>
<P>您好,这里是中央商场,选择您要购买的商品添加到购物车:
<% String str = response.encodeRedirectURL("add.jsp");
%>
<P>您的购物车有如下商品:
<% Hashtable list = car1.list();
  Enumeration enum = list.elements();
    while(enum.hasMoreElements())
        { String goods = (String)enum.nextElement();
            byte b[] = goods.getBytes("ISO-8859-1");
            goods = new String(b);
            out.print("<BR>" + goods);
        }
    %>
<% String str1 = response.encodeRedirectURL("selectRemovedGoods.jsp");
%>
<FORM action = "<% = str1 %>" method = post name = form>
<Input type = submit value = "修改购物车中的货物">
</FORM>
</FONT>
</BODY>
</HTML>
```

JSP 页面程序显示购物车中已有的商品并让客户继续选择。语句"<jsp:useBean id=
"car1" class="com.jsp.Car" scope="session">"表示引用 JavaBean,其中,"id="car1""表
示 Bean 在该页面的引用对象名为"car1";"class="com.jsp.Car""表示该 Bean 的 Java 类文
件名为"Car",即"Car.class"文件,它存放在 JavaBean 的部署目录下的子目录"com.jsp"包中;
"scope="session""表示与 JSP 相互连接的页面也有语句"<jsp:useBean id="car1" class=
"com.jsp.Car" scope="session">",则它们使用相同的 Bean 实例,或者说,此时具有相同
sessionID 的页面共享一个 Bean 实例(共用一个购物车),相反地,不同用户的 sessionID 也不
同,不会出现取的物品放入他人购物车中的情况。

实现的购物车主页面如图 6-5 所示。

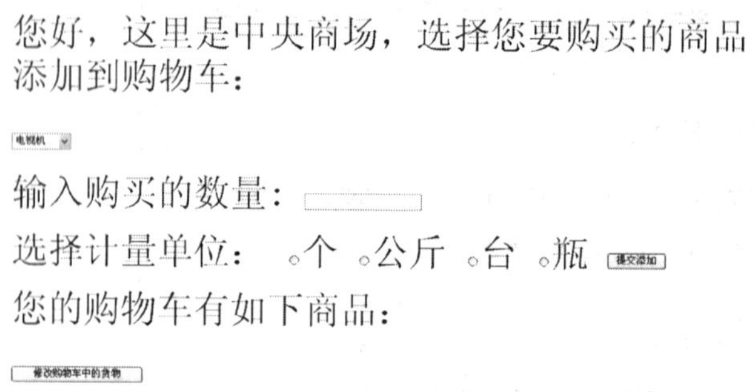

您好，这里是中央商场，选择您要购买的商品
添加到购物车：

电视机

输入购买的数量：

选择计量单位：　个　公斤　台　瓶　　提交添加

您的购物车有如下商品：

查看购物车中的货物

图 6-5　购物车主页面

（3）add.jsp 程序显示购物车中已有的商品并让客户继续选择需要添加的商品。

add.jsp：

```
<%@ page contentType = "text/html;charset = GB2312" %>
<%@ page import = "java.util.*" %>
<HTML>
<BODY><Font size = 10>
<jsp:useBean id = "car1" class = "com.jsp.Car" scope = "session">
</jsp:useBean>
<jsp:setProperty  name = "car1"  property = "*"  />
<% car1.add();
%>
<P>您的购物车有如下商品：
<% Hashtable list = car1.list();
    Enumeration enum = list.elements();
      while(enum.hasMoreElements())
        { String goods = (String)enum.nextElement();
            byte b[] = goods.getBytes("ISO-8859-1");
            goods = new String(b);
            out.print("<BR>" + goods);
        }
  %>
<% String str = response.encodeRedirectURL("car.jsp");
 %>
<BR><FORM action = "<% = str %>" method = post name = form>
<Input type = submit value = "继续购物">
</FORM>
<% String str1 = response.encodeRedirectURL("selectRemovedGoods.jsp");
 %>
<BR><FORM action = "<% = str1 %>" method = post name = form>
<Input type = submit value = "修改购物车中的货物">
</FORM>
</FONT>
</BODY>
```

```
</HTML>
```

显示及添加商品的页面如图 6-6 所示。

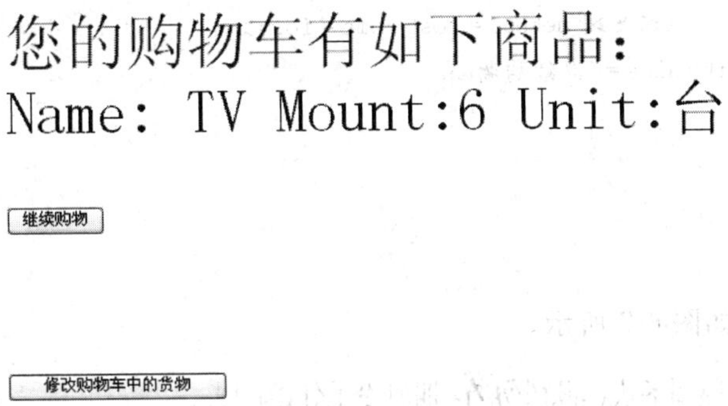

您的购物车有如下商品：
Name: TV Mount:6 Unit:台

继续购物

修改购物车中的货物

图 6-6　添加商品页面

（4）删除购物车中的商品。

selectRemovedGoods.jsp：

```jsp
<%@ page contentType = "text/html;charset = GB2312" %>
<%@ page import = "java.util.*" %>
<HTML>
<BODY><Font size = 10>
<jsp:useBean id = "car1" class = "com.jsp.Car" scope = "session">
</jsp:useBean>
<P>选择从购物车删除的商品：
<% String str = response.encodeRedirectURL("removeWork.jsp");
%>
<FORM action = "<% = str %>" method = post name = form2>
        <Select name = "deleteitem" size = 1>
            <Option value = "TV">电视机
            <Option value = "apple">苹果
            <Option value = "coke">可口可乐
            <Option value = "milk">牛奶
            <Option value = "tea">茶叶
        </Select>
    <Input type = submit value = "提交删除">
</FORM>
<P>您的购物车有如下商品：
<% Hashtable list = car1.list();
    Enumeration enum = list.elements();
    while(enum.hasMoreElements())
        { String goods = (String)enum.nextElement();
            byte b[] = goods.getBytes("ISO-8859-1");
            goods = new String(b);
            out.print("<BR>" + goods);
        }
```

```
%>
<% String str1 = response.encodeRedirectURL("car.jsp");
%>
<FORM action = "<% = str1 %>" method = post name = form>
<Input type = submit value = "继续购物">
</FORM>
</FONT>
</BODY>
</HTML>
```

删除商品的页面如图 6-7 所示。

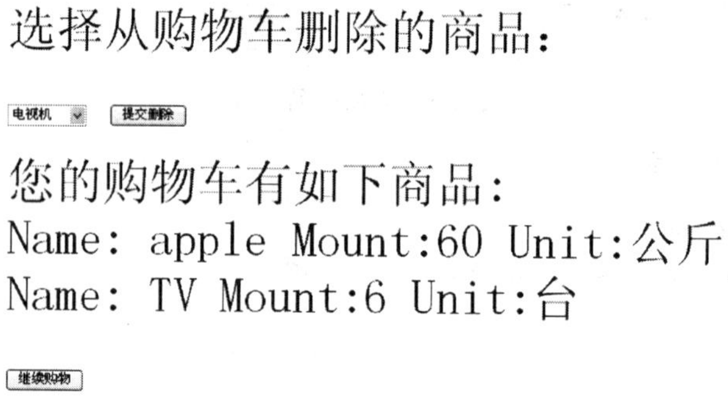

选择从购物车删除的商品：

电视机 ▼ 提交删除

您的购物车有如下商品：
Name: apple Mount:60 Unit:公斤
Name: TV Mount:6 Unit:台

继续购物

图 6-7　删除商品页面

商品删除后,结果显示界面为 removeWork.jsp:

```
<%@ page contentType = "text/html;charset = GB2312" %>
<%@ page import = "java.util. *" %>
<HTML>
<BODY><Font size = 10>
<jsp:useBean id = "car1" class = "com.jsp.Car" scope = "session">
</jsp:useBean>
<% String name = request.getParameter("deleteitem");
    if(name == null)
      {name = "";
      }
byte c[] = name.getBytes("ISO-8859-1");
    name = new String(c);
    car1.delete(name);
    out.print("您删除了货物:" + name);
%>

<P>购物车中现在的货物:
<% Hashtable list = car1.list();
    Enumeration enum = list.elements();
      while(enum.hasMoreElements())
```

```
{ String goods = (String)enum.nextElement();
        byte b[] = goods.getBytes("ISO-8859-1");
        goods = new String(b);
        out.print("<BR>" + goods);
    }
%>
<% String str1 = response.encodeRedirectURL("car.jsp");
%>
<FORM action = "<% = str1 %>" method = post name = form>
<Input type = submit value = "继续购物">
</FORM>
<% String str = response.encodeRedirectURL("selectRemovedGoods.jsp");
%>
<FORM action = "<% = str %>" method = post name = form1>
<Input type = submit value = "修改购物车中的货物">
</FORM>
```

删除后的页面如图 6-8 所示。

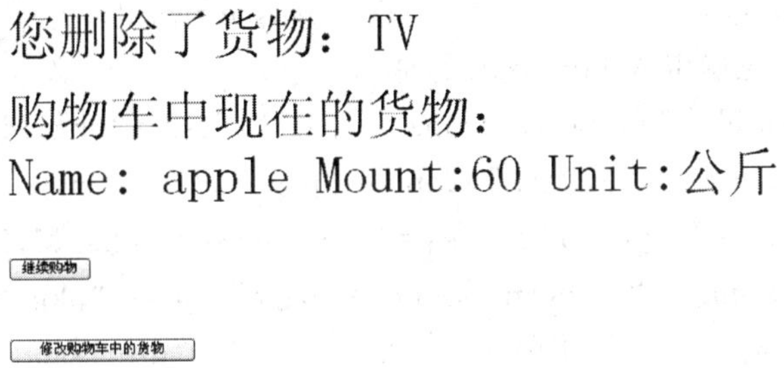

您删除了货物：TV
购物车中现在的货物：
Name：apple Mount:60 Unit:公斤

图 6-8　删除结果页面

在实际程序项目开发过程中,对购物车中商品的增加、删除等操作往往在动态向量中进行,等购物车操作完毕后再通过提交订单等方式一次性地与数据库进行读写操作,这样一次购物只操作一次数据库,有利于系统性能的提高。

本 章 小 结

本章主要介绍了 JavaBean 的相关技术,通过本章的学习,读者需要掌握 JavaBean 的概念及使用规范,熟悉并掌握编译和运行 JavaBean 的方法,掌握 useBean 的用法及作用域范围,掌握 getProperty 的用法和 setProperty 的用法,并熟练掌握 JSP 与 JavaBean 结合使用的相关编程方法,提高编程效率和系统性能。

本章习题

一、选择题

1. 有关 JavaBean 的说法不正确的是(　　)。

A. JavaBean 其实就是一个 Java 类

B. 应用 JavaBean 可以将表示层和业务逻辑层分开

C. 编写 JavaBean 和编写普通的 Java 类要求一样

D. JavaBean 降低了 JSP 程序的复杂度,同时也增加了软件的可重用性

2. 以下不属于 JavaBean 作用范围的是(　　)。

A. request　　　　B. session　　　　C. application　　　D. scope

3. JSP 中 JavaBean 是通过指令标签(　　)来访问的。

A. <%@ page%>　　　　　　　　　B. <jsp:useBean>

C. <jsp:setProperty>　　　　　　　D. <jsp:getProperty>

4. 用于获取 Bean 属性的动作是 (　　)。

A. <jsp:uscBean>　　　　　　　　B. <jsp:getProperty>

C. <jsp:setProperty>　　　　　　　D. <jsp:forward>

5. 在 JSP 页面中,正确引入 JavaBean 的是(　　)。

A.<%jsp:useBean id="myBean" scope="page" class="pkg. MyBean" %>

B.<jsp:useBean name="myBean" scope="page" class="pkg. MyBean">

C.<jsp:useBean id="myBean" scope="page" class="pkg. MyBean"/>

D.<jsp:useBean name="myBean" scope="page" class="pkg. MyBean"/>

6. test. jsp 文件中有如下一行代码:<jsp:useBean id="user" scope="__" class="com. UserBean">,要使 user 对象可以作用于整个应用程序,下划线中应添入(　　)。

A. page　　　　　B. request　　　　C. session　　　　D. application

7. 在 JSP 页面中使用<jsp:setProperty name="bean 的名字" property="*"/>格式,将表单参数为 Bean 属性赋值,property="*"格式要求 Bean 的属性名字(　　)。

A. 必须和表单参数类型一致　　　　B. 必须和表单参数名称一一对应

C. 必须和表单参数数量一致　　　　D. 名称不一定对应

8. JSP 页面通过(　　)来识别 Bean 对象,可以在程序片中通过 xx. method 形式来调用 Bean 中的 set 和 get 方法。

A. name　　　　　B. class　　　　　C. id　　　　　　D. classname

9. JavaBean 可以通过相关 JSP 动作指令进行调用。下面哪个不是 JavaBean 可以使用的 JSP 动作指令?(　　)

A. <jsp:useBean>　　　　　　　　B. <jsp:setProperty>

C. <jsp:getProperty>　　　　　　　D. <jsp:setParameter>

10. 关于 JavaBean,下列的叙述哪一项是不正确的?(　　)

A. JavaBean 的类必须是具体的和公共的,并且具有无参数的构造器

B. JavaBean 的类属性是私有的,要通过公共方法进行访问

C. JavaBean 和 Servlet 一样,使用之前必须在项目的 web. xml 中注册

D. JavaBean 属性和表单控件名称能很好地耦合,得到表单提交的参数

二、填空题

1. 使用 Bean 首先要在 JSP 页面中使用＿＿＿＿＿＿＿＿＿指令将 Bean 引入。

2. 在 Web 服务器端使用 JavaBean,将原来页面中程序片完成的功能封装到 JavaBean 中,这样能很好地实现＿＿＿＿＿＿＿＿＿＿＿＿＿＿＿＿。

3. 在 JSP 中可以使用＿＿＿＿＿＿操作来设置 Bean 的属性,也可以使用＿＿＿＿＿操作来获取 Bean 的值。

4. JSP 和＿＿＿＿＿结合可以实现表现层和商业逻辑层的分离。

5. JavaBean 有四个 scope,它们分别为 ＿＿＿＿＿、＿＿＿＿＿、＿＿＿＿＿和＿＿＿＿＿。

三、简答题

1. 什么是 JavaBean? 使用 JavaBean 的优点是什么?

2. 一个标准的 JavaBean 需要具备哪些条件?

四、程序题

1. 为登录过程编写一个 JavaBean,要求如下:

(1) 定义一个包,将该 Bean 编译后生成的类存入该包中。

(2) 设计两个属性 name 和 pass。

(3) 设计访问属性的相应方法。

2. 编写两个 JSP 页面 a.jsp 和 b.jsp,a.jsp 提供一个表单,用户可以通过表单输入矩形的两个边长,并提交给 b.jsp 页面;b.jsp 调用一个 bean 去完成计算矩形面积的任务,b.jsp 页面使用 getProperty 动作标记显示矩形的面积。

3. 编写一个用户注册的 JavaBean 实例 Edit.java,此实例的功能为:如果用户在注册页面中没有输入任何信息,则返回用户注册页面,如果用户在用户注册页面中 edit.jsp 输入完整的用户注册信息后,则进入显示用户注册信息页面 showEditInfo.jsp。

第7章 Servlet

SUN 公司最开始就是以 Java Servlet 为基础推出了 Java Server Page,当一个客户请求一个 JSP 页面时,JSP 引擎根据 JSP 页面生成一个 Java 文件,即一个 Servlet。本章对 Servlet 的讲解不仅对深刻理解 JSP 有一定的帮助,而且还可以选择使用 JSP+JavaBean+servlet 的模式开发 Web 应用程序。

7.1 Servlet 概述

7.1.1 Servlet 定义

Servlet 是使用应用程序设计接口(API)及相关类和方法的 Java 程序。是服务器端的一种扩展技术,Servlet 程序在服务器端运行并部署在 Servlet 容器里。它与传统的从命令行启动的 Java 应用程序不同,Servlet 是由 Web 服务器进行加载及运行的,该 Web 服务器必须包含支持 Servlet 的 Java 虚拟机。

Servlet 通过扩展服务器的功能响应客户端的请求,动态地生成 Web 页面。Servlet 技术是使用 Java 进行 Web 应用编程的基础,也是 JSP 的基础。实际上,所有的 JSP 程序都由 Web 服务器转换成 Servlet 程序执行的。Servlet 程序与客户交互时,至关重要的就是 Web 容器,Web 容器负责处理客户请求、把请求传送给 Servlet 并把结果返回给客户端,主要有两大功能:一是提供编写 Servlet 程序所需要的 API,二是提供驻留并执行 Servlet 程序的环境。

7.1.2 Servlet 工作流程

Servlet 由 Web 服务器中的 Servlet 引擎负责管理运行。当多个客户请求一个 Servlet 时,引擎为每个客户启动一个线程而不是启动一个进程,这些线程由 Servlet 引擎服务器来管理,与传统的 CGI 为每个客户启动一个进程相比较,效率要高得多。

Servlet 的运行机制和 Applet 类似,只不过它运行在服务器端。一个 Servlet 是 javax. servlet 包中 HttpServlet 类的子类,由支持 Servlet 的服务器完成该子类的对象,即 Servlet 的初始化。

Servlet 的生命周期主要有下列三个过程组成:

(1)初始化 Servlet。Servlet 第一次被请求加载时,服务器初始化这个 Servlet,即创建一个 Servlet 对象,这对象调用 init()方法完成必要的初始化工作。

(2)Servlet 对象再调用 service()方法响应客户的请求。

(3)当服务器关闭时,调用 destroy()方法,消灭 Servlet 对象。

init()方法只被调用一次,即在 Servlet 第一次被请求加载时调用该方法。当后续的客户请求 Servlet 服务时,Web 服务将启动一个新的线程,在该线程中,Servlet 调用 service()方法响应客户的请求,也就是说,每个客户的每次请求都导致 service()方法被调用执行。

在编写代码时,Servlet 生命周期由接口 javax. servlet. Servlet 定义。所有的 Java Servlet 必须直接或间接地实现 javax. servlet. Servlet 接口,这样才能在 Servlet 引擎上运行。javax. servlet. Servlet 接口定义了一些方法,在 Servlet 的生命周期中,这些方法会在特定时间按照一定的顺序被调用,如图 7-1 所示。

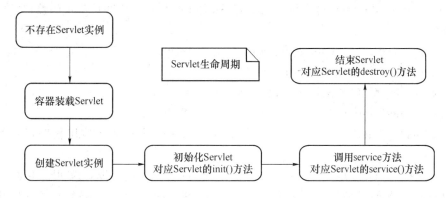

图 7-1 Servlet 的生命周期

(1) Servlet 加载(Load)和实例化(Instantiated)

Servlet 引擎负责实例化和加载 Servlet,这个过程可以在 Servlet 引擎加载时执行,也可以在 Servlet 响应请求时执行,还可以在两者之间的任何时候执行。

(2) Servlet 初始化(Initialized)

Servlet 引擎加载好 Servlet 后,必须要初始化它。初始化 Servlet 一般可以从数据库里读取初始数据,建立 JDBC Connection,或者建立对其他有价值的资源的引用。在初始化阶段, init()方法被调用。这个方法在 javax. servlet. Serlet 接口中定义。init()方法以一个 Servlet 配置文件(ServletConfig)为参数。Servlet configuration 对象由 Servlet 引擎实现,可以让 Servlet 从中读取一些 name-value 对的参数值。Servlet Config 对象还可以让 Servlet 接受一个 Servlet Context 对象。

(3) Servlet 处理请求

Servlet 被初始化以后,就处于能响应请求的就绪状态。每个对 Servlet 的请求由一个 Servlet Request 对象代表。Servlet 给客户端的响应由一个 Servlet Response 对象代表。当客户端有一个请求时,Servlet 引擎将 ServletRequest 和 ServletResponse 对象都转发给 Servlet, 这两个对象以参数的形式传给 service()方法。这个方法由 javax. servlet. Servlet 定义并由具体的 Servlet 实现。

(4) Servlet 释放

Servlet 引擎没有必要在 Servlet 生命周期的每一段时间内都保持 Servlet 的状态。 Servlet 引擎可以随时随地地使用或释放 Servlet。因此,不能依赖 Servlet class 或其成员存储信息。当 Servlet 引擎判断一个 Servlet 应当被释放时(如引擎准备 Shut down 或需要回收资源),引擎必须让 Servlet 能释放其正在使用的任何资源,并保存持续性的状态信息。这些可以通过调用 Servlet 的 destroy()方法实现。

注意:在 Servlet 引擎释放一个 Servlet 以前,必须让其完成当前实例的 service()方法或是等到 timeout(如果引擎定义了 timeout)。当引擎释放一个 Servlet 以后,引擎将不能再将请求转发给它,引擎必须彻底释放该 Servlet 并将其标明为可回收的。

7.2 Servlet 体系的常用类和接口

1. Servlet 实现相关接口

public interface Servlet,这个接口是所有 Servlet 必须直接或间接实现的接口。它定义了以下方法:

(1) init(ServletConfig config)方法用于初始化 Servlet。

(2) destory()方法用于销毁 Servlet。

(3) getServletInfo()方法用于获得 Servlet 的信息。

(4) getServletConfig()方法用于获得 Servlet 配置相关信息。

(5) service(ServletRequest req,ServletResponse res)方法用于应用程序运行的逻辑入口点。

public abstract class GenericServlet 提供了对 Servlet 接口的基本实现。它是一个抽象类。它的 service()方法是一个抽象的方法,GenericServlet 的派生类必须直接或间接实现这个方法。

public abstract class HttpServlet 类是针对使用 HTTP 协议的 Web 服务器的 Servlet 类。HttpServlet 类实现了抽象类 GenericServlet 的 service()方法,在这个方法中,其功能是根据请求类型调用合适的 do 方法。do 方法的具体实现是由用户定义的 servlet,根据特定的请求/响应情况作具体实现。也就是说必须实现以下方法中的一个。

(1) doGet:如果 Servlet 支持 HTTP GET 请求,用于 HTTP GET 请求。

(2) doPost:如果 Servlet 支持 HTTP POST 请求,用于 HTTP POST 请求。

(3) 其他 do 方法:用于 HTTP 其他方式请求。

2. 请求和响应相关及其他接口

public interface HttpServletRequest 接口中最常用的方法就是获得请求中的参数,实际上,内置对象 request 就是实现该接口类的一个实例。

public interface HttpServletResponse 接口代表了对客户端的 HTTP 响应,实际上,内置对象 response 就是实现该接口类的一个实例。

会话跟踪接口(HttpSeesion)、Servlet 上下文接口(ServletContext)等与 HttpServletRequest 接口类似,不再重复介绍。但有一点需要注意,JSP 与 Servlet 中内置对象相似,但二者获取内置对象的方法略有不同,如表 7-1 所示是这两种技术的简单比较。

表 7-1　JSP 与 Servlet 的简单比较

	请求对象	响应对象	会话跟踪	上下文内容对象
JSP	request,容器产生,直接使用	response,容器产生,直接使用	session,容器产生,直接使用	application,容器产生,直接使用
servlet	同上	同上	HttpSeesion session = request.getSeesion()	用 getServletContext()方法获取

3. RequestDispatcher 接口代表 Servlet 协作

RequestDispatcher 接口可以把一个请求转发到另一个 Servlet 或 JSP。该接口主要有两个方法。

（1）forward(ServletRequest，ServletResponse response)：把请求转发到服务器上的另一个资源。

（2）include(ServletRequest，ServletResponse response)：把服务器上的另一个资源包含到响应中。

RequestDispatcher 接口的 forward 处理请求转发，在 Servlet 中是一个很有用的功能，由于该种请求转发属于 request 范围，所以，应用程序往往用这种方法实现由 Servlet 向 JSP 页面或另一 Servlet 传输程序数据。其核心代码如下：

```
……
request.setAttribute("key"，任意对象数据);
RequestDispatcher dispatcher = null;
dispatcher = getServletContext().getRequestDispatcher("目的地 JSP 页面或另一 servlet");
dispatcher.forward(request, response);
……
```

以上代码中，RequestDispatcher 的实例化由上下文的 getRequestDispatcher 方法实现，在目的地 JSP 页面或另一 Servlet 中，用户程序可以用 request.setAttribute("key")来获取传递的数据。另外，需要注意的是，利用 RequestDispatcher 接口的 forward 处理请求转发，其作用类似于 JSP 中的＜jsp:forward＞动作标签，属于服务器内部跳转，实际上，JSP 中的＜jsp:forward＞动作标签的底层实现就是利用 RequestDispatcher 技术。

4. 过滤包括 Filter、FilterChain、FilterConfig 等接口

这些在 Web 应用中是很有用的技术。例如，通过过滤可以完成统一编码（中文处理技术）、认证等工作。

5. 简单的 Servlet 编程

创建并运行一个 HTTP Servlet，通常涉及以下几个步骤：

（1）导入编写 Servlet 需要的基本包，扩展 HttpServlet 抽象类。

（2）重载适当的方法。根据实际情况重写继承自 HTTPservlet 的 doGet()方法或 doPost()等方法。

（3）如果有 HTTP 请求，则获取该请求。用 HttpServletRequest 对象来检索 HTML 表单所提交的数据或 URL 上的查询字符串。HttpServletRequest 对象含有特定的方法以得到客户端提供的信息，如 getParameterNames()、getParameter()、getParameterValues()等方法。

（4）生成 HTTP 响应。用 println()方法将 HTML 脚本打印输出，即动态生成页面 HttpServletResponse 对象生成响应，并将它返回到发出请求的客户机上。它的方法允许设置"请求"标题和"响应"主体。"响应"对象还含有 getWriter()方法以返回一个 PrintWriter 对象。使用 PrintWriter 的 print()和 println()方法以编写 Servlet 响应来返回给客户机。或者，直接使用 out 对象输出有关 HTML 文档内容。

（5）使用部署文件 web.xml 配置 Servlet，作为客户请求的一部分，用户请求 URL 必须映射到一个特定的 Servlet。在每一个 Web 应用程序路径的 WEB-INF 下存在一个 web.xml 配置文件，用来设定 Web 应用程序的配置。开发者将一个 Servlet 类通过 web.xml 进行配置后即可映射到一个 URL，此后可通过使用这个 URL 来访问该 Servlet。

例 7-1　一个简单的 Servlet 程序的编写、部署和调用。

Servlet 可以方便地和 Web 页面进行交互，首先，创建一个 HTML 页面 TestServlet.html，其源代码如下：

```
< html >
< head >
< title > Test HTML </title >
</head >
< body >
< form action = "/myjsp/servlet/TestServlet">
请输入姓名：
< Input type = "text" name = "myname"> < br >
您的兴趣：
< select name = "love">
< option value = "Sleep"> Sleep </option >
< option value = "Dance"> Dance </option >
< option value = "Travel"> Travel </option >
</select > < br >
< Input type = "submit" name = "mysubmit"> < br >
< Input type = "reset" value = "重新来过"> < br >
</form >
</body >
</html >
```

该页面的显示效果如图 7-2 所示。

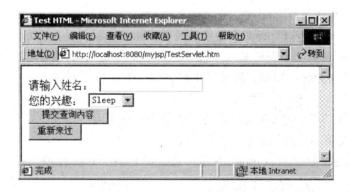

图 7-2　使用 Servlet 和 Web 页面交互

接下来编写和 HTML 页面交互的 Servlet，文件名为 TestServlet.java，其源代码如下：

```
import java.io. * ;
import javax.servlet. * ;
import javax.servlet.http. * ;
public class TestServlet extends HttpServlet
{
//重写 doPost 方法
public void doPost(HttpServletRequest req, HttpServletResponse res)throws ServletException, IOException
```

```
{res.setContentType("text/html;charset = gb2312");  //首先设置头信息
PrintWriter out = res.getWriter();//用 writer 方法返回响应数据
out.println("< html >< head ></ head >< body >");
out.println("name:" + req.getParameter("myname") + "< br >");
out.println("love:" + req.getParameter("love") + "< br >");
out.println("</ body ></ html >");
out.close();
}
//重写 doGet 方法
public void doGet(HttpServletRequest req, HttpServletResponse res) throws ServletException,
IOException{
doPost(req,res);
}
}
```

从上面代码例子知道,如果某个类要成为 Servlet,则它应该从 HttpServlet 继承,根据数据是通过 GET 还是 POST 发送,覆盖 doGet、doPost 方法之一或全部。doGet 和 doPost 方法都有两个参数,分别为 HttpServletRequest 类型和 HttpServletResponse 类型。

HttpServletRequest 提供访问有关请求的信息的方法,例如表单数据、HTTP 请求头等。HttpServletResponse 除了提供用于指定 HTTP 应答状态(200,404 等)、应答头(Content-Type、Set-Cookie 等)的方法之外,最重要的是它提供了一个用于向客户端发送数据的 PrintWriter。对于简单的 Servlet 来说,它的大部分工作是通过 println 语句生成向客户端发送的页面。

要想编译 Servlet 并使其运行,还需要修改 web.xml 中的内容,在 web.xml 中添加以下内容:

```
< Web-app >
< servlet >
< servlet-name > TestServlet </ servlet-name >
< servlet-class > servlet/TestServlet </ servlet-class >
</ servlet >
< servlet-mapping >
< servlet-name > TestServlet </ servlet-name >
< url-pattern >/myjsp/servlet/TestServlet </ url-pattern >
</ servlet-mapping >
</ Web-app >
```

这样,Servlet 就可以运行了,在如图 7-2 所示的页面中输入信息后,单击"提交查询内容"按钮,请求被发送给 Servlet。页面显示效果如图 7-3 所示。

在 web.xml 文件中,标签< servlet >要先于标签< servlet-mapping >定义。标签< servlet >中,属性 servlet-class 定义 Servlet 程序实际的包名和类名,属性 servlet-name 定义代表为该 Servlet 命名一个名字,可以是任意的标识符;标签< servlet-mapping >中定义对用户所命名的 Servlet(属性 servlet-name 设置的)的 URL 调用模式(属性 url-pattern 定义),如上例的程序,它的 URL 调用模式是:http://localhost:8080/myjsp/servlet/TestServlet。

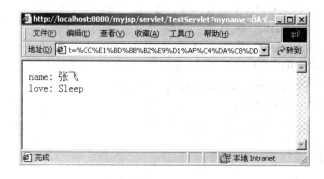

图 7-3　处理 Web 页面请求的 Servlet 页面

在现实编程过程中,容易混淆 Servlet 程序与 Applet 程序。实际上,Servlet 程序与 Applet 程序相似。Applet 程序在客户端的浏览器中运行,必须继承 Applet 类;而 Servlet 程序在服务器端运行,它必须实现 javax. servlet. Servlet 接口。

大多数 Servlet 程序都是处理 HTTP 响应的,为了简化 Servlet 程序的编写,Servlet API 提供了支持 HTTP 协议的 javax. servlet. http. HttpServlet 类,也就是说,HttpServlet 对象适合运行在与客户端采用 HTTP 协议通信的 Servlet 容器或者 Web 服务器中。在开发 Web 应用程序时,用户编写的 Servlet 程序继承 HttpServlet 类即可。

7.3　Servlet 会话

HTTP 协议是一种无状态协议。一个客户向服务器发出请求(request),然后服务器返回响应(respons),连接就被关闭了。在服务器端不保留连接的有关信息,因此当下一次连接时,服务器已没有以前的连接信息了,无法判断这一次连接和以前的连接是否属于同一客户。因此,必须使用客户的会话,记录有关连接的信息。

在 Servlet API 中引入 session 机制来跟踪客户的状态。session 指的是在一段时间内,单个客户与 Web 服务器的一连串相关的交互过程。在一个 session 中,客户可能会多次请求访问同一个网页,也有可能请求访问各种不同的服务器资源。例如在电子商务平台应用中,从一个客户开始购物,到最后结账,整个过程为一个 session。

Servlet 中使用 Session 对象的流程为:首先得到 Session 对象(调用 HttpServletRequest. getSession()方法得到该对象),然后操作并查看 Session 对象,在会话中保存数据,最后关闭该 Session 对象。在 Servlet 中使用 session 的具体过程如下:

(1) 使用 HttpServletRequest 的 getSession 方法得到当前存在的 session,如果当前没有定义 session,则创建一个新的 session,也可以使用方法 getSession(true)。

(2) 写 session 变量。可以使用方法 HttpSession. setAttribute(name,value)来向 session 中存储一个信息。也可以使用 HttpSession. putValue(name,value),但这种方法已经过时了。

(3) 读 session 变量。可以使用方法 HttpSession. getAttribute(name)来读取 session 中的一个变量值,如果 name 是一个没有定义的变量,那么返回的是 null。需要注意的是,从 getAttribute 读出的变量类型是 Object,必须使用强制类型转换。例如:

```
String uid = (String) session.getAttribute("uid");
```

(4) 关闭 session。当使用完 session 后,可以使用 session. invalidate()方法关闭 session。

但是这并不是严格要求的。因为 Servlet 引擎在一段时间之后会自动关闭 seesion。例如：

```
HttpSession session = request.getSession(true); //参数 true 是在没有 session 时创建一个新的
对象
Date created = new Date(session.getCreationTime()); //得到 session 对象创建的时间
out.println("ID" + session.getId() + "<br>"); //得到该 session 的 id,并打印
out.println("Created:" + created + "<br>"); //打印 session 创建时间
session.setAttribute("UID","12345678"); //在 session 中添加变量 UID = 12345678
session.setAttribute("Name","Tom"); //在 session 中添加变量 Name = Tom
```

例 7-2 JSP 页面 useSession.jsp 通过表单向名字为 useSession 的 Servlet 对象（由 UseSessionServlet 类负责创建）提交用户名，useSession 将用户名存入用户的 Session 对象中，然后用户请求另一个 Servlet 对象 showName（由 ShowNameServlet 类负责创建），showName 从用户的 Session 对象中取出存储的用户名，并显示在浏览器中。需要为 web.xml 文件添加如下的子标记：

```
<servlet>
    <servlet-name>useSession</servlet-name>
    <servlet-class>servlet.UseSessionServlet</servlet-class>
</servlet>
<servlet-mapping>
    <servlet-name>useSession</servlet-name>
    <url-pattern>/sendMyName</url-pattern>
</servlet-mapping>
<servlet>
    <servlet-name>showName</servlet-name>
    <servlet-class>servlet.ShowNameServlet</servlet-class>
</servlet>

<servlet-mapping>
    <servlet-name>showName</servlet-name>
    <url-pattern>/showMyName</url-pattern>
</servlet-mapping>
```

useSession.jsp 页面代码如下：

```
<%@ page language="java" import="java.util.*" pageEncoding="UTF-8"%>
<html>
    <head>
        <title>My JSP 'useSession.jsp' starting page</title>
    </head>
    <body>
        <form action="sendMyName" method="post">
        <table>
            <tr>
                <td>用户名:</td>
```

```
        <td><input type="text" name="user"/></td>
    </tr>
    <tr>
        <td><input type="submit" value="提交"/></td>
    </tr>
    </table>
  </form>
 </body>
</html>
```

效果如图 7-4 所示。

地址(D) http://localhost:8080/ch8/useSession.jsp

用户名：

提交

图 7-4 useSession. jsp 的效果图

UseSessionServlet. java 的代码如下：

```
package servlet；
import java.io. * ；
import javax.servlet. * ；
import javax.servlet.http. * ；
public class UseSessionServlet extends HttpServlet {
    public void init(ServletConfig config) throws ServletException{
        super.init(config)；
    }
    public void doPost(HttpServletRequest request,HttpServletResponse
            response) throws ServletException,IOException{
        response.setContentType("text/html;charset=utf-8")；
        PrintWriter out = response.getWriter()；
        String name = request.getParameter("user")；
        byte b[] = name.getBytes("ISO-8859-1")；
        name = new String(b,"UTF-8")；
        HttpSession session = request.getSession(true)；
        session.setAttribute("myName", name)；
        out.println("<htm><body>")；
        out.println("您请求的 servlet 对象是："+ getServletName())；
        out.println("<br>您的会话 ID 是："+ session.getId())；
        out.println("<br>请单击请求另一个 servlet：")；
        out.println("<br><a href=showMyName>请求另一个 servlet</a>")；
        out.println("</body></htm>")；
    }
    public void doGet(HttpServletRequest request,HttpServletResponse
```

```
response) throws ServletException,IOException{
        doPost(request,response);
    }
}
```

效果如图 7-5 所示。

```
地址(D)  http://localhost:8080/ch8/sendMyName
```

您请求的servlet对象是：useSession
您的会话ID是：20939E198E91D0830EF46C469A38D7A2
请单击请求另一个servlet：
请求另一个servlet

图 7-5　获取会话并存储数据

ShowNameServlet.java 代码如下：

```
package servlet;
import java.io. * ;
import javax.servlet. * ;
import javax.servlet.http. * ;
public class ShowNameServlet extends HttpServlet {
    public void init(ServletConfig config) throws ServletException{
        super.init(config);
    }
     public void doPost (HttpServletRequest request,HttpServletResponse response) throws
ServletException,IOException{
        response.setContentType("text/html;charset = utf-8");
        PrintWriter out = response.getWriter();
        HttpSession session = request.getSession(true);
        String name = (String)session.getAttribute("myName");
        out.println("< htm >< body >");
        out.println("您请求的 servlet 对象是:" + getServletName());
        out.println("< br >您的会话 ID 是:" + session.getId());
        out.println("< br >您的会话中存储的用户名是:" + name);
        out.println("</body ></htm >");
    }
    public void doGet(HttpServletRequest request,HttpServletResponse
            response) throws ServletException,IOException{
        doPost(request,response);
    }
}
```

效果如图 7-6 所示。

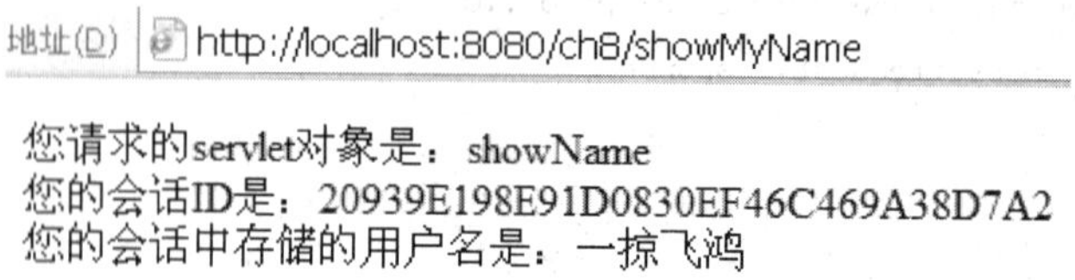

地址(D) | http://localhost:8080/ch8/showMyName

您请求的servlet对象是：showName
您的会话ID是：20939E198E91D0830EF46C469A38D7A2
您的会话中存储的用户名是：一掠飞鸿

图 7-6　获取会话中的数据并显示

例 7-3　使用 HTML 与 Servlet 相结合完成用户注册、用户登录、用户密码重置等功能。

程序分析：在编写程序的过程中需要了解 Session 等对象的使用；需要注意用户注册和登录时会话的作用，可以设计如图 7-7 所示的关系图。

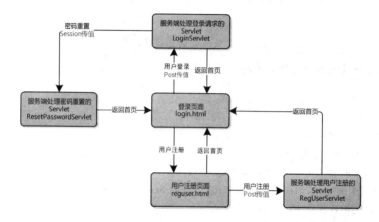

图 7-7　页面和 Servlet 之间的关系图

用户登录页面 login.html 示意图如图 7-8 所示。

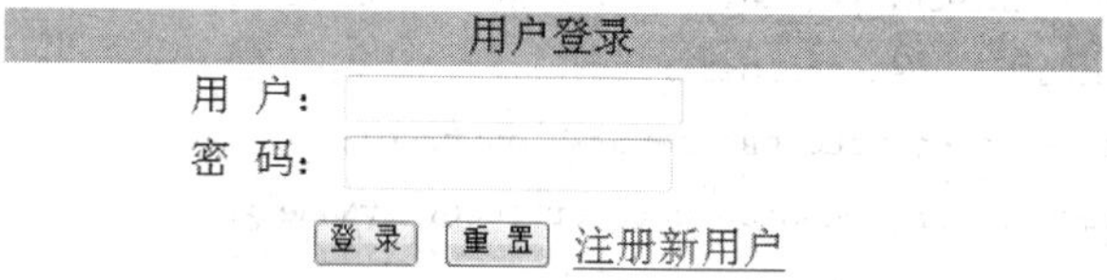

用户登录
用 户： [　　　]
密 码： [　　　]
[登 录] [重置] 注册新用户

图 7-8　登录页面 login.html 示意图

用户注册页面 reguser.html 示意图如图 7-9 所示。

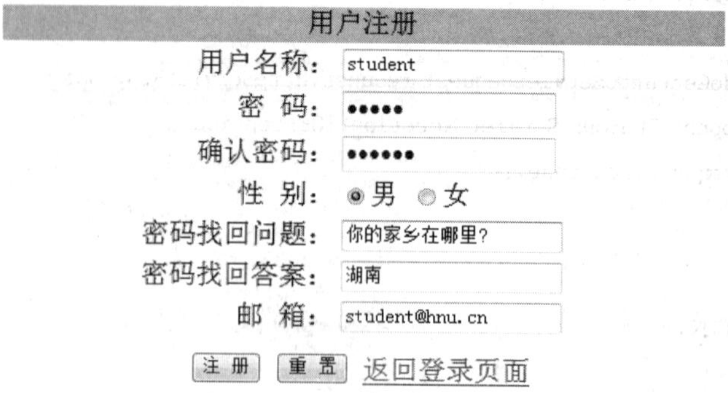

用户注册
用户名称： [student]
密 码： [•••••]
确认密码： [••••••]
性 别： ◉男 ◎女
密码找回问题： [你的家乡在哪里？]
密码找回答案： [湖南]
邮 箱： [student@hnu.cn]
[注 册] [重置] 返回登录页面

图 7-9　用户注册页面 reguser.html 示意图

用户登录成功后 LoginServlet 显示的页面示意图如图 7-10 所示。

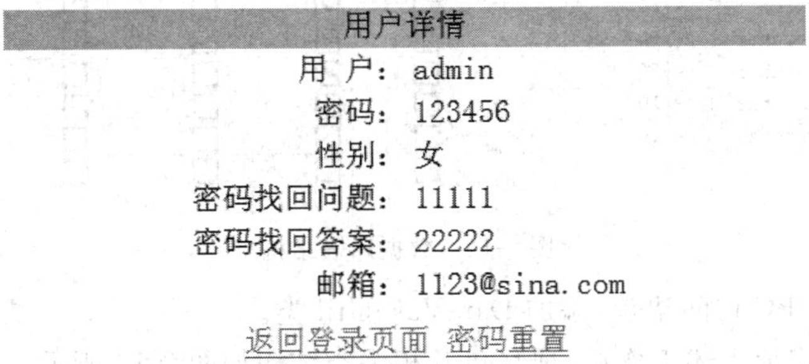

用户详情
用　户：admin
密码：123456
性别：女
密码找回问题：11111
密码找回答案：22222
邮箱：1123@sina.com
返回登录页面　密码重置

图 7-10　用户登录成功页面

登录用户名、密码错误，LoginServlet 显示的页面示意图如图 7-11 所示。

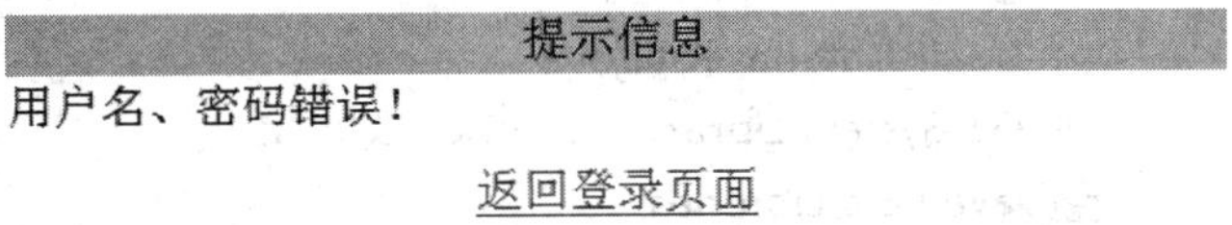

提示信息
用户名、密码错误！
返回登录页面

图 7-11　错误显示页面

用户成功登录后重置密码，ResetPasswordServlet 显示的页面示意图如图 7-12 所示。

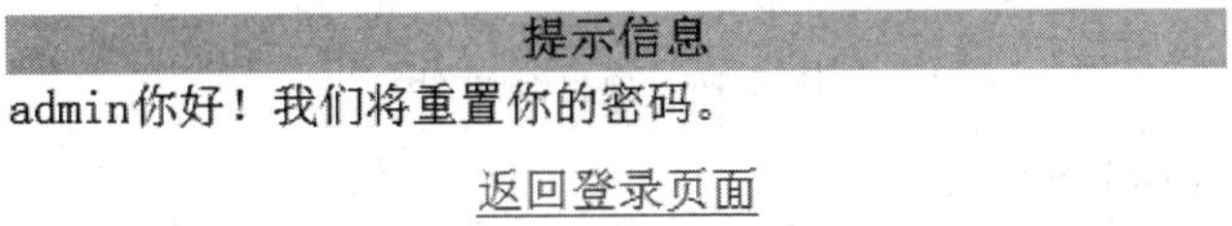

提示信息
admin你好！我们将重置你的密码。
返回登录页面

图 7-12　重置密码页面

用户如果没有登录成功而去直接访问密码重置页面，ResetPasswordServlet 显示的页面示意图如图 7-13 所示。

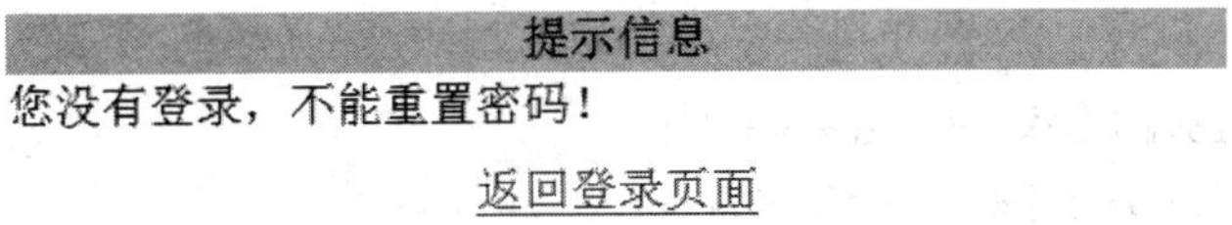

提示信息
您没有登录，不能重置密码！
返回登录页面

图 7-13　重置密码错误提示页面

具体实现步骤如下。

步骤 1：创建数据表。

在 MySQL 中创建数据库 db_example 及数据表 tb_users，表结构如图 7-14 所示。

	Field Name	Datatype		Len	Default	PK?	Not Null?	Unsigned?	Auto Incr?	Zerofill?	Comment
*	username	varchar	▼	50		☑	☑	☐	☐	☐	用户名
	password	varchar	▼	50		☐	☑	☐	☐	☐	密码
	sex	varchar	▼	50		☐	☑	☐	☐	☐	性别
	email	varchar	▼	50		☐	☑	☐	☐	☐	邮件
	question	varchar	▼	100		☐	☐	☐	☐	☐	问题
	answer	varchar	▼	100		☐	☐	☐	☐	☐	答案
			▼			☐	☐	☐	☐	☐	

图 7-14　数据库表结构

步骤 2：添加 JDBC 访问架包，添加 DataVaseUtil 类。

在编辑工具中完成上述工作后，项目包及相关类结构如图 7-15 所示。

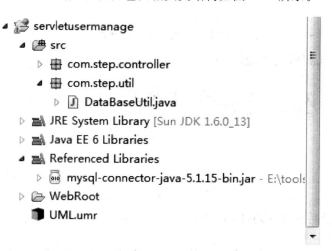

图 7-15　项目结构图

步骤 3：reguser.html 页面设计。

在 reguser.html 页面的< header ></header>加入如下 JavaScript 代码，进行输入数据的客户端验证。

```javascript
< script type = "text/javascript">
    function reg(form){
        if(form.username.value == ""){
            alert("用户不能为空!");
            return false;
        }
        if(form.password.value == ""){
            alert("密码不能为空!");
            return false;
        }
        if(form.repassword.value == ""){
            alert("确认密码不能为空!");
            return false;
        }
        if(form.password.value != form.repassword.value){
            alert("两次密码输入不一致!");
            return false;
```

```
        }
        if(form.question.value == ""){
            alert("密码找回问题不能为空!");
            return false;
        }
        if(form.answer.value == ""){
            alert("密码找回答案不能为空!");
            return false;
        }
        if(form.email.value == ""){
            alert("电子邮箱不能为空!");
            return false;
        }
    }
    </script>
```

reguser.html 的主干内容如下,需特别注意 form 中的写法:

```html
<formaction = "RegUserServlet" method = "post" onsubmit = "return reg(this);">
<table align = "center" border = "0" width = "500">
    <tr>
        <td align = "center" colspan = "2"  bgcolor = RGB(188,188,125)>用户注册</td>
    </tr>
    <tr>
        <td align = "right">用户编号:</td>
        <td><input type = "text" name = "usercode" /></td></tr>
    <tr>
        <td align = "right">密 码:</td>
        <td><input type = "password" name = "password" class = "box"></td></tr>
    <tr>
        <td align = "right">确认密码:</td>
        <td><input type = "password" name = "repassword" class = "box"></td></tr>
    <tr>
        <td align = "right">性 别:</td>
        <td><input type = "radio" name = "sex" value = "男" checked = "checked">男<input type = "radio" name = "sex" value = "女">女</td></tr>
    <tr>
        <td align = "right">密码找回问题:</td>
        <td><input type = "text" name = "question" class = "box"></td></tr>
    <tr>
        <td align = "right">密码找回答案:</td>
        <td><input type = "text" name = "answer" class = "box"></td></tr>
    <tr>
        <td align = "right">邮 箱:</td>
        <td><input type = "text" name = "email" class = "box"></td></tr>
```

```
<tr>
    <td colspan = "2" align = "center" height = "40">
        <input type = "submit" value = "注  册">
        <input type = "reset" value = "重  置">
        <a href = "login.html">返回登录页面</a>
    </td></tr>
</table>
</form>
```

步骤 4：RegUserServlet 类的设计。

新建 Servlet：RegUserServlet 用于相应 reguser.html 提交的请求，其核心内容如下：

```
public void doPost ( HttpServletRequest request, HttpServletResponse response ) throws
ServletException, IOException {
        // 设置 request 与 response 的编码
        response.setContentType("text/html");
        request.setCharacterEncoding("GBK");
        // 获取表单中属性值
        String username = request.getParameter("username");
        String password = request.getParameter("password");
        String sex = request.getParameter("sex");
        String question = request.getParameter("question");
        String answer = request.getParameter("answer");
        String email = request.getParameter("email");
        response.setContentType("text/html");
        response.setCharacterEncoding("gbk");
        PrintWriter out = response.getWriter();
        // 实际完成程序,需要你自己处理页面显示
        // 判断数据库中否连接成功
        Connection conn = DataBaseUtil.createConn();
        if (conn != null) {
            try {
                // 插入注册信息的 SQL 语句(使用? 占位符)
                String sqlstr = "insert into tb_user(username,password,sex,question,answer,email)
" + "values(?,?,?,?,?,?)";
                //准备查询参数
                Object sqlParam[] = {username,password,sex,question,answer,email};
                // 输出注册结果信息
                if(DataBaseUtil.execUpdate(sqlstr, sqlParam, conn))
                    {out.println(username + "注册成功!");}
                else
                    {out.println(username + "注册失败!");}
            } catch (Exception e) {
                e.printStackTrace();
                out.println(e.getMessage());
```

```
        }
    } else {
        // 发送数据库连接错误提示信息
        response.sendError(500, "数据库连接错误！");
    }
    out.flush();
    out.close();
}
```

步骤 5：login. html 页面和 LoginServlet 类的设计。

LoginServlet 类需要连接到数据库去验证用户名密码是否正确，如果能成功登录，还需要写 Session。以下为 LoginServlet 类的核心代码。

```
//获取表单中属性值
        String username = request.getParameter("username");
        String password = request.getParameter("password");
        //创建连接
        Connection conn = DataBaseUtil.createConn();
        // 插入注册信息的 SQL 语句(使用? 占位符)
        String sqlstr = "select sex,email,question,answer from tb_user where username = ? and
password = ?";
        //准备查询参数
        Object sqlParam[] = {username,password};
        //执行查询
        ResultSet rs = DataBaseUtil.execQuery(sqlstr, sqlParam, conn);
        try {
            if(rs.next())
            {
                //获取 Session 对象，把 username 存入 Session 中
                HttpSession session = request.getSession();
                session.setAttribute("username", username);
                //以下省略从数据库中读取用户信息，并显示在页面上
                out.println("<a href = 'login.html'>返回登录页面</a>");
                out.println("<a href = 'ResetPasswordServlet'>密码重置</a>");
            }
            else
            {
                //以下省略显示提示信息
                out.println("<a href = 'login.html'>返回登录页面</a>");
            }
            rs.close();
        } catch (SQLException e) {
            //以下省略发生数据库访问错误时的提示信息
            out.println("<a href = 'login.html'>返回登录页面</a>");
        }
```

步骤 6：ResetPasswordServlet 类的设计。

这个 Servlet 类需要处理的是它的 doGet 方法。其核心代码如下：

```
//以下读取 Session 判断是否已经登录
HttpSession session = request.getSession();
String username = (String)session.getAttribute("username");
if ((username == null)||username.equals(""))
{
    //未从 Session 中获取用户名,表示用户未登录
    //……
}
else
{
    //从 Session 中获取了正确的用户名,则需要重置该用户的密码
}
```

7.4 Servlet 过滤器

servlet API 中最重要的一个功能就是能够为 Servlet 和 JSP 页面定义过滤器。过滤器提供了某些早期服务器所支持的非标准"servlet 链接"的一种功能强大且标准的替代品。过滤器是一个程序,它先于与之相关的 Servlet 或 JSP 页面运行在服务器上。过滤器可附加到一个或多个 Servlet 或 JSP 页面上,并且可以检查进入这些资源的请求信息。过滤器可以有如下作用：

(1) 以常规的方式调用资源(即调用 Servlet 或 JSP 页面)。

(2) 利用修改过的请求信息调用资源。

(3) 调用资源,但在发送响应到客户机前对其进行修改。

(4) 阻止该资源调用,代之以转到其他的资源,返回一个特定的状态代码或生成替换输出。

除此之外,过滤器提供了几个重要好处：

(1) 过滤器可以以一种模块化的或可重用的方式封装公共的行为。

(2) 可以利用过滤器将高级访问决策与表现代码相分离。

(3) 通过使用过滤器能够对许多不同的资源进行批量性的更改。

但要注意,过滤器只在与 servlet 规范 2.3 版兼容的服务器上有作用。如果你的 Web 应用需要支持旧版服务器,就不能使用过滤器。

建立一个过滤器涉及下列五个步骤：

(1) 建立一个实现 Filter 接口的类。这个类需要三个方法,分别是：doFilter、init 和 destroy。doFilter 方法包含主要的过滤代码,init 方法建立设置操作,而 destroy 方法进行清除。

(2) 在 doFilter 方法中放入过滤行为。doFilter 方法的第一个参数为 ServletRequest 对象。此对象给过滤器提供了对进入的信息(包括表单数据、cookie 和 HTTP 请求头)的完全访问。第二个参数为 ServletResponse,通常在简单的过滤器中忽略此参数。最后一个参数为

FilterChain，如下一步所述，此参数用来调用 Servlet 或 JSP 页。

（3）调用 FilterChain 对象的 doFilter 方法。Filter 接口的 doFilter 方法取一个 FilterChain 对象作为它的一个参数。在调用此对象的 doFilter 方法时，激活下一个相关的过滤器。如果没有另一个过滤器与 Servlet 或 JSP 页面关联，则 Servlet 或 JSP 页面被激活。

（4）对相应的 Servlet 和 JSP 页面注册过滤器。在部署描述符文件（web. xml）中使用 filter 和 filter-mapping 元素。

（5）禁用激活器 Servlet。防止用户利用默认 servlet URL 绕过过滤器设置。

例 7-4 使用 Servlet 过滤器实现用户登录验证。

```
package Filters;import javax.servlet.FilterChain;
import javax.servlet.FilterConfig;
import javax.servlet.ServletRequest;
import javax.servlet.ServletResponse;
import javax.servlet.http.HttpServletRequest;
import javax.servlet.http.HttpServletResponse;
import java.io. * ;
import javax.servlet. * ;
import javax.servlet.http. * ;

public class LogOrNot implements javax.servlet.Filter {
private FilterConfig config;
private String logon_page;
private String home_page;
public void destroy() {
config = null;

}
public void init(FilterConfig filterconfig) throws ServletException {
//从部署描述符中获取登录页面和首页的 URI
config = filterconfig;
logon_page = filterconfig.getInitParameter("LOGON_URI");
home_page = filterconfig.getInitParameter("HOME_URI");
System.out.println(home_page);
if (null == logon_page || null == home_page) {
throw new ServletException("没有找到登录页面或主页");
}
}

public void doFilter(ServletRequest request, ServletResponse response,
FilterChain chain) {
HttpServletRequest req = (HttpServletRequest) request;
HttpServletResponse rpo = (HttpServletResponse) response;
javax.servlet.http.HttpSession session = req.getSession();
```

```
try {
req.setCharacterEncoding("utf-8");
} catch (Exception e1) {
e1.printStackTrace();
}
String userId = (String) session.getAttribute("UserId");
String request_uri = req.getRequestURI().toUpperCase();//得到用户请求的 URI
String ctxPath = req.getContextPath();//得到 web 应用程序的上下文路径
String uri = request_uri.substring(ctxPath.length()); //去除上下文路径,得到剩余部分的路径
try {
if (request_uri.indexOf("LOGIN.JSP") == - 1 && request_uri.indexOf("LOG.JSP") == - 1 && userId
== null)
{
rpo.sendRedirect(home_page + logon_page);
System.out.print(home_page + logon_page);
return;
}
else {
chain.doFilter(request, response);
}
} catch (Exception e) {
e.printStackTrace();
}
}
}
```

这里对上面的代码稍作解释:过滤器从配置文件中读出配置选项,一个是登录页面的 url 地址,另外一个是 web 应用的 url,之所以要这样做,是因为如果程序中有 iframe,则登录页面会默认在 iframe 中打开,因此这里将使用绝对地址进行跳转;判断语句中要将 login.jsp 和 log.jsp 排除,因为这两个是处理登录的页面,若不排除将出现循环重定向;检查 session 中的 userid 选项,当然也可以设置其他的,关键看 session 中存的是什么了,若有,则递交给下一个过滤器,若不再有过滤器,则提交给处理页面,若未登录,则跳转到登录页面。

代码写好后,就需要在 Web 应用的 web.xml 文件中进行配置。filter 其实就是一种 Servlet,因此配置方法和 Servlet 是一样的。代码如下:

```
<filter-name>LogOrNot</filter-name>
<filter-class>Filters.LogOrNot</filter-class>
<init-param>
<param-name>LOGON_URI</param-name>
<param-value>log.jsp</param-value>
</init-param>
<init-param>
<param-name>HOME_URI</param-name>
<param-value>/model/</param-value>
```

```
</init-param>
</filter>
<filter-mapping>
<filter-name>LogOrNot</filter-name>
<url-pattern>*.jsp</url-pattern>
</filter-mapping>Code Author:Jacy.
```

其中两个配置参数就对应了 Java 文件中使用的参数,log.jsp 是登录的视图页面,/model/是当前 web 应用的文件夹名称。mapping 里面定义了对 *.jsp 进行过滤,如果程序中还有其他的页面,如.do 或者.action 等,那么可以继续添加<filter-mapping>这个选项,其中<url-pattern>就填写 *.do 或者 *.action 即可。

7.5 案例实践

7.5.1 案例需求说明

采用 JSP+Servlet+JavaBean 实现一个简单的购物车模型,首先预置几种商品,单击"购买"来选购相应的货物,如图 7-16 所示。

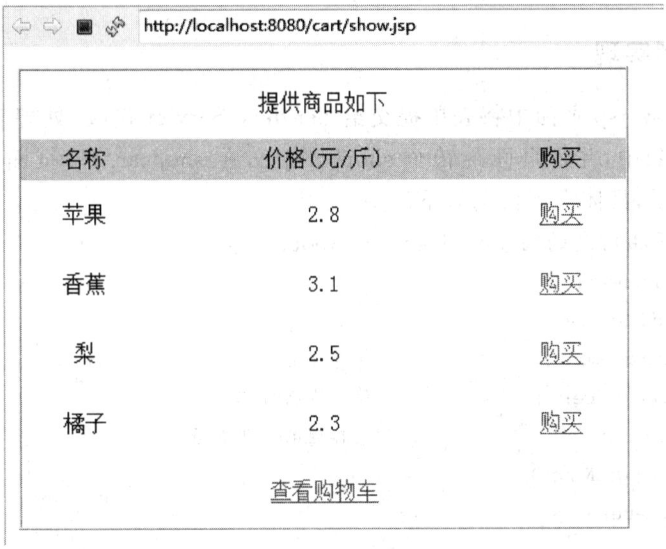

图 7-16 提供商品页面

单击"苹果"后面的购买链接后,查看购物车就会发现"苹果"已经出现在购物车中,如果要增加购买的数量,则可以多单击几次"购买"链接,每多单击一次数量就会加一,购物车效果图如图 7-17 所示。

在购物车页面可以选择继续购物,也可以选择移除某一条目或清空整个购物车。

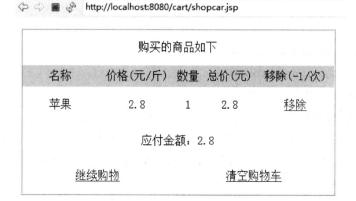

图 7-17　购物车页面

7.5.2　技能训练要点

本案例主要训练 JSP、JavaBean、Servlet 的结合使用，JSP＋JavaBean＋Servlet 模式适合开发复杂的 Web 应用，在这种模式下，JSP 负责数据显示，JavaBean 负责封装数据，Servlet 负责处理用户请求，使程序各个模块之间层次清晰。

7.5.3　案例实现

实现思路：show. jsp 页面中将表单提交给 Servlet，Servlet 接收、处理表单数据并将数据存放在 Session 对象中，并将页面跳转至 shopcar. jsp，在 shopcar. jsp 页面中读取 Session 数据，形成列表并显示，具体实现代码如下。

1. 创建封装商品信息的值 JavaBean——GoodsSingle

```
package com. valuebean;
public class GoodsSingle {
    private String name;              //保存商品名称
    private float price;              //保存商品价格
    private int num;                  //保存商品购买数量
    public String getName() {
        return name;
    }
    public void setName(String name) {
        this.name = name;
    }
    public int getNum() {
        return num;
    }
    public void setNum(int num) {
        this.num = num;
    }
    public float getPrice() {
```

```java
        return price;
    }
    public void setPrice(float price) {
        this.price = price;
    }
}
```

2. 创建工具 JavaBean——MyTools 实现字符型数据转换为整型及乱码处理

```java
package com.toolbean;
import java.io.UnsupportedEncodingException;
public class MyTools {
    public static int strToint(String str){        //将 String 型数据转换为 int 型数据的方法
        if(str == null||str.equals(""))
            str = "0";
                int i = 0;
        try{
            i = Integer.parseInt(str);              //把 str 转换成 int 类型的变量
        }catch(NumberFormatException e){
            // try-catch 就是监视 try 中的语句,如果抛出 catch 中声明的异常类型
            i = 0;
            e.printStackTrace();                    //把 Exception 的详细信息打印出来
        }
        return i;
    }
    public static String toChinese(String str){    //进行转码操作的方法
        if(str == null)
            str = "";
        try {
            str = new String(str.getBytes("ISO-8859-1"),"gb2312");
        } catch (UnsupportedEncodingException e) {
            str = "";
            e.printStackTrace();
        }
        return str;
    }
}
```

3. 创建购物车 JavaBean——ShopCar 实现添加、删除等购物车功能

```java
package com.toolbean;
import java.util.ArrayList;
import com.valuebean.GoodsSingle;
public class ShopCar {
    private ArrayList buylist = new ArrayList();                    //用来存储购买的商品
    public void setBuylist(ArrayList buylist) {
        this.buylist = buylist;
```

```
        }
        /**
         * @功能 向购物车中添加商品
         * @参数 single 为 GoodsSingle 类对象,封装了要添加的商品信息
         */
        public void addItem(GoodsSingle single){
            if(single! = null){
                if(buylist.size() == 0){//如果 buylist 中不存在任何商品
                    GoodsSingle temp = new GoodsSingle();
                    temp.setName(single.getName());
                    temp.setPrice(single.getPrice());
                    temp.setNum(single.getNum());
                    buylist.add(temp);//存储商品
                }
                else{//如果 buylist 中存在商品
                    int i = 0;
                    for(;i < buylist.size();i ++ ){          //遍历 buylist 集合对象,判断该集合中是
否已经存在当前要添加的商品
                        GoodsSingle temp = (GoodsSingle)buylist.get(i);          //获取 buylist 集合
中当前元素
                        if(temp.getName().equals(single.getName())){          //判断从 buylist 集合中
获取的当前商品的名称是否与要添加的商品的名称相同
//如果相同,说明已经购买了该商品,只需要将商品的购买数量加 1
                            temp.setNum(temp.getNum() + 1);//将商品购买数量加 1
                            break;//结束 for 循环}
                        }
                    }
                    if(i >= buylist.size()){//说明 buylist 中不存在要添加的商品
                        GoodsSingle temp = new GoodsSingle();
                        temp.setName(single.getName());
                        temp.setPrice(single.getPrice());
                        temp.setNum(single.getNum());
                        buylist.add(temp);//存储商品
                    }
                }
            }
        }
    /**
     * @功能 从购物车中移除指定名称的商品
     * @参数 name 表示商品名称
     */
    public void removeItem(String name){
    for(int i = 0;i < buylist.size();i ++ ){          //遍历 buylist 集合,查找指定名称的商品
    GoodsSingle temp = (GoodsSingle)buylist.get(i); //获取集合中当前位置的商品
```

```
        if(temp.getName().equals(name)){        //如果商品的名称为 name 参数指定的名称 if(temp.
getNum()>1){//如果商品的购买数量大于 1
                    temp.setNum(temp.getNum()-1);        //则将购买数量减 1
                    break;                                //结束 for 循环
                }
                else if(temp.getNum()==1){        //如果商品的购买数量为 1
                    buylist.remove(i);                //从 buylist 集合对象中移除该商品
                }
            }
        }
    }
}
```

4. 创建实例首页面 index.jsp,初始化商品信息

```
<%@ page contentType="text/html;charset=gb2312"%>
<jsp:forward page="/index"/>
```

5. 创建处理用户访问首页面请求的 Servlet——IndexServlet

```java
package com.servlet;
import java.io.IOException;
import java.util.ArrayList;
import javax.servlet.ServletException;
import javax.servlet.http.HttpServlet;
import javax.servlet.http.HttpServletRequest;
import javax.servlet.http.HttpServletResponse;
import javax.servlet.http.HttpSession;
import com.valuebean.GoodsSingle;
public class IndexServlet extends HttpServlet {
    private static ArrayList goodslist = new ArrayList();
    protected void doGet(HttpServletRequest request, HttpServletResponse response) throws
ServletException, IOException {
        doPost(request,response);
    }
    protected void doPost(HttpServletRequest request, HttpServletResponse response) throws
ServletException, IOException {
        HttpSession session = request.getSession();
        session.setAttribute("goodslist",goodslist);
        response.sendRedirect("show.jsp");
    }
    static{        //静态代码块
        String[] names = {"苹果","香蕉","梨","橘子"};
        float[] prices = {2.8f,3.1f,2.5f,2.3f};
        for(int i=0;i<4;i++){
            GoodsSingle single = new GoodsSingle();
            single.setName(names[i]);
            single.setPrice(prices[i]);
```

```
                single.setNum(1);
                goodslist.add(single);
            }
        }
    }
```

6. show.jsp 显示商品信息

```jsp
<%@ page contentType = "text/html;charset = gb2312" %>
<%@ page import = "java.util.ArrayList" %>
<%@ page import = "com.valuebean.GoodsSingle" %>
<% ArrayList goodslist = (ArrayList)session.getAttribute("goodslist"); %>
<table border = "1" width = "450" rules = "none" cellspacing = "0" cellpadding = "0">
    <tr height = "50"><td colspan = "3" align = "center">提供商品如下</td></tr>
    <tr align = "center" height = "30" bgcolor = "lightgrey">
        <td>名称</td>
        <td>价格(元/斤)</td>
        <td>购买</td>
    </tr>
    <%   if(goodslist == null||goodslist.size() == 0){ %>
    <tr height = "100"><td colspan = "3" align = "center">没有商品可显示！</td></tr>
    <%
        }
        else{
            for(int i = 0;i < goodslist.size();i ++){
                GoodsSingle single = (GoodsSingle)goodslist.get(i);
    %>
    <tr height = "50" align = "center">
        <td><% = single.getName() %></td>
        <td><% = single.getPrice() %></td>
        <td><a href = "doCar? action = buy&id = <% = i %>">购买</a></td>
    </tr>
    <%
            }
        }
    %>
<tr height = "50">
    <td align = "center" colspan = "3"><a href = "shopcar.jsp">查看购物车</a>
    </td>
    </tr>
    </table>
```

7. 创建处理用户购买、移除、清空购物车请求的 Servlet Servlet——BuyServlet

```java
package com.servlet;
import java.io.IOException;
import java.util.ArrayList;
import javax.servlet.ServletException;
```

```
import javax.servlet.http.HttpServlet;
import javax.servlet.http.HttpServletRequest;
import javax.servlet.http.HttpServletResponse;
import javax.servlet.http.HttpSession;
import com.toolbean.MyTools;
import com.toolbean.ShopCar;
import com.valuebean.GoodsSingle;
public class BuyServlet extends HttpServlet {
    protected void doGet(HttpServletRequest request, HttpServletResponse response) throws
ServletException, IOException {
        doPost(request,response);
    }
    protected void doPost(HttpServletRequest request, HttpServletResponse response) throws
ServletException, IOException {
        String action = request.getParameter("action");//获取 action 参数值
        if(action == null)
            action = "";
        if(action.equals("buy"))                        //触发了"购买"请求
            buy(request,response);                       //调用 buy()方法实现商品的购买
        if(action.equals("remove"))                     //触发了"移除"请求
            remove(request,response);                    //调用 remove()方法实现商品的移除
        if(action.equals("clear"))                      //触发了"清空购物车"请求
            clear(request,response);                     //调用 clear()方法实现购物车的清空
    }
    //实现购买商品的方法
    protected void buy(HttpServletRequest request, HttpServletResponse response) throws
ServletException, IOException {
        HttpSession session = request.getSession();
        String strId = request.getParameter("id");//获取触发"购买"请求时传递的 id 参数,该参数
存储的是商品在 goodslist 对象中存储的位置
        int id = MyTools.strToint(strId);
        ArrayList goodslist = (ArrayList)session.getAttribute("goodslist");
        GoodsSingle single = (GoodsSingle)goodslist.get(id);
        ArrayList buylist = (ArrayList)session.getAttribute("buylist");//从 session 范围内获取
存储了用户已购买商品的集合对象
        if(buylist == null)
            buylist = new ArrayList();
        ShopCar myCar = new ShopCar();
    myCar.setBuylist(buylist);//将 buylist 对象赋值给 ShopCar 类实例中的属性
    myCar.addItem(single);//调用 ShopCar 类中 addItem()方法实现商品添加操作
        session.setAttribute("buylist",buylist);
        response.sendRedirect("show.jsp");//将请求重定向到 show.jsp 页面
    }
    //实现移除商品的方法
```

```java
    protected void remove（HttpServletRequest request，HttpServletResponse response）throws
ServletException，IOException {
        HttpSession session = request.getSession();
        ArrayList buylist = (ArrayList)session.getAttribute("buylist");
        String name = request.getParameter("name");
        ShopCar myCar = new ShopCar();
        myCar.setBuylist(buylist);//将 buylist 对象赋值给 ShopCar 类实例中属性
        myCar.removeItem(MyTools.toChinese(name));
                        //调用 ShopCar 类中 removeItem（）方法实现商品移除操作
        response.sendRedirect("shopcar.jsp");
    }
    //实现清空购物车的方法
    protected void clear（HttpServletRequest request，HttpServletResponse response）throws
ServletException，IOException {
        HttpSession session = request.getSession();
        ArrayList buylist = (ArrayList)session.getAttribute("buylist");//从 session 范围内获取
存储了用户已购买商品的集合对象
        buylist.clear();//清空 buylist 集合对象,实现购物车清空的操作
        response.sendRedirect("shopcar.jsp");
    }
}
```

8. 在 web.xml 文件中配置 Servlet

```xml
<? xml version = "1.0" encoding = "UTF-8"? >

< web-app >
    <!-- 配置 IndexServlet -->
    < servlet >
        < servlet-name > indexServlet </ servlet-name >
    < servlet-class > com.yxq.servlet.IndexServlet </ servlet-class >
    </ servlet >
    < servlet-mapping >
        < servlet-name > indexServlet </ servlet-name >
        < url-pattern >/index </ url-pattern >
    </ servlet-mapping >
    <!--配置 BuyServlet -->
    < servlet >
        < servlet-name > buyServlet </ servlet-name >
        < servlet-class > com.yxq.servlet.BuyServlet </ servlet-class >
    </ servlet >
    < servlet-mapping >
        < servlet-name > buyServlet </ servlet-name >
        < url-pattern >/doCar </ url-pattern >
    </ servlet-mapping >
</ web-app >
```

9. 创建页面 shopcar.jsp 购物车

```jsp
<%@ page contentType = "text/html;charset = gb2312" %>

<%@ page import = "java.util.ArrayList" %>

<%@ page import = "com.valuebean.GoodsSingle" %>

<%
    //获取存储在 session 中用来存储用户已购买商品的 buylist 集合对象
    ArrayList buylist = (ArrayList)session.getAttribute("buylist");
    float total = 0;                              //用来存储应付金额
%>
<table border = "1" width = "450" rules = "none" cellspacing = "0" cellpadding = "0">
    <tr height = "50"><td colspan = "5" align = "center">购买的商品如下</td></tr>
    <tr align = "center" height = "30" bgcolor = "lightgrey">
        <td width = "25 %">名称</td>
        <td>价格(元/斤)</td>
        <td>数量</td>
        <td>总价(元)</td>
        <td>移除(-1/次)</td>
    </tr>
    <% if(buylist == null||buylist.size() == 0){ %>
    <tr height = "100"><td colspan = "5" align = "center">您的购物车为空！</td></tr>
    <%
        }
        else{
            for(int i = 0;i < buylist.size();i ++ ){
                GoodsSingle single = (GoodsSingle)buylist.get(i);
                String name = single.getName();           //获取商品名称
                float price = single.getPrice();          //获取商品价格
                int num = single.getNum();                //获取购买数量
                float money = ((int)((price * num + 0.05f) * 10))/10f;
                                                          //计算当前商品总价,并进行四舍五入
                total += money;                           //计算应付金额
    %>
    <tr align = "center" height = "50">
        <td><% = name %></td>
        <td><% = price %></td>
        <td><% = num %></td>
        <td><% = money %></td>
        <td><a href = "doCar? action = remove&name = <% = single.getName() %>">移除</a></td>
    </tr>
    <%
            }
        }
    %>
```

```
<tr height = "50" align = "center"><td colspan = "5">应付金额:<% = total %></td></tr>
<tr height = "50" align = "center">
    <td colspan = "2"><a href = "show.jsp">继续购物</a></td>
    <td colspan = "3"><a href = "doCar? action = clear">清空购物车</a></td>
</tr>
</table>
```

本 章 小 结

Servlet 是用 Java 语言编写的服务器端程序,它可以处理客户端发送的请求并返回一个响应。Servlet 生命周期中的重要方法包括 init()、service()和 destroy(),其中 service()方法是通过调用 doGet()或 doPost()方法发挥作用的。Servlet 编写完成后,必须正确配置才能使用。

本 章 习 题

一、选择题

1. 下面哪一项不在 Servlet 的工作过程中?(　　)

A. 服务器将请求信息发送至 Servlet

B. 客户端运行 Applet

C. Servlet 生成响应内容并将其传给服务器

D. 服务器将动态内容发送至客户端

2. 下列哪一项不是 Servlet 中使用的方法?(　　)

A. doGet()　　　　B. doPost()　　　　C. service()　　　　D. close()

3. 下面 Servlet 的哪个方法载入时执行,且只执行一次,负责对 Servlet 进行初始化。(　　)

A. service()　　　　B. init()　　　　C. doPost()　　　　D. destroy()

4. 部署 Servlet,下面哪一项描述错误?(　　)

A. 必须为 Tomcat 编写一个部署文件

B. 部署文件名为 web.xml

C. 部署文件在 Web 服务目录的 WEB-INF 子目录中

D. 部署文件名为 Server.xml

5. 假设在 myServlet 应用中有一个 MyServlet 类,在 web.xml 文件中对其进行如下配置:

```
<servlet>
    <servlet-name>mysrvlet</servlet-name>
    <servlet-class>com.wgh.MyServlet</servlet-class>
</servlet>
<servlet-mapping>
    <servlet-name>myservlet</servlet-name>
    <servlet-pattern>/welcome</url-pattern>
```

```
</servlet-mapping>
```

则以下选项可以访问到 MyServlet 的是（ ）。

A．http：//localhost：8080/MyServlet

B．http：//localhost：8080/myservlet

C．http：//localhost：8080/com/wgh/MyServlet

D．http：//localhost：8080/welcome

二、填空题

1．servlet API 的两个包分别是_____，_____。

2．javax．servlet．Servlet 接口定义了三个用于 Servlet 生命周期的方法，它们是_____、_____、_____方法。

3．一般编写一个 Servlet 就是编写一个_____的子类，该类实现响应用户的_____、_____等请求的方法，这些方法是_____、_____等 doXXX 方法。

4．使用 Servlet 处理表单提交时，两个最重要的方法是_____和_____。

5．Serlvet 接口定义的服务方法是_____。

三、简答题

1．什么是 Servlet？Servlet 的技术特点是什么？Servlet 与 JSP 有什么区别？

2．创建一个 Servlet 通常分为哪几个步骤？

3．运行 Servlet 需要在 web．xml 文件中进行哪些配置？

4．简述 Servlet 的生命周期。

5．简述 HttpSession 接口的功能和使用方法。

6．什么是过滤器，它有什么作用。

四、程序题

1．写一个简单的 Servlet，用 writer 对象输出一个静态的页面，上面有一个姓名框，有一个密码输入框，还有一个提交注册按钮。

2．实现一个登录功能，页面包括用户名框、密码框、一周内免登录复选框，还有一个登录按钮。单击登录按钮，将数据提交到一个 Servlet，验证用户名密码是否正确。如果正确就跳转到一个成功页面。如果一周内免登录复选框在提交数据时被选中，则跳转前将用户信息存入 Cookie，下一次打开登录页的时候不需要提交用户名密码直接到成功页面。

第8章 Java Web 开发框架

8.1 Web 开发框架概述

在了解什么是开发框架之前,先解释三个名词:模式、架构、框架。

(1)模式(设计模式):是解决特定问题的一般性方法。

(2)架构:在软件项目开发过程中,从宏观层面提取特定领域软件的共性部分形成的体系结构。

(3)框架:在软件项目开发过程中,提取软件的通用部分形成的应用体系结构,是一种或多种模式和代码的混合体。框架不是现成可用的应用系统,是一个半成品,需要开发人员继续进行开发,以实现具体的应用系统。

模式和框架的区别是:模式是一个设计问题的解决方法,而框架是软件,模式可以提升软件的设计水平。

架构和框架的区别是:架构确定系统的整体结构、层次划分等设计考虑,而框架更偏重于技术实现。一个软件项目确定架构后,可通过多种框架实现。

在软件开发过程中,很少有软件产品的需求从一开始就完全是固定的,客户对软件的需求,是随着软件开发过程的深入不断明晰起来的。因此,开发人员经常会遇到软件需求发生了变化,使得软件的实现不得不随之改变的情况。在此情况下,为了能够尽可能保留之前开发的程序,尽量少改变软件的实现,就可以满足用户的需求,我们考虑使用优秀的解耦分层架构:控制层依赖于业务逻辑层,但绝不与任何的具体的业务逻辑组件耦合,而只与接口耦合;业务逻辑层依赖于 DAO 层,但绝不与任何具体的 DAO 组件耦合,而是面向接口编程。采用这种方式的软件实现,即使软件的部分发生改变,其他部分也尽可能不要改变。

现在比较流行的 Java Web 应用程序架构是:Struts2 框架负责显示层,Hibernate 框架负责持久层,Spring 框架负责中间的业务层。下面章节将分别详细描述这三种框架。

8.2 集成开发环境 MyEclipse

8.2.1 MyEclipse 简介

集成开发环境即 IDE(Integrated Development Environment)是帮助用户快速开发的软件。如 Jcreater、Eclipse、Dreamweaver 都属于 IDE。MyEclipse 是 Java 系列的 IDE 之一,完整支持 HTML/JSP/CSS/JavaScript/SQL/Struts/Strust2/Hibernate/Spring 等各种 JavaEE 标准和主流框架。在 http://www.myeclipsecn.com 上能够看到 MyEclipse 的各个版本。可以根据提示下载并安装和激活(收费软件)。

那么 Eclipse 和 MyEclipse 有什么联系和区别呢？Eclipse 是开发 Java 的一款专业 IDE，MyEclipse 本身是 Eclipse 的插件（用于开发 JavaEE 的平台），MyEclipse 将 Eclipse 集成进去，所以下载一个 MyEclipse 就可以了。如果需要在 Eclipse 上开发 JavaEE 应用程序，则需要安装插件，而 MyEclipse 则不需要安装插件，直接支持各种主流框架，如 Strust2、Hibernate、Spring 等。另外，Eclipse 是开源的，MyEclipse 不是开源的。本章节采用 MyEclipse 进行相关框架（Strust2、Hibernate、Spring）的应用程序开发。MyEclipse 的工作区如图 8-1 示。

图 8-1　MyEclipse 工作区图

8.2.2　MyEclipse 中 JRE 编译、运行版本及关系

1. MyEclipse 工作空间 JRE 编译版本
菜单栏"Window"→"Preferences"→"Java→Compiler"，如图 8-2 所示。

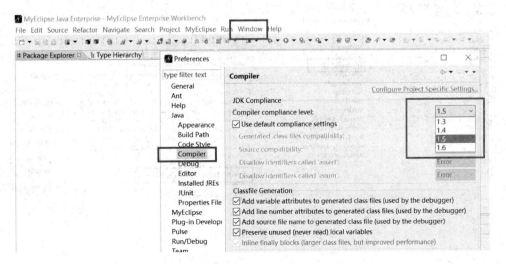

图 8-2　MyEclipse 编译器版本图

修改"Compiler compliance level"为对应的级别即可。MyEclipse 对 Java 项目的编译并不是使用 JDK 完成的,是通过自带的编译器来实现的。如果 MyEclipse 在这个选项里没有需要的级别,可以尝试着升级高版本来实现。

2. MyEclipse 工作空间 JRE 运行版本

菜单栏"Window"→"Preferences"→"Java"→"Installed JREs",如图 8-3 所示。

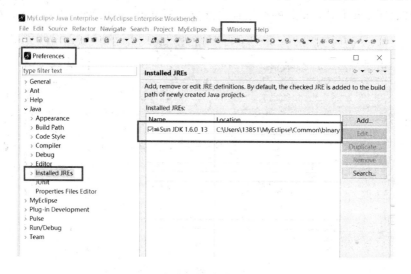

图 8-3　MyEclipse 加载 JRE 版本图

在该处可以添加需要的 JRE,注意此处是添加 JRE 即可,没有必要是 JDK。

被选中的 JRE 为 MyEclipse 默认使用的 JRE,即在你新建项目时,如不特别指定会默认关联该 JRE,在运行该项目时,使用该 JRE 执行。

3. 项目 JRE 运行版本

右击项目,Java Build Path 的 JRE 版本一般是和 MyEclipse 工作空间 JRE 运行版本配置一样的,如图 8-4 所示。

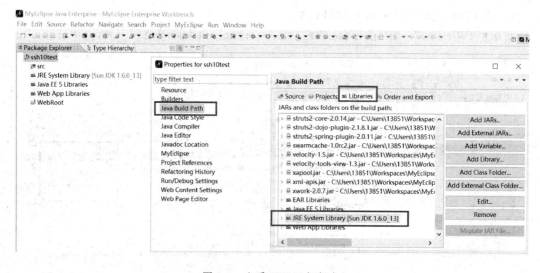

图 8-4　查看 JRE 运行版本

4. 编译与运行版本的关系

编译的级别可以低于运行 JRE 的版本,但是不能高于 JRE 的版本。

例如:

Compiler compliance level ＝1.5　　　JRE＝1.6

程序可以正常运行。

Compiler compliance level ＝1.6　　　JRE＝1.5

程序无法运行,会报错。

Compiler compliance level ＝1.6　　　JRE＝1.6

程序可以正常运行。

8.2.3　集成 MyEclipse 和 Tomcat

启动 MyEclipse,选择菜单"Window"→"Preference",出现" Preference"对话框,展开左边目录树中的"MyEclipse"→"Servers"→"Tomcat"→"Tomcat 7.x",在右边激活 Tomcat 7.x,设置路径(各机器自己安装的路径),如图 8-5 所示。

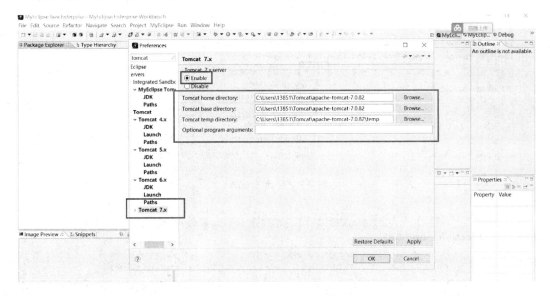

图 8-5　MyEclipse 集成 Tomcat

继续展开左边目录树中的"MyEclipse"→"Servers"→"Tomcat"→"Tomcat 7.x"→"JDK",设置 Tomcat 7.x 默认运行环境,如图 8-6 所示,单击"OK"按钮,完成 MyEclipse 和 Tomcat 的集成。

在 MyEclipse 中启动 Tomcat:在 MyEclipse 工具栏,单击"Run/Stop/Restart MyEclipse Servers"按钮 的下拉箭头,选择"Tomcat 7.x"→"Start",在 MyEclipse 中启动 Tomcat,如图 8-7 所示。

MyEclipse 主界面下方控制台区显示 Tomcat 启动信息,此时 Tomcat 服务器已启动。在浏览器地址栏中,输入 http://localhost:8080/,出现 Tomcat 界面,如图 8-8 所示,表示 MyEclipse 和 Tomcat 已紧密集成,IDE 环境已搭建成功。

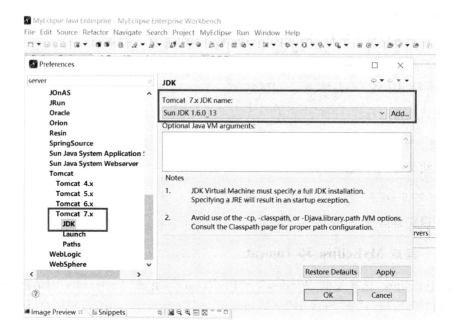

图 8-6　Tomcat 配置 JDK

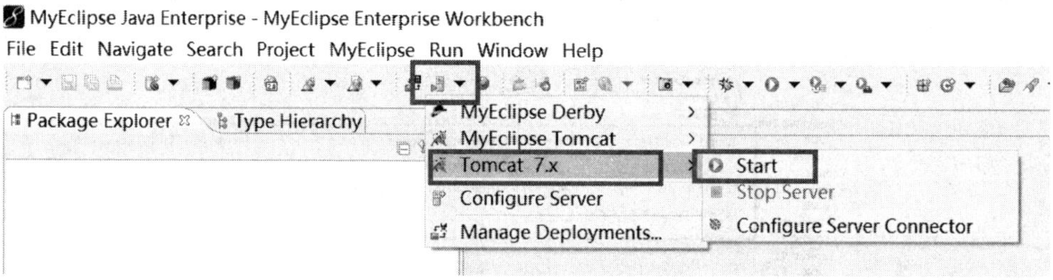

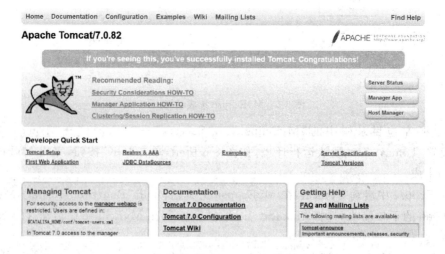

图 8-7　启动 Tomcat

图 8-8　Tomcat 界面

8.3 Struts 2 框架

8.3.1 Struts 2 框架简介

Struts2 作为 Struts1 的下一代产品是一个特例,它是在 WebWork 的技术基础上形成的 Struts2 框架。Struts2 并没有继承 Struts1 的特点,反而和 WebWork 非常类似。Struts2 是衍生自 WebWork,而不是 Struts1,Struts2.x 与 Struts1.x 没有直接关系。正是由于这个原因,Struts2 吸引了众多的 WebWork 开发人员来进行使用,并且由于 Struts2 是 WebWork 的升级,在各种功能和性能方面都有很好的保证,吸收了 Struts1 和 WebWork 两者的优势,因此也是一个非常优秀的框架。

MVC 模式是 Struts2 框架的基础。MVC(Model,View,Controller)是软件开发过程中比较流行的设计思想。在了解 MVC 之前,首先要明确一点,MVC 是一种设计模式(设计思想),不是一种编程技术。MVC 将应用中各组件按功能进行分类,不同的组件使用不同技术,相同的组件被严格限制在其所在层内,各层之间以松耦合的方式组织在一起,从而提供良好的封装。

Java Web 应用的结构经历了 Model1 和 Model2 两个时代。Model1 模式的实现比较简单,适用于快速开发小规模项目。但从工程化的角度看,它的局限性非常明显,JSP 页面身兼 View 和 Controller 两种角色,将控制逻辑和表现逻辑混杂在一起,从而导致代码的重用性非常低,增加了应用的扩展性和维护的难度。Model2 已经是基于 MVC 架构的设计模式。在 Model2 架构中,Servlet 作为前端控制器,负责接收客户端发送的请求,在 Servlet 中只包含控制逻辑和简单的前端处理;然后,调用后端 JavaBean 来完成实际的逻辑处理;最后,转发到相应的 JSP 页面处理显示逻辑。其具体的实现方式如图 8-9 所示。

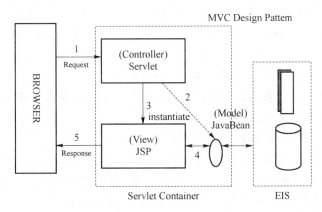

图 8-9 MVC 设计模式图

工作步骤为:

(1) 用户在表单中输入,表单提交给 Servlet,Servlet 验证输入,然后实例化 JavaBean。

(2) JavaBean 查询数据库,查询结果暂存在 JavaBea 中。

(3) Servlet 跳转到 JSP,JSP 使用 JavaBean,得到它里面的查询结果,并显示出来。

MVC 优点有:

（1）多个视图可以对应一个模型。按 MVC 设计模式,一个模型对应多个视图,可以减少代码的复制及代码的维护量,一旦模型发生改变,也易于维护。

（2）模型返回的数据与显示逻辑分离。模型数据可以应用任何的显示技术,例如,使用 JSP 页面、Velocity 模板或者直接产生 Excel 文档等。

（3）应用被分隔为三层,降低了各层之间的耦合,提供了应用的可扩展性。

（4）控制层的概念也很有效,由于它把不同的模型和不同的视图组合在一起,完成不同的请求。因此,控制层可以说是包含了用户请求权限的概念。

（5）MVC 更符合软件工程化管理的精神。不同的层各司其职,每一层的组件具有相同的特征,有利于通过工程化和工具化产生管理程序代码。

MVC 模式是 Struts2 框架的基础,或者说,Struts2 是为了规范 MVC 开发而发布的框架。Struts2 是一个典型的 MVC 架构,给软件开发带来很大的方便。在 Struts2 中,其中 M(业务层)用 Java 程序(业务类)来实现,V(表示层)用 JSP 来实现,C(控制层)用 Action 来实现。Struts2 本身并不提供模型组件,但是它可以支持 Spring、Hibernate 等框架,与其他框架组成应用。

8.3.2　Struts 2 框架原理

Struts2 的核心思想是:

（1）Struts2 屏蔽了 Servlet 原始的 API,改用 Struts2 核心控制器控制 JSP 页面跳转,用核心控制器取代 Servlet 的位置。

（2）调用业务方法和返回处理结果由用户自定义的 Action 去实现,与 Struts2 控制器核心相分离,从而实现了控制逻辑和显示逻辑的分离,并降低了系统中各部件的耦合度。

在 Struts2 中,常用的组件有:FilterDispatcher、过滤器、JSP、Action、JavaBean、配置文件(web.xml 和 struts.xml)等。对于一个动作,其执行步骤大致为:

（1）用户输入,JSP 表单的请求被 FilterDispatcher 截获。

（2）FilterDispatcher 将表单信息转交给 Action,并封装在 Action 内。

（3）Action 来调用 JavaBean(DAO)。

（4）Action 返回要跳转的 JSP 页面逻辑名称给框架。

（5）框架根据逻辑名称找到相应的网页地址,进行跳转,结果在 JSP 上显示。

经典的 Struts2 结构图如图 8-10 所示。

在这张结构图中,有如下几个重要的模块:

（1）FilterDispatcher 是控制器的核心,是 MVC 的 Struts2 实现中控制层(Controller)的核心。用户从客户端提交 HttpServletRequest 请求,请求经过 ActionContextCleanUp,再通过其他过滤器 Other Filters、SiteMesh 等到达 FilterDispatcher。

（2）FilterDispatcher 接收到请求,根据请求的 URL,FilterDispatche 询问 ActionMapper 这个请求是否需要调用某个 Action。

（3）如果 ActionMapper 决定需要调用某个 Action,FilterDispatcher 则把请求交给 ActionProxy 进行处理。

（4）ActionProxy 通过 Configuration Manager 询问框架的配置文件(struts.xml),找到需要调用的 Action:如果找到了 Action 的配置信息,ActionProxy 创建一个 ActionInvocation 的实例。

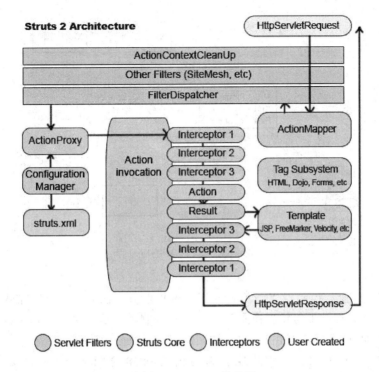

图 8-10　Struts2 结构图

（5）ActionInvocation 通过 Java 反射机制调用 Action。但在调用之前，ActionInvocation 会根据配置加载 Action 相关的所有 Interceptor（拦截器）。

（6）一旦 Action 执行完毕，ActionInvocation 负责根据 struts.xml 中的配置找到对应的返回结果。返回结果通常是一个需要被表示的 JSP 或者 FreeMaker 的模板，也可能是另外一个 Action 链。在表示过程中可以使用 Struts 2 框架中继承的标签，还需要涉及 ActionMapper。

上面这些模块中，ActionMapper 其实是 HttpServletRequest 和 Action 调用请求的一个映射，它屏蔽了 Action 对于 Request 等 Java Servlet 类的依赖。Struts2 中它的默认实现类是 DefaultActionMapper。ActionMapper 可以根据自己的需要来设计 url 格式，它自己也有 Restful 的实现，具体可以参考文档的 docs\actionmapper.html。

Struts2 的核心控制器是 FilterDispatcher，有 destroy()、doFilter() 和 init() 等三个重要的方法。其中，被经常调用的是 doFilter()。在 doFilter() 方法中，将调用 dispatcher.serviceAction()，该方法如果找到相应的 Action，将把用户请求交给 ActionProxy。

下面介绍一个 Struts2 的请求-响应流程，如图 8-11 所示。

流程如下：

（1）发送用户请求。

（2）调 Action 的 execute 方法。

（3）调用业务方法。

（4）返回业务结果。

（5）返回逻辑视图名。

（6）forward 到物理视图。

（7）生成响应内容。

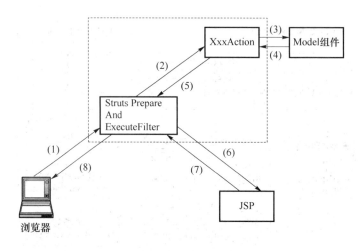

图 8-11　Struts2 请求-响应流程

（8）输出响应。

上述流程汇总，业务控制器 XxxAction 用于调用业务方法和返回处理结果，通常并不与物理视图关联。该处理结果与物理视图关联由核心控制器决定。在 Struts 2 的控制下，用户请求不再向 JSP 页面发送，而是由核心控制"调用"JSP 页面来生成响应。

另外，在图 8-11 中，核心控制器不称为前文所述的"FilterDispatcher"，而是称为"StrutsPrepareAndExecuteFilter"，这和导入的版本有关（例如导入 struts2-core-2.0.14.jar 包，则称为 FilterDispatcher 控制器，如导入 struts2-core-2.3.34.jar 包则称为 StrutsPrepareAndExecuteFilter 控制器）。早期 Struts 用 FilterDispatcher 核心控制器，现在普遍都用 StrutsPrepareAndExecuteFilter 核心控制器。就名字而言，prepare 与 execute 前者表示准备，指 filter init 方法即配置导入；后者表示进行过滤指 doFilter 方法，即 request 请求转发给对应 action 去处理。

8.3.3　在 MyEclipse 中应用 Struts 2 框架的步骤

要编写基于 Struts2 的应用，需要导入一些支持的包，也就是 Struts2 开发包。这些开发包可以到网上去下载。下载地址为 http://struts.apache.org/。

Struts2 框架通过配置文件把核心控制器 FilterDispatcher、业务控制器 Action、视图组件等资源联系起来。Struts2 框架主要配置文件如表 8-1 所示。

表 8-1　Struts2 框架主要配置文件

文件名	文件路径	作用	是否必须
web.xml	/WEB-INF/	描述 Web 部署，包括所有必须的框架组件。由开发人员编写	是
struts.xml	/WEB-INF/classes（一般直接在 src 中定义）	核心配置文件，包括 result 映射、action 映射、拦截器配置等。由开发人员编写	否
struts-default.xml	/WEB-INF/lib/struts2-core.jar	Struts2 提供的默认配置。由框架提供	否

下面进行一个 Struts2 的 HelloWorld 项目，并在建立项目的过程中详细学习 Struts2 框架的详细配置。项目建立详细步骤如下。

第一步:新建一个 Web 项目。

在 MyEclipse 中新建一个 Web 项目,名为"Struts2_HelloWorld"。

第二步:加载 Struts2 的 JAR 包。

将 Struts 2 的相关 JAR 包放入 WEB-INF 中的 lib 目录下(进入官网下载的 Struts 2 文件的 lib 目录)。如图 8-12 所示。

名称	修改日期	类型	大小
commons-fileupload-1.3.2.jar	2016/6/22 10:50	Executable Jar File	69 KB
commons-io-2.2.jar	2013/11/23 17:55	Executable Jar File	170 KB
commons-lang3-3.2.jar	2014/1/2 21:45	Executable Jar File	376 KB
commons-logging-1.1.3.jar	2013/11/23 17:55	Executable Jar File	61 KB
freemarker-2.3.22.jar	2015/4/3 7:09	Executable Jar File	1,271 KB
javassist-3.11.0.GA.jar	2013/11/23 17:55	Executable Jar File	600 KB
ognl-3.0.21.jar	2017/8/1 10:18	Executable Jar File	226 KB
struts2-core-2.3.34.jar	2017/9/5 21:12	Executable Jar File	865 KB
struts2-dojo-plugin-2.3.34.jar	2017/9/5 21:18	Executable Jar File	1,705 KB
xwork-core-2.3.34.jar	2017/9/5 21:11	Executable Jar File	674 KB

图 8-12 lib 支持 Struts2 的 JAR 包

右击项目名,选择"Build Path"→"Configure Build Path"菜单项,出现如图 8-13 所示的对话框。单击"Add External JARs"按钮,进入下载的 Struts 2 目录的 lib 文件夹,选中 JAR 包,单击"OK"按钮完成类库的添加。

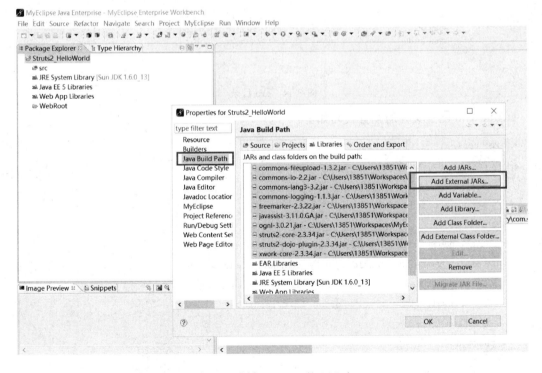

图 8-13 添加 Struts2 的 JAR 包

第三步:对 WEB-INF 中的 web.xml 文件进行修改。

修改 web.xml 配置文件,代码如下:

```
< filter >
< filter-name > struts2 </filter-name >
< filterclass >
org. apache. struts2. dispatcher. FilterDispatcher
</filter-class >
</filter >
< filter-mapping >
< filter-name > struts2 </filter-name >
< url-pattern >/ * </url-pattern >
</filter-mapping >
```

注意:< filterclass >标签中写的是 org. apache. struts2. dispatcher. FilterDispatcher,有的项目在该标签中写的是 org. apache. struts2. dispatcher. ng. filter. StrutsPrepareAndExecuteFilter。产生这样的区别是因为上述第二步中放进去的 JAR 包版本不同而导致的。

第四步:写 struts. xml 的配置文件。

项目的 src 目录下建立一个名为 struts. xml 的配置文件,在配置这个文件时有可能出现找不到 struts-2.0. dtd 这个文件的信息,对此有一个最简单的解决办法就是在 struts 的下载包中找到 struts-2.0. dtd 这个文件,并将它复制到项目的 src 目录下。如图 8-14 所示为 scr 目录。

名称	修改日期	类型	大小
com	2018/3/4 21:39	文件夹	
struts.xml	2018/2/3 0:18	XML 文档	1 KB
struts-2.0.dtd	2013/9/22 20:00	DTD 文件	4 KB

Windows (C:) ▶ 用户 ▶ 13851 ▶ Workspaces ▶ MyEclipse 10 ▶ Struts2_HelloWorld ▶ src ▶

图 8-14　src 目录

struts. xml 配置文件的配置代码如下:

```
<? xmi version = "1.0" encoding = "UTF-8" ? >
<!DOCTYPE struts PUBLIC
    "system11"
    "struts-2.0.dtd">
  < struts >
  < package name = "struts2_hello" extends = "struts-default">
    < action name = "HelloWorld" class = "com. HelloWorld" >
      < result name = "success">/success. jsp </result >
      < result name = "error">/error. jsp </result >
    </action >
  </package >
</struts >
```

struts. xml 文件是 Struts2 框架中的一个非常重要的核心配置文件,主要负责管理业务控制器 Action,Struts2 框架根据 struts/xml 配置文件控制主要流程。在进行 Web 开发时,一般

struts.xml 文件放置的路径是"/工程/src/"中。系统部署时,Struts2框架会自动把它加载在 WEB-INF/classes 路径下。

struts.xml 文件包含的常用配置元素、子元素等详细说明如表 8-2 所示。

表 8-2 struts.xml 常用配置元素表

配置元素名	元素说明	子元素	子元素说明
include	引入其他 xml 配置文件		
constant	配置常量信息		
bean	由容器创建并注入的组件		
package	Struts2 通过包来管理 Action、拦截器等核心组件。包就是 Struts2 中多个 Action、多个拦截器、多个拦截器引用组成的集合	name	包名,作为其他包引用本包的标识符,该属性是必须的。包名是唯一的,即不能出现两个同名包
		extends	用于继承其他包,该属性是可选的。通过继承将会继承到父包中的所有的配置,但是父包必须要在子包之前定义。通常应用程序会继承一个名为"struts-default"的内置包,它配置了 Struts2 所有的内置结果类型
		namespace	用于设置命名空间,该属性是可选的。在 Struts2 框架中使用命名空间实际上是在包的基础上对 Action 进一步地划分和组织,更便于对 Action 的管理,对于大型项目命名空间的使用更加有效
		abstract	设置为抽象包,该属性是可选的
interceptors	包含一系列拦截器配置信息		
action	包含与 Action 操作相关的一系列配置信息。Action 只是一个逻辑控制器,它并不直接对请求者生成任何响应,它是通过 result 子元素将指定的视图呈现给客户端	name	Action 名称,用户可以通过这个 name 的值发送请求,然后交给对应的 class 类来处理。在为 Action 取名时,名字一般符合命名规则,不要使用点号和斜杠
		class	具体处理请求的类,是一个 Action 类。如果没有指定 Action 的 class,默认值为 ActionSupport
		method	指定调用 Action 中的方法名,如果不指定 method 属性,则默认提交给 execute()方法处理请求
		converter	指定使用的 Action 类型转换器
result	配置 Action 的结果映射。result 元素的作用是根据 Action 类返回的字符串转发给对应的视图,实际上是实现了逻辑视图和物理视图资源的映射。result 有两种配置方式,一种是作为 < global-results... />元素的子元素用来配置全局结果,还有一种是作为 <action... />元素的子元素,用来配置局部结果,后一种是较常用的配置	name	该属性指定所配置的逻辑视图名,也就是 Action 类中返回的字符串。如果没有指定 result 的 name 属性,默认值为"success"
		type	该属性指定结果类型。Type 属性的值有多个,如 dispatcher(jsp 结果类型,也是默认的结果类型)、chain(链式结果类型)、freemarker(freemarker 结果类型)、redirect-action(用于跳转到其他 Action 的结果类型)等。如果不指定此属性,默认为 dispatcher 结果类型

第五步：写 Action 业务控制器。

项目的 src 目录下，建立包并新建 Action 业务控制器。一般采用普通的 Java 类实现 Action，在 src 目录下创建 com 包，并在包里面建立 HelloWorld.java 文件，如图 8-15 所示。

图 8-15　HelloWorld.java 文件

HelloWorld.java 文件的代码如下：

```
package com;
public class HelloWorld {
    private String message;
    public StringgetMessage() {return message;}
    public voidsetMessage(String message) {
        this.message = message;}
    public Stringexecute(){
        if(message.equals("")){
            return "error";
        }else{
            return "success";
        }
    }
}
```

业务控制器 Action 类是 Struts 2 框架的核心组件，负责具体的业务逻辑处理。开发人员主要的编码任务就是是编写 Action 类。Struts 2 中的 Action 类用来接收用户请求，然后调用模型组件去处理业务逻辑，最后返回一个字符串，Struts 2 框架会根据该字符串的值调用相应的页面显示。Action 类通常包含一个 execute() 方法，当业务控制器处理完用户请求后，根据处理结果不同，返回不同字符串。

Action 类的三种创建方式如表 8-3 所示。

表 8-3　Action 类的三种创建方式

方式	关键点	详细描述
方式一	通过创建普通的 Java 类来开发用户自己的 Action 类	Action 类可以是一个普通的 Java 类（Plain Ordinary Java Object，POJO），实现了与 Servlet API 完全分离，这是 Struts2 的最大特点。在该类中通常包含以下内容。 ① 无参数的 execute() 方法：用于处理用户请求，返回一个与视图资源对应的字符串。 ② 成员变量及其 setter() 方法和 getter() 方法：Action 类中封装 HTTP 请求参数，程序通过成员变量的 setter() 方法和 getter() 方法来处理请求参数，因此成员变量的名称应该与 HTTP 请求参数的名称一致

续 表

方式	关键点	详细描述
方式二	通过实现 Action 接口来开发用户自己的 Action 类	Struts2 中提供了接口 com. opensymphony. xwork2. Action,这个接口中定义了一些常量（例如 SUCCESS、NONE、ERROR、INPUT、LOGIN）和 execute()方法
方式三	通过继承 ActionSupport 类来开发用户自己的 Action 类	Struts2 中提供了 com. opensymphony. xwork2. ActionSupport,通过继承 ActionSupport 类来实现 Action 是最常用的方法。ActionSupport 类实现了 Action 接口,另外还提供了输入验证、国际化、execute 等常用方法,使得开发人员开发自己的 Action 类更为简便

Action 中的一个方法代表一个业务逻辑,那么一个模块中,如何用 Action 来处理多个业务逻辑,表 8-4Action 调用方法给出了常用的两种调用方式。

表 8-4 Action 调用方法

方式	描述	举例
方式一	一个 Action 只对应一个业务逻辑,实现方便,但是 Action 数量多,struts. xml 中需要配置的内容也多。配置每个 Action 时,用 method 参数指定调用 Action 中的方法名,如果不指定 method 属性,则默认提交给 execute()方法处理请求	struts. xml 在 Action 配置中说明 method 属性,例如: ＜action name =″HelloWorld″ class =″com. HelloClass″ method =″×××″＞ 　　＜result name =″success″＞/success. jsp＜/result＞ 　　＜result name =″error″＞/error. jsp＜/result＞ 　＜/action＞ 如果是配置了 method＝"login",则 JSP 页面的 form 编写如下: ＜form id =″form1″ name =″form1″ method =″post″ action =″HelloWorld. action″＞ 此时调用的是 HelloWorld 这个 Action 中的 login()方法
方式二	一个 Action 对应多个业务逻辑,每个业务逻辑对应一个方法,方法的原型要和 execute()方法一样。 在视图中调用相应 Action 方法为: "Action 名称! 方法名称. action"	struts. xml 配置如下: ＜action name =″HelloWorld″ class =″com. HelloClass″＞ 　　＜result name =″success″＞/success. jsp＜/result＞ 　　＜result name =″error″＞/error. jsp＜/result＞ 　＜/action＞ Action 的实现类 HelloClass 中写的方法包括 login()、execute()、submit() 等各种方法。 用户访问页面 JSP 写法如下: ＜form id =″form1″ name =″form1″ method =″post″ action =″HelloWorld! login. action″＞ 此时明确调用的是 HelloWorld 这个 Action 中的 login()方法

第六步:编写各个用户视图。

新建视图页面 helloWorld. jsp,代码如下:

```
＜%@ page language =″java″ pageEncoding =″utf-8″%＞
＜!DOCTYPE HTML PUBLIC ″-//W3C//DTD HTML 4.01 Transitional//EN″＞
＜html＞
```

```
<head>
    <title>My JSP ´HelloWorld.jsp´ starting page</title>
</head>
    <body>
    <form id="form1" name="form1" method="post" action="HelloWorld.action">
        <p>输入信息：<input type="text" name="message" id="username"/></p>
        <p><input type="submit" name="submit" value="提交"/></p>
    </form>
    </body>
</html>
```

另外新建成功页面 success.jsp 以及新建错误页面 error.jsp。

第七步：运行 HelloWorld 项目。

首先是 helloWorld.jsp 这个页面让用户输入信息，如图 8-16 所示。

图 8-16　HelloWorld 项目初始页面

用户输入信息之后，提交给"HelloWorld.action"，根据 struts.xml 的配置文件，名为 "HelloWorld"的 action，实际处理的类是 com 包中的 HelloWorld 类，并默认交给 HelloWorld 类中的 execute()方法进行处理，根据 execute()方法的描述，判断用户输入的信息是否为空，如果为空，则返回"error"，如果不为空，则返回"success"。这个时候，再根据 struts.xml 的配置文件，当返回结果是"error"，则推送 error.jsp 给用户；如果返回结果是"success"，则推送 success.jsp 给用户。操作如图 8-17 以及图 8-18 所示。

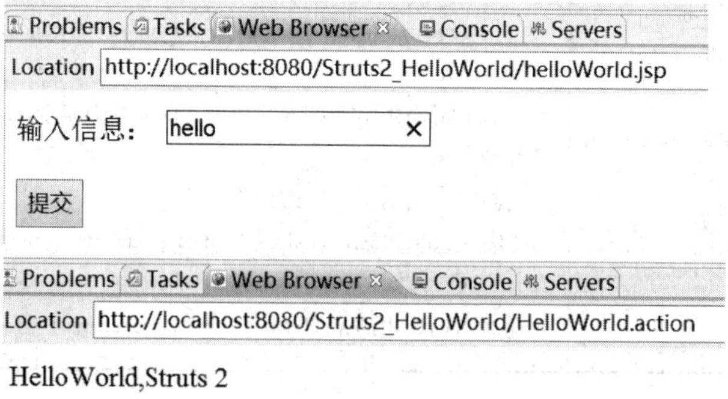

图 8-17　用户输入非空信息

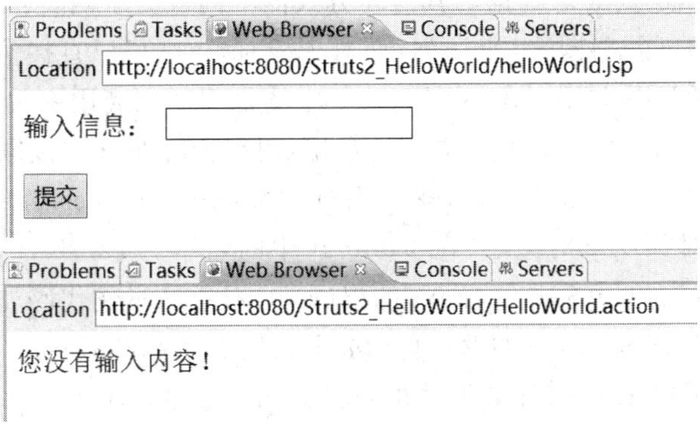

图 8-18　用户输入信息为空

对上述简单项目进行小结,开发者主要做如下工作。

(1) xml 配置文件

① web.xml 中需要加入 Struts2 的加载配置。详见 web.xml 中配置。(难点:核心控制器版本。)

② 在 struts.xml 中定义 Action,其中包含 Action 的 Result 即返回视图的定义。

(2) Action 类编写

① Struts 2 的 Action 是一个简单的 Java 类,没有特别之处。(重点:也可以实现 Action 接口或者继承 ActionSupport 类。)

② Action 的 execute()方法返回一个 String 作为结果。

(3) 网页编写

编写用户视图的 JSP 或者 HTML 页面。

8.3.4　Struts 2 标签库

1. OGNL 基础

Struts2 可以支持以下几种表达式语言,默认的是 OGNL。

(1) OGNL:可以方便地操作对象属性的开源表达式语言,Struts2 标签的属性都可以使用 OGNL 表达式。

(2) JSTL(JSP Standard Tag Library):JSP2.0 集成的标准表达式语言。

(3) Groovy:基于 Java 平台的动态语言,它具有比较流行的动态语言的一些特性。

(4) Velocity:一种基于 Java 的模板匹配引擎。

OGNL 全称是 Object-Graph Navigation Language,其用途是一个用来获取和设置 Java 对象属性的表达式语言。OGNL 应用场合较多,如在 XML 文件 或者脚本文件中嵌入 OGNL 表达式语法,在 JSP 页面 使用 OGNL 表达式语法。

WebWork 在原有的 OGNL 的基础上,增加了对 ValueStack(值栈)的支持。 ValueStack(值栈)是 Action 实例所拥有的,每次用户请求都会产生一个新的 Action 实例以及一个新的值栈。ValueStack(值栈)贯穿整个 Action 的生命周期,值栈相当于一个数据的中转站,在其中保存当前 Action 对象和其他相关对象。

OGNL 中有一个上下文概念,即 Context(又称 OgnlContext、StackContext)用于存放数据。OGNL 的上下文其实质就是一个 Map,其中存放各个范围(request\session\application)

的变量以及其他变量,这些对象根据对其操作方式的不同分为了两类:根对象与非根对象。

1)对于非根对象,需要使用♯来访问,而对于根对象,则可以直接访问;

2)无论是根对象还是非根对象,在Struts2中均是用于在应用中共享数据的;

3)一般情况下,会在Action方法中存入数据,而在JSP页面中读取数据。

假设系统的Context(上下文,它包含一系列对象,包括request、session、attr、application map等)中包含两个对象:car对象,它在Context中的名字为car;cart对象,它在Context中的名字为cart;将car对象设置成Context的根(root)对象。示例代码如下:

① 返回car.getWheel()方法的返回值,访问方式为:♯car.wheel。

② 返回cart.getWheel()方法的返回值,访问方式为:♯cart.wheel。

③ 因为car是根对象,所以默认是取得car对象的wheel属性,即返回car.getWheel()方法的返回值,访问方式为:wheel。

④ 通过上面的代码可以看出,OGNL表达式的语法非常简洁,如果再有代码:♯cart.car.wheel,那么这段代码其实返回的是cart.getCar().getWheel()方法的返回值。

综上所述,如果要访问的属性属于"根"对象,则可以直接访问该属性,如wheel。如访问的是"非根"对象,必须使用一个对象名来修饰该属性,如♯cart.wheel。另外要注意这些xxx属性其实是类中getXxx()方法返回的值,并不是真的代表类的属性。

在JSP页面中,如何访问OGNL上下文中的数据呢?

1)JSP页面访问非根对象的数据

例如访问request、session、application的数据:

```
<s:property  value="♯request.requestmsg"/>
<s:property  value="♯session.sessionmsg"/>
<s:property  value="♯application.applicationmsg"/>
```

2)JSP页面访问根对象的数据

当Struts2接收一个请求时,会迅速创建Action实例,然后把Action实例存放进根对象,所以Action的实例变量可以被OGNL访问。只要定义到Action成员变量,提供get方法,该数据就在根对象中。访问根对象中的数据不需要♯。例如:<s:property value="company"/>实际上是访问到Action中getCompany()方法。

2. OGNL集合操作

很多时候,我们可能需要一个集合对象(例如List对象,或Map对象),使用OGNL表达式可以直接创建集合对象。

直接创建List类型集合的语法为{e1,e2,e3……}。

上述语法格式将创建一个List类型集合,该集合包含了3个元素:e1、e2和e3。如果需要更多元素,直接在后面添加即可,多个元素之间以英文逗号隔开。

直接生成Map类型集合的语法为:

```
♯{key1:value1,key2:value2,key3:value3……}
```

♯可以用来构造List或者Map对象,主要用于表单"select radio checkbox"按钮生成(放到form标签)。

例如,<s:radio list="♯{'male':'男','female':'女'}" name="sex" label="性别" />,该语法格式将创建一个Map类型的集合,该Map对象中每个key_value对象之间以英文冒号隔

开;多项之间以英文逗号隔开。运行结果是相当于之前标签的两个 radio：

< input type = "radio" name = "sex" id = "sexmale" value = "male"/>男

< input type = "radio" name = "sex" id = "sexfemale" value = "female"/>女

3. Struts2 的常用标签

Struts2 的所有标签都放在 s 标签库里,包括 UI(User Interface)即用户界面标签,主要用于生成 HTML 元素标签,UI 标签又可分为表单标签非表单标签;非 UI 标签用于逻辑控制、数据访问等,非 UI 标签可分为流程控制标签(包括用于实现分支、循环等流程控制的标签)和数据访问标签(主要包括用户输出 ValueStack 中的值,完成国际化等功能的);Ajax 标签用于 Ajax(Asynchronous Javascript And XML,异步 JavaScript 和 XML)支持的标签。

Strus2 标签库的描述文件 struts-tags. tld 在 struts-core-XXX. jar(XXX 代表版本号,例如 struts2-core-2.0.14. jar、struts2-core-2.3.34. jar)压缩文件的 META-INF 目录下,Struts2 的所有标签的定义都在这个文件中,如图 8-19 所示。如果要在 JSP 页面中引用 Struts2 标签库,需要使用 taglib 指令。即在 JSP 代码的顶部加入代码<%@ taglib prefix = "s" uri = "/struts-tags"%>。

图 8-19　Struts2 标签库描述文件所在位置

Struts2 标签的属性很多,但是标签都具有通用属性,包括：

① name 指定该表单元素的名称,该属性要注意是否与 Action 中提供了 get 方法的成员变量名保持一致。

② value 指定该表单元素的值。

③ required 指定该表单元素的必填属性。

④ label 指定表单元素的 label 属性。例如如果对 checkbox 设定了 label 属性,则 label 所设定的值对于该 checkbox 将显示为方框后面的描述。但是如果设置了 theme = "simple"之后,便自动放弃了 Struts2 的一些装饰,则这个 lable 也就没有这个效果了。

特别提醒的是 Struts2 标签的属性都可以使用 OGNL 表达式。下面分别介绍几种常用标签。

1) 表单标签

Struts2 的表单标签主要用于生成表单元素,所有的表单标签可以分为两种:form 标签本身、单个表单元素的标签。

（1）form 标签

常用属性如下。

① action：要提交到的 action 的名字。

② namespace：action 的命名空间。

③ method：POST/GET。

④ target：框架名/ _blank/_top 或其他。

⑤ validate：进行客户端验证。

⑥ theme：设置视图的模板，如果不想使用 Struts2 提供的模板，可设置为 theme ＝ "simples"。

（2）textfield 标签

textfield 用来输入一小段的文字，如姓名等。例如：

```
< s:textfield name = "username" label = "用户名" />
```

（3）password 标签

password 标签和 textfield 标签是一致的，不过它们使用的场合不一样，默认在 password 框内输入的内容是不显示的，如果需要显示密码，可以将 showPasssword 属性设为 true。例如：

```
< s:password name = "password" label = "密码"/>
```

（4）checkboxlist 标签

checkboxlist 用于画面上显示一组复选框，默认的是横排输出。标签格式：

```
< s:checkboxlist name = "" list = "" listKey = "" listValue = "" value = "" />
```

常用属性如下。

① name：定义标签名，用于接收画面上选中的复选框，故应与 Action 里定义的属性一致，且多为数组。

② list：定义集合变量，用于输出复选框到画面上。

③ listKey：用于指定集合元素中的某个属性作为复选框的 value 。如果 list 集合是 Map，则可以使用 key-value 分别对应 Map 的 key-value 作为复选框的 value。例如 listKey ＝ "key"，说明是指定了 Map 的 key 为 listKey，作为复选框的 value 传给 Action。

④ listValue：用于指定集合元素中的某个属性作为复选框的标签。如果 list 集合是 Map，则可以使用 key-value 分别对应 Map 的 key-value 作为复选框的标签。例如 listValue＝ "value"，说明是指定了 Map 的 value 作为 listValue，作为复选框每个选项的标签输出到界面上。

举例如下：

```
< s:checkboxlist label = "水果" list = "{'orange','grapes','cherries','pear','banana'}" name = "fruits">
</s:checkboxlist>
```

或者：

```
< s:checkboxlistlabel = "水果" list = "#{1:'orange',2:'grapes',3:'cherries',4:'pear',5:'banana'}" listKey = "key"  listValue = "value"  name = "fruits">
```

```
</s:checkboxlist>
```

(5) radio 标签(单选按钮)

radio 标签用于生成的多个单选框,其用法与 checkboxlist 标签用法相似,唯一的区别是 checkboxlist 标签生成多个复选框,而 radio 标签生成多个单选框。

举例如下:

```
<s:radio label="sex" list="{'man','woman'}" name="sex"></s:radio>
```

或者为:

```
<s:radio label="sex" list="#{1:'man',2:'woman'}"
listKey="key" listValue="value" name="sex">
</s:radio>
```

(6) select 标签(选择控件)

select 标签用来产生下拉式列表,是在 UI 布局中常用的一种控件,这种控件的使用能够加强用户与系统之间的互动性。select 标签通过指定 list 属性,系统会使用 list 属性指定的集合来生成下拉列表框的内容。

举例如下:

```
<s:select label="sex" list="{'man','woman'}" name="sex"></s:radio>
```

或者为:

```
<s:select label="sex" list="#{1:'man',2:'woman'}"
listKey="key" listValue="value" name="sex">
</s:radio>
```

(7) combobox 标签

combobox 标签生成一个单行文本框和下拉列表框的组合,但两个表单元素只对应一个请求参数,只有单行文本框里的值才包含请求参数,而下拉列表框则只是用于辅助输入,并没有 name,也不会产生请求参数。使用该标签,需要指定一个 list 属性,该 list 属性指定的集合将用于生成列表项。该标签不能指定 listKey 和 listValue 属性。

举例如下:

```
<s:combobox label="水果" list="{'orange','grapes','cherries','pear','banana'}" name="fruit">
</s:combobox>
```

(8) textarea 标签

textarea 标签输出一个多行文本框的表单元素,用来接收用户输入的多行文本数据,等价于 HTML 代码<textarea />。

举例如下:

```
<s:textarea label="备注" name="remarks" cols="20" rows="3" />
```

2) 控制标签

(1) if/elseif/else 标签

if 标签、else 标签和 elseif 标签通过布尔逻辑值来控制流程,使用方法也很简单,和高级语言的条件分支语句很类似。属性 test 是决定标签里的内容是否显示的表达式,else 没有这个参数。

语法格式如下：

```
< s:if test = "表达式">
      标签体
</ s:if >
< s:elseif test = "表达式">
      标签体
</ s:elseif >
      ……
< s:else >
      标签体
</ s:else >
```

（2）iterator 标签

iterator 标签也是经常要用到的标签之一，用于遍历集合容器或枚举值。因此在处理集合类数据的时候，iterator 标签便是强有力的工具，通过这个遍历器可以遍历 Java 中几乎所有的集合类型，包括 Collection、Map、Enumeration、Iterator 以及 Array。同时其 status 属性为构造美观的表格提供了帮助。

（3）append 标签

append 标签是 iterator 标签的辅助，用来将多个集合对象拼接起来，组成一个新的集合。通过这种拼接，从而允许通过一个< s:iterator... />标签就完成对多个集合的迭代。它只有一个属性 id。append 标签可以使用 param 来指定用来拼接的子集合。

3）数据标签

（1）property 标签

property 标签的作用是输出指定值。property 标签输出 value 属性指定的值。如果没有指定的 value 属性，则默认输出值栈栈顶的值。property 标签可以与< s:bean >标签结合使用，一个是给 bean 赋值，一个是从 bean 中读取值。例如，访问放在 OGNL 上下文 Context 中的变量 logon：

```
< s:property value = "#logon.username"/>
```

再如，访问放在 root 根中的变量 userBean：

```
< s:property value = "userBean.userId" />
```

（2）set 标签

set 标签将某一值赋给某一变量。因此，任何对该项值的引用都可以通过该变量来得到该值，这在复杂表达式的时候非常有效。可以设置 set 标签的 scope 属性来确定该变量的作用域。该标签有如下属性。

① name：该属性是必选的，重新生成新变量的名字。

② scope：该属性是可选的，指定新变量的存放范围。

③ id：该属性是可选的，指定该元素的引用 id。

例如，使用 property 标签访问存储于 session 中的 logon 对象的字段：

```
< s:property value = "#session\['logon'].username"/>
```

使用 set 标签使得代码易于阅读：

```
<s:set name="logon" value="#session\['logon']"/>
<s:property value="#logon.username"/>
```

（3）param 标签

param 标签 主要用于为其他标签提供参数。该标签有如下属性。

① name：该属性是可选的，指定需要设置参数的参数名。

② value：该属性是可选的，指定需要设置参数的参数值。

③ id：该属性是可选的，指定引用该元素的 id。

用法示例如下：

```
<param name="color" value="blue"/>
```

（4）bean 标签

bean 标签用来创建一个 JavaBean 实例，以便在 JSP 页面中使用。通过赋值还可以在 ActionContext 中访问这个 JavaBean。该标签有如下属性。

① name：该属性是必选的，用来指定要实例化的 JavaBean 的实现类。

② id：该属性是可选的，如果指定了该属性，则该 JavaBean 实例会被放入 Stack Context 中，从而允许直接通过 id 属性来访问该 JavaBean 实例。

举例如下：

```
<s:bean name="com.Usr">
    <s:param name="name" value="admin"/>
    <s:param name="password" value="123456"/>
</s:bean>
```

8.3.5 Struts 2 的拦截器原理

Struts2 框架的大部分核心功能都是通过拦截器来实现的。例如，文件的上传和下载、国际化、数据类型转换和数据有效性验证等。如图 8-20 所示是拦截器在 Struts2 框架中的位置图。

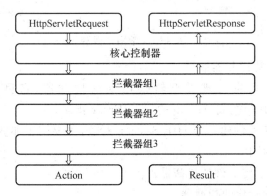

图 8-20　拦截器在 Struts2 框架中的位置

图 8-21 中的拦截器组表示可以有多个拦截器，这些拦截器可以是 Struts2 框架定制的，也可以是用户自定义的。当用户发出一个请求后，要经过多个拦截器后才能到达要请求的

Action,根据 Action 返回的字符串与 Result 进行匹配,返回相应的视图,在请求返回的过程中也要经过多个拦截器。

举例说明如下:

① 客户端填完表单,发送注册请求,如 regist. action。

② 核心控制器如 StrutsPrepareAndExecuteFilter 根据请求决定调用合适的 Action。

③ WebWork 的拦截器链自动请求应用通用功能,如校验表单数据、国际化或文件上传、日志、调试等功能。

④ 用 Java 反射机制执行 Action 的 exceute 方法,该方法先获得用户请求参数,然后执行某种业务操作,既可以是将数据保存到数据库中,也可以从数据库中检索信息。实际上,因为 Action 只是一个控制器,它会调用业务逻辑组件(Model)来处理用户的请求(JavaBean)。

⑤ Action 的 exceute 方法处理结果信息将被输出到浏览器中,可以是 HTML 页面、图像,也可以是 PDF 文档或者其他文档。Struts2 支持的视图技术非常多,既支持 JSP,也支持 Velocity、FreeMarker 等模板技术。在请求返回的过程中也要经过多个拦截器。

在 Struts 框架中有一个 struts-default. xml 配置文件,这是一个框架默认的配置文件,其中定义了大量的拦截器。打开 struts-default. xml 可看到已经定义好的各种拦截器,如图 8-21 所示。

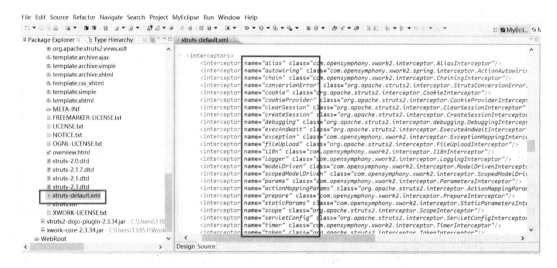

图 8-21 常用拦截器

图 8-22 中一些常用的拦截器如下。

① conversionError:负责处理类型转换错误的拦截器,它负责将类型转换错误从 ActionContext 中取出,并转换成 Action 的 FieldError 错误。

② CreateSession:负责创建一个 HttpSession 对象,主要用于那些需要有 HttpSession 对象才能正常工作的拦截器中。

③ filtUpload:负责上传文件的拦截器。

④ i18n:负责支持国际化的拦截器。

⑤ params:把请求的参数反射设置到 Action 的属性。

⑥ logger:这是日志拦截器,主要是输出 Action 的名字。

⑦ debugging:这是用于调试的拦截器,主要可在控制台上看到一些调试信息。

除了上面列举的部分常用拦截器,还有很多其他的拦截器。我们无须手动控制这些拦截器,因为 struts-default. xml 文件中已经配置了这些拦截器,只要我们定义的包继承了系统的 struts-default 包,就可以直接使用这些拦截器。

在 struts. xml 文件中,除了系统已经配置好的常用拦截器,用户也可以自定义拦截器,定义拦截器使用< interceptor…/>元素。其格式为:

```
< interceptor name = "拦截器名" class = "拦截器实现类"></interceptor >
```

如果需要在配置拦截器时传入拦截器参数,可使用< param... />子元素。下面是在配置拦截器时,同时传入拦截器参数的格式:

```
< interceptor name = "拦截器名" class = "拦截器实现类">
    < param name = "参数名">参数值</param >
    ……
</interceptor >
```

下面是在 struts. xml 文件中配置拦截器的格式:

```
< interceptors >
    < interceptor name = "拦截器 A" class = "实现类"></interceptor >
    < interceptor name = "拦截器 B" class = "实现类"></interceptor >
    < interceptor-stack name = "拦截器栈名 C">
      < interceptor-ref name = "拦截器 A"></interceptor-ref >
      < interceptor-ref name = "拦截器 B"></interceptor-ref >
    </ interceptor-stack >
</ interceptors >
```

上面的代码配置了一个拦截器栈 C,这个拦截器栈 C 由"拦截器 A"和"拦截器 B"组成,定义拦截器栈使用< interceptor-stack... />元素,拦截器栈是由多个拦截器组成的,由多个< interceptor-ref…/>元素指定引用的拦截器。

拦截器栈还可以再定义拦截器栈,也即拦截器栈是可以嵌套的。有了拦截器栈可以避免很多重复的代码,提高代码的利用率。拦截器栈的使用和拦截器的使用方法是一样的,都是通过< interceptor-ref…/>元素配置对该拦截器栈的引用,从而实现对 Action 的拦截。

8.3.6 Struts 2 的国际化

Struts2 国际化的目的是和 Java 国际化的目的一致,对于浏览器支持的语言显示不同的文字,如果浏览器支持中文,则显示中文,如果浏览器支持英文,则显示英文。

准确来说,Struts2 国际化是指一个程序可以在不改变程序架构以及界面的情况下适应多语种的技术。在应用程序运行时,根据客户端请求中所带的国家/地区、语言的不同而显示不同的界面。

Struts2 的国际化文件分为:

(1) 全局国际化资源文件。对于所有 Action、JSP 都有效,放在 WEB-INF\classes 下。

(2) 包范围国际化资源文件。对于在此包中的 Action 都有效,放在包路径下。

(3) Action 范围国际化资源文件。对于特定的 Action 有效,放在 Action 类的同目录下。

(4) 临时指定国际化资源文件。需要特定语法进行指定才有效,放在 WEB-INF\classes

目录下。

最简单的实现国家化的方法就是加载全局的国际化资源文件的方式。加载全局国际化资源文件是通过在配置文件中配置常量来实现的,这个常量就是"struts. custom. i18n. resources"。i18n(其来源是英文单词 internationalization 的首末字符 i 和 n,18 为中间的字符数)是"国际化"的简称。配置这个常量时,该常量的值为全局国际化资源文件的 baseName,一旦指定了全局的国际化资源文件,即可实现程序的国际化。

国际化资源文件的命名规则如下:

(1) baseName_language_Country. properties。

(2) baseName_language. properties。

(3) baseName. properties。

baseName 是用户任意指定这个基本名,language 和 country 分别代表语言和国家,例如,message_zh_CN. properties(zh 代表中文,CN 代表中国)、message_en_US. properties(en 代表英语,US 代表美国),语言和国家必须是 Java 支持的语言和国家,例如,泰文是 th,法文是 fr,法国代号是 FR,泰国代号是 TH 等;应用程序在根据语言和国家指定资源文件时,首先会组合语言和国家,如果未找到这类资源文件,再考虑语言,如果仍未找到,就会寻找 baseName. properties。如对于来自美国地区的请求,系统会首先寻找 baseName_en_US. properties,如果文件不存在,则再寻找 baseName_ en. properties,如果还是不存在,则寻找 baseName. properties。如果都找不到,则国际化失败。

假设系统需要加载的国际化资源文件的 baseName 为 messageResource,则可以在 struts. xml 文件中配置如下的常量:

```
< constant name = "struts. custom. i18n. resources" value = "messageResource"/>
```

所有的资源文件都应保存在 WEB-INF/classes 路径下(资源文件放在 src 目录中,不要放在 src/com 目录中,项目加载的时候会自动加载到 WEB-INF/classes 路径下)。

在系统中有了以上配置,Struts2 应用就可以在所有的地方使用国际化资源文件了,包括 JSP 页面和 Action 以及其他地方,举例如下。

(1) 在 src 目录下添加两个资源文件

假设系统提供如下两份资源文件。

【messageResources_en_US. properties】文件中的内容是:

```
username = Your Name
password = Password
password2 = confirm Password
```

【messageResources_zh_CN. properties】文件中的内容是:

```
username = 用户名
password = 密码
password2 = 确认密码
```

(2) 在 struts. xml 中添加如下语句

```
< constant name = "struts. custom. i18n. resources"  value = "messageResources" />
```

(3) 在 JSP 页面或者 Action 或者其他地方配置访问国际化信息

在 JSP 页面使用的示例：

```
<s:form action="login.action" method="post">
    <s:textfield name="user.XH" key="username" size="20"></s:textfield>
    <s:password name="user.KL" key="password" size="21"></s:password>
    <s:submit value="%{getText('login')}"/>
</s:form>
```

在浏览器中访问这个 JSP 页面时，如果是支持中文的浏览器，则 textfield 文本框前显示"用户名"（其实就是替代该元素之前 label 属性的作用），password 框前显示"密码"（其实就是替代该元素之前 label 属性的作用）；如果是支持英文的浏览器，则"textfield 文本框前显示"Your Name"，password 框前显示"Password"。

另外也可以使用 struts2 的< s：text... />标签，该标签可以指定一个 name 属性，该属性指定了国际化资源文件中的 key。例如通过< s：text name＝" password2"/> 可以根据浏览器支持的语言取出国际化文件中 key 为 password2 对应的 value。

Action 中访问使用国际化信息的方法这里不再赘述，读者可以上网搜索相关内容。

在 MyEclipse 中打开一个中文的资源文件，如图 8-22 所示，在资源文件中内容是以 key＝value 的形式存放的。

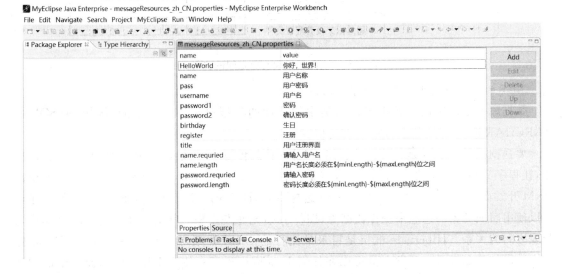

图 8-22　MyEclipse 打开 properties 文件

8.4　Hibernate 框架

8.4.1　Hibernate 框架简介和 ORM 思想

面向对象的思想中，通过"继承"的方式可以很好地描绘现实世界的事物之间的层次关系。而在关系数据库中，所有的数据是以表、视图形式来展现的二维表，并且使用 SQL 操作这些数据，因此在关系数据库中，很容易将这些表、视图以横向关系连接起来，但是使用 SQL 很难将这些表、视图以纵向（层次）的关系进行描述。为了将关系数据库中的数据保存在面向对象编程语言的对象中,就必须有一种机制将关系逻辑转为层次逻辑。

ORM(Object Relation Mapping)是用于将对象与对象之间的关系映射到数据库表与表之间关系的一种模式。ORM 的主要目的是通过类和对象来操作数据库,所以在 ORM 中必须解决编程语言中的类与对象和数据库中的表之间的映射。不同的框架中实现的方式有所不同但基本思路是一样的,都包含下面三个关键映射。

1. 类与数据库中表的映射

数据库中的每一张表对应编程语言的一个类,当用户对类进行操作时,会自动对数据库中的表进行相应的 CRUD 操作。CRUD 是指在做计算处理时的增加(Create)、读取查询(Read)、更新(Update)和删除(Delete)几个单词的首字母简写。CRUD 主要被用在描述软件系统中数据库或者持久层的基本操作功能。

2. 对象与表中的记录的映射

关系数据库中的一张表可能有多条记录,每一条记录对应类的一个实例,当用户对一个对象进行修改时,会自动对数据库表中的相应记录进行修改。例如,将 STUDY 数据库的 logonTable 表映射为 LongonTable 对象,在编程时就可直接操作 LongonTable 对象来访问数据库中的 logonTable 表,如图 8-23 所示。

图 8-23　表的记录和对象之间的映射

3. 类的属性与数据库中表的字段的映射

数据库中表的字段的数据类型与类中的属性的类型也是一一对应的,例如 MySQL 的 VARCHAR 和 Java 中的 String 类型对应。

要强调的是,ORM 是一种设计思想,不是一种编程技术,如果可以对 ORM 模式进行标准化,让程序员在某个标准下进行开发,将是一件非常有益的事情。Hibernate 就是为了规范 ORM 开发而发布的一个框架,Hibernate 是封装了 JDBC 的一种开源的 ORM 框架,使程序员可以使用面向对象的思想来操作数据库,即将 Java 对象与对象之间的关系映射到数据库中表与表之间的关系。Hibernate 框架是目录最流行的 ORM 框架之一。Hibernate 和 EJB 相比最大的优势就是轻量。开发人员可以在任何 Java 应用程序中使用 Hibernate,而无须借助其他容器的支持。

8.4.2　Hibernate 框架体系结构

Hibernate 体系结构如图 8-24 所示。

从图 8-24 中可以看出,Hibernate 是连接应用程序与数据库之间的一个中间件,在应用程序中通过创建持久化类来使用 Hibernate。这样应用程序不再关心后台所用的是什么数据库,实现了应用程序的业务逻辑与数据库之间的解耦。Hibernate 通过配置文件(hibernate.cfg.xml 或 hibernate.properties)和映射文件(* .hbm.xml)把持久化对象(Persistent Object,PO)映射到数据库中的表,程序员编程通过操作 PO 对表进行各种操作来进行。

使用 Hibernate 编程,主要包含如下几个部分的重点内容:

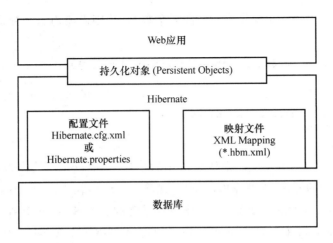

图 8-24　Hibernate 体系结构

（1）添加 Hibernate 框架，创建 Hibernate 配置文件 hibernate. cfg. xml。

（2）通过 Hibernate 反向工程，从选中的数据库表生成对应的映射文件＊. hbm. xml 和 POJO 对象。

（3）操作数据库表、HQL 查询。

在学习每一部分的内容之前，首先要了解 Hibernate 的核心接口，包括 Configuration、SessionFactory、Session、Transaction、Query。它们的关系如图 8-25 所示。

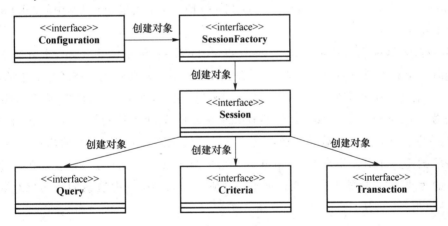

图 8-25　核心接口之前的关系

1）Configuration 接口

Configuration 负责配置 Hibernate，创建一个 Configuration 类的实例，Configuration 类的构造方法把默认文件路径下的 Hibernate 配置文件 hibernate. cfg. xml 中信息读入内存，示例代码如下：

```
Configuration conf = new Configuration();
```

2）SessionFactory 接口

一个 SessionFactory 实例对应一个数据库连接，web 应用从 SessionFactory 中获得 Session 实例。如果应用只访问一个数据库，只需要创建一个 SessionFactory 实例，在应用初始化的时候创建该实例。如果应用同时访问多个数据库,则需要为每个数据库创建一个单独的 SessionFactory 实例。

调用 Confgiuration 对象的 buildSessionFactory()方法得到一个 SessionFactory 类的实例,示例代码如下:

```
SessionFactory sf = conf.buildSessionFactory();
```

3)Session 接口

Session 接口是 Hibernate 应用中使用最多的接口。Session 也被称为持久化管理器,它提供了和持久化相关的操作,如数据库的添加、删除、更新、加载和查询。在程序中可能经常创建或销毁 Session 对象,例如可以为每个请求分配单独的一个 Session 实例。

调用 SessionFactory 对象的 OpenSession()方法可获得一个 Session 类的实例:

```
Session session = sf.openSession();
```

Session 接口提供了操纵数据库的各种方法,常用的方法有:

① 保存持久化对象。例如 Serializable save(Object obj),表示将 obj 对象变为持久化状态,同时保存到数据库中。

② 更新持久化对象。例如 void update(Object obj),表示更新数据库的 obj 对象,此时是先在数据库中根据 OID 查找记录,然后更新。这里执行了两次 SQL 语句。

③ 删除持久化对象。例如 void delete(Object obj),表示根据 obj 对象中的 OID 从数据库删除相应的记录。

④ 装载持久化对象。例如 Object load(ClasstheClass,Serializable id),本方法作用是根据主键加载一个对象到内存中。id 表示主键值,theClass 表示要查找的持久化对象的具体类。这里注意 id 主键值所对应的类必须实现 Serializable 接口,如 Integer 就实现了 Serializable。另一方法为 Object get(Class theClass,Serializable id)。这个方法的作用与 load 方法相同,但区别是 load 方法具有延迟加载的功能,不会立即访问数据库,在需要的时候再访问数据库,且如果要装载的持久化对象不存在时,load 方法会抛出异常。而 get 方法是立即访问数据库并返回相应的对象,如果对象不存在则返回 null。所以如果不确定要装载的持久化对象是否存在时,最好使用 get 方法。

4)Transaction 接口

Transaction 是 Hibernate 中进行事务操作的接口,用来管理 Hibernate 事务,它对底层的事务接口做了封装,它的主要方法有 commit()方法和 rollback()方法等。

事务对象通过 Session 创建,示例代码如下:

```
Transaction tx = session.beginTransaction();
```

5)Query 接口

Query 接口是 Hibernate 的查询接口,主要用于数据库对象查询,以及控制执行查询的过程。Qurey 实例包装了一个 HQL(Hibernate Query Language)查询语句,HQL 查询语句与 SQL 查询语句有些相似,但 HQL 查询语句是面向对象的,它引用类名及类的属性名,而不是表名及表的字段名。HQL 查询参见 8.4.6HQL 查询。

8.4.3　在 MyEclipse 中应用 Hibernate 框架

1. 在 MyEclipse 中应用 Hibernate 框架的步骤

(1) 打开"MyEclipse Database Explorer"中创建数据库连接。

(2) 创建 Web 或者 Java 项目,并在项目中配置支持 Hibernate。

(3) 打开"MyEclipse Database Explorer"并启动 Hibernate Reverse Engineering,完成从已有的数据库表自动生成对应的 Java 类和相关映像文件的基础配置工作。

(4) 如果表之间有关联关系,对各个表的映像文件进一步配置一对一,或者一对多,或者多对多的关联关系。

(5) 创建 Hibernate 的 SessionFactory 类。

(6) 通过 SessionFactory 创建 Session 实例。

(7) 通过创建的 Session 实例进行持久化对象的管理。

(8) 通过创建的 Transaction 实例进行事务管理。

(9) 通过创建的 Query 或 Criteria 实例实现数据库的查询。

2. 打开"MyEclipse Database Explorer"中创建数据库连接

如图 8-26、图 8-27 所示,打开 MyEclipse,按照下面的步骤进行创建数据库连接的操作。

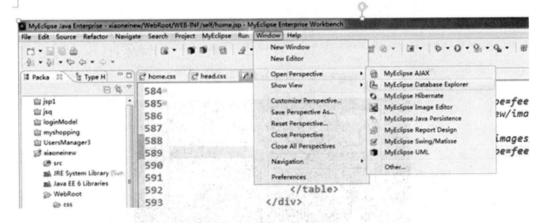

图 8-26　连接数据库配图 1

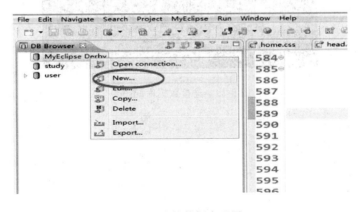

图 8-27　连接数据库配图 2

图 8-28　连接数据库配图 3

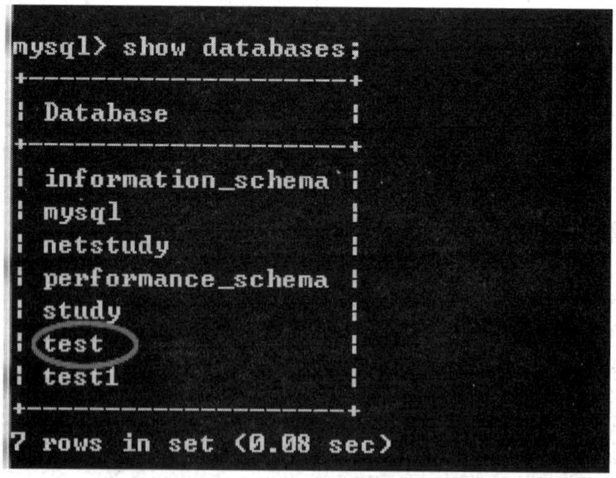

```
mysql> show databases;
+--------------------+
| Database           |
+--------------------+
| information_schema |
| mysql              |
| netstudy           |
| performance_schema |
| study              |
| test               |
| test1              |
+--------------------+
7 rows in set (0.08 sec)
```

图 8-29　连接数据库配图 4

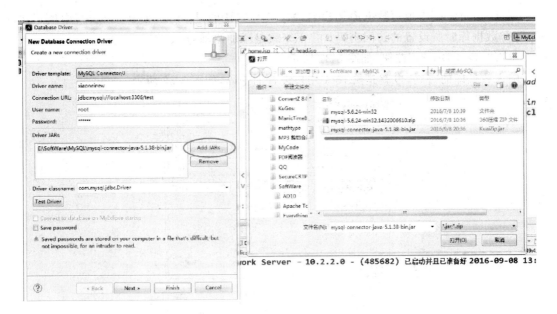

图 8-30　连接数据库配图 5

如图 8-28 所示，在"Driver name"中填写连接数据库的名称。在"Connection URL"中填写 jdbc：mysql：//localhost：3306/test，其中 test 是本地已经创建的数据库。如果不清楚可按如图 8-29 所示查。

图 8-31　连接数据库配图 6

在"User name"中填写数据库用户名,MySQL 默认的是 root,在"Password"中填写访问 MySQL 数据库时所设置的访问密码。接下来就是添加驱动包,如图 8-30 所示。

单击" Test Driver"按钮,如图 8-31 所示。

输入数据库的密码,也就是给 root 用户设置的密码,如图 8-32 所示。

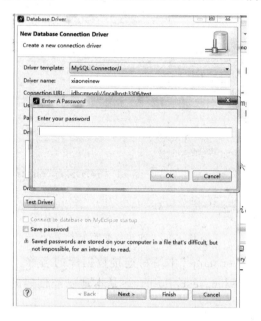

图 8-32　连接数据库配图 7

单击"OK"按钮,连接成功,如图 8-33 所示。

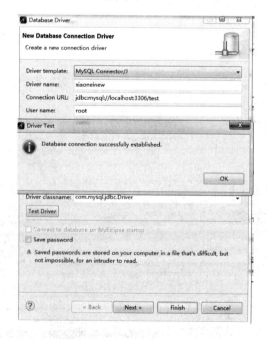

图 8-33　连接数据库配图 8

3. 创建 Web 或者 Java 项目,并在项目中配置支持 Hibernate

选择菜单"File"→"new",创建 Web 或者 Java 项目,假设已经建了一个 Web 项目"test",然后在菜单栏选择"MyEclipse"→"Project Capabilities"菜单项,在列表中选择"Add Hibernate Capabilities",选择 Hibernate 框架应用版本。参见如图 8-34～图 8-39 所示的步骤。

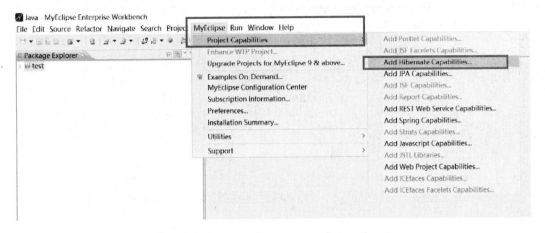

图 8-34　添加 Hibernate 支持配图 1

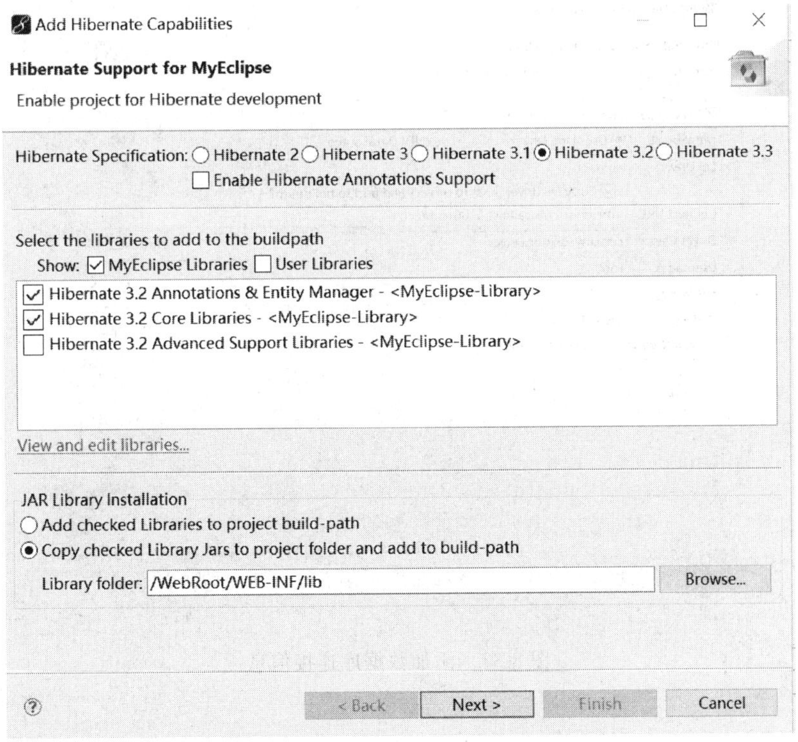

图 8-35　添加 Hibernate 支持配图 2

图 8-36 配置 hibernate.cfg.xml 文件存放位置

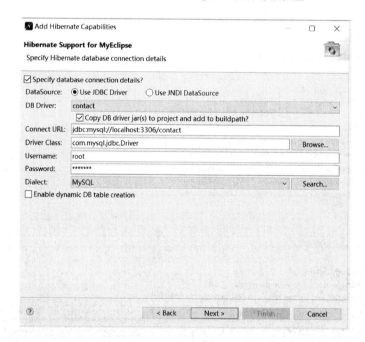

图 8-37 添加数据库连接信息

图 8-38 指定 HibernateSessionFactory 所在位置

图 8-39 配置完成支持 Hibernate 后的包结构和代码

4. 启动 Hibernate Reverse Engineering

假设之前已经用 MySQL 建立了数据库 contact，其中有 user 表。按照"MyEclipse Database Explorer"中创建数据库连接的操作步骤建立好 contact 连接。

对 user 表启动 Hibernate Reverse Engineering(图 8-40)，完成从已有的数据库 user 表自动生成对应的 Java 类和相关映像文件的基础配置工作，如图 8-41 和图 8-42 所示。

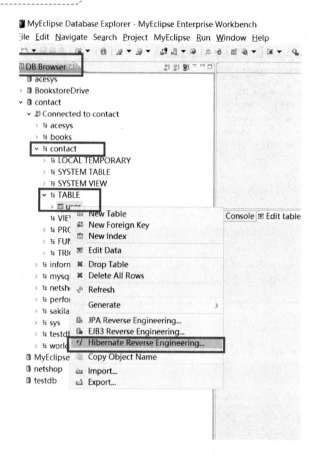

图 8-40　启动 Hibernate Reverse Engineering

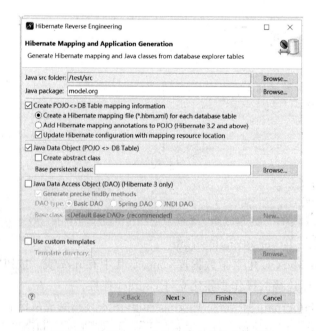

图 8-41　创建 user 表的映射文件和 Java 类

图 8-42　user 表自动创建的映射文件和 Java 类

5. 测试代码

创建一个 Java 文件,可以测试上述步骤自动生成的代码。

```
public static void main(String[] args)
  {
    Configuration conf = new Configuration().configure();  // 得到 Configuration 实例
    SessionFactory sf = conf.buildSessionFactory();        //得到 SessionFactory 的一个实例
    Session session = sf.openSession();                    //得到一个数据库连接
          Transaction tx = null;                           //声明一个事务
          try {
            tx = session.beginTransaction();               //开始一个事务
            User usr = new User();
            usr.setUsrName("李民");
            session.save(usr);             //调用 session 的 save 方法将 usr 对象保存到数据库中
            tx.commit();                                   //提交
          } catch (Exception e) {
            if (tx != null) {
                tx.rollback();
            }
            e.printStackTrace();
          } finally {
            session.close();
          }
    }
```

以上代码可以把称作"李民"的用户数据通过 Hibernate 保存到数据库 contact 的 user 表中。代码执行完毕后,可以打开 contact 库的 user 表查看是否已经存在该用户数据。

6. 和后续章节的对应关系

(1) 关于 User 类的概念,参见 8.4.4。

(2) 关于 User.hbm.xml 映射文件,参见 8.4.6。

（3）关于 hibernate. cfg. xml 即配置文件，参见 8.4.5。

（4）关于创建的 Query 实例实现数据库的查询，参见 8.4.7。

8.4.4　持久化的概念

持久化类是指需要被 Hibernate 持久化到数据库中的实例所对应的类。Hibernate 中操作的持久化类的对象，即持久化对象（Persistent Object，PO），都是普通的 Java 类对象即 POJO(Plain Ordinary Java Object)，与普通的 JavaBean 没有什么区别，唯一特殊的是 PO 与 Session 相关联。

POJO/JavaBean 在 Hibernate 中存在三种状态：临时状态（Transient）、持久化状态（Persistent）和脱管状态（Detached）。当一个 POJO/JavaBean 对象没有与 Session 相关联时，这个对象称为临时对象（Transient Object）；当它与一个 Session 相关联时，就变成持久化对象（Persistent Object 即 PO）；如果 Session 被关闭时，这个对象就转换为脱管对象（Detached Object）。

一个 Hibernate 对象可以在这三种状态之间进行转换，如图 8-43 所示。

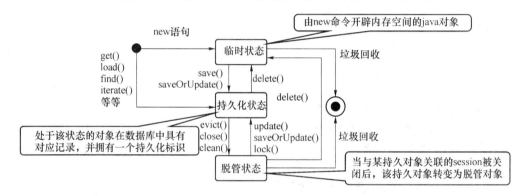

图 8-43　Hibernate 对象状态转换图

持久化类虽然就是普通的 Java 类，但是在设计时要遵守如下几个规则：

（1）持久化类必须有一个无参的构造方法。

（2）持久化类必须有一个唯一标识属性（OID），Hibernate 使用这个唯一标识符 OID 来建立内存中的对象和数据库表中记录的对应关系，对象的 OID 和数据库表的主键（通常为代理主键，即不具备业务含义的字段，该字段一般取名为 ID）对应。

（3）持久化类的每个属性必须提供 setXxx()方法和 getXxx()方法，方法名必须符合特定的命名规则，即"get"和"set"后面紧跟属性的名字，并且属性名的首字母大写。

（4）持久化类何时需要实现 java. io. Serializable 接口，这取决于应用环境，对于采用分布式结构的 Java 应用，当 Java 对象在不同的进程节点之间传输时，这个对象所属的类必须实现 Serializable 接口。

Hibernate 框架是个典型的 ORM，其基本规则总结如下：

① 类跟表相对应（即一个类对应一张表）；

② 类的属性跟表的字段相对应；

③ 类的实例与表中具体的一条记录相对应；

④ 一个类可以对应多个表，一个表也可以对应多个类；

⑤ DB 中的表可以没有主键,但是 Object 中必须设置主键字段(OID);

⑥ DB 中表与表之间的关系(如外键)映射成为 Object 之间的关系;

⑦ Object 中属性的个数和名称可以和表中定义的字段个数和名称不一样。

8.4.5 配置文件:hibernate. cfg. xml

Hibernate 配置文件主要用于配置数据库连接和 Hibernate 运行时所需的各种属性,包括:数据库 URL、数据库用户名、数据库用户密码、数据库 JDBC 驱动类、数据库 dialect。这个配置文件应该位于应用程序或 Web 程序的类文件夹 classes 中。Hibernate 配置文件支持两种形式,一种是 xml 格式的配置文件,另一种是 Java 属性文件格式的配置文件。

方法 1:在 hibernate. cfg. xml 中加入元素< property >、< mapping >,放置在类路径(classpath)的根目录下。

方法 2:创建 Java 属性文件格式的配置文件,将 hibernate. properties 放置放在类路径的根目录下。

两者的配置内容基本相同,但 hibernate. cfg. xml 使用更为方便,并且是 Hibernate 的默认配置文件。下面着重介绍常用的 XML 配置文件 hibernate. cfg. xml。

hibernate. cfg. xml 配置文件示例是描述一个 MySQL 数据库 contact 的相关配置信息,数据库用户名是 root,密码是 root123。这是一个最基本的 Hibernate 配置文件,有了这个文件就可以创建 Configuration 对象,也就可以创建一个 SessionFactory 实例,有了这个实例就可以面向对象的方式操作数据库。示例代码如下:

```
<? xml version = ′1.0′ encoding = ′UTF-8′? >
<!DOCTYPE hibernate-configuration PUBLIC
        ″-//Hibernate/Hibernate Configuration DTD 3.0//EN″
        ″http://hibernate. sourceforge. net/hibernate-configuration-3.0.dtd″>
< hibernate-configuration >
    < session-factory >
            < property name = ″connection. username″> root </property >
            < property name = ″connection. url″>
jdbc:mysql://localhost:3306/contact? useUnicode = true&amp;characterEncoding = utf8
            </property >
            < property name = ″dialect″>
                org. hibernate. dialect. MySQLDialect
            </property >
            < property name = ″myeclipse. connection. profile″> contact </property >
            < property name = ″connection. password″> root123 </property >
            < property name = ″connection. driver_class″>
                com. mysql. jdbc. Driver
            </property >
            < property name = ″show_sql″> true </property >
    </session-factory >
</hibernate-configuration >
```

在 hibernat. cfg. xml 文件中都是以属性的方式来配置相关信息的,其中< session-factory >是根标签,根标签可以有多个子标签< property >,每个< property >可以有不同的属性,每个属性可以有不同的值。下面列出一些常用的属性及其含义。

connection. driver_class 用来设置连接数据库的驱动。如 MySQL 数据库的驱动:com. mysql. jdbc. Driver。

connection. url 用来设置所需连接数据库服务的 URL。如连接 MySQL 数据库的字符串为 jdbc:mysql://localhost:3306/contact,其中 contact 为连接的具体数据库的名字。

connection. username 用来连接数据库的用户名。如连接 MySQL 数据库的默认用户名为 root。

connection. password 用来连接数据库的密码。

dialect 用来设置连接数据库所用的方言。如 MySQL 数据库的方言为 org. hibernate. dialect. MySQLDialect。

myeclipse. connection. profile 是 MyEclipse 的数据库视图"MyEclipse database explorer"中定义的链接某数据库的一个连接的名称,该名称是创建连接时用户自定义的。

show_sql 用来设置是否在控制台上输出 Hibernate 生成的 SQL 语句。只能为 true 和 false。此项在调试程序时是非常有用的。

8.4.6 映射文件:*. hbm. xml

映射文件 *. hbm. xml 是 Hibernate 的核心文件,用来产生如下三种映射关系:

(1) POJO 类和数据表;

(2) 类属性和表字段;

(3) 类之间的关系和数据表之间的关系。

一般的数据库中一个表对应一个映射文件,这些映射文件的结构基本上是相同的。每个映射文件的内容主要是以 XML 的方式描述数据库表的相关信息。

下面举例说明 XML 映射文件。例如在 MySQL 中建立了数据库 contact,其中有 user 表。

根据 8.4.4 中持久化的概念,对这张表设计持久化类的核心代码如下:

```java
public class User implementsjava. io. Serializable {
        // Fields
        private Long usrId;
        privateOrganization organization;
        private String usrName;
        private String usrPassword;
        // Constructors
        /* * default constructor */
        publicUser() {
        }
        /* * full constructor */
        publicUser(Organization organization, String usrName, String usrPassword) {
                this.organization = organization;
                this.usrName = usrName;
                this.usrPassword = usrPassword;
```

```
}
// Property accessors
public LonggetUsrId() {
        return this.usrId;
}
public voidsetUsrId(Long usrId) {
        this.usrId = usrId;
}
publicOrganization getOrganization() {
        return this.organization;
}
public voidsetOrganization(Organization organization) {
        this.organization = organization;
}
public StringgetUsrName() {
        return this.usrName;
}
public voidsetUsrName(String usrName) {
        this.usrName = usrName;
}
public StringgetUsrPassword() {
        return this.usrPassword;
}
public voidsetUsrPassword(String usrPassword) {
        this.usrPassword = usrPassword;
}
}
```

其映射文件 User. hbm. xml 核心代码如下：

```
< hibernate-mapping >
    < class name = "model. org. User" table = "user" catalog = "contact">
        < id name = "usrId" type = "java. lang. Long">
            < column name = "usr_id" />
            < generator class = "identity" />
        </ id >
        < many-to-one name = "organization" class = "model. org. Organization" >
            < column name = "orgId" not-null = "true" />
        </ many-to-one >
        < property name = "usrName" type = "java. lang. String">
            < column name = "usr_name" length = "50" not-null = "true" />
        </ property >
        < property name = "usrPassword" type = "java. lang. String">
            < column name = "usr_password" length = "50" not-null = "true" />
        </ property >
```

```
        </class>
    </hibernate-mapping>
```

上述映射文件阐述了三个重要的映射关系。

1. POJO 类和数据表

```
<class name="model.org.User" table="user" catalog="contact">
```

上述代码中,一个<class>元素对应一个持久化类,每个持久化类对应一个数据表;name属性指定 POJO 类是 model.org 包中的 User 类;table 属性指定数据库表为 user;catalog 属性指定了数据表所在数据库的名字是 contact。

2. 类属性和表字段

这部分包括两种:一种是 ID 映射;一种是普通属性的映射。

（1）ID 映射

```
<id name="usrId" type="java.lang.Long">
    <column name="usr_id" />
    <generator class="identity" />
</id>
```

上述这段代码中,id 属性中的 name="userId"指定类中属性 userId 映射 user 表中主键字段为 user_id,column 属性中的 name="user_id"指定当前映射 user 表中主键字段为 user_id。

<id>是<class>的子元素。由于表中的每个记录都有一个唯一标识,对应的类的实例也要有一个唯一的标识属性,这是通过<id>子元素定义的,<id>元素的 name 属性定义了持久化类的唯一标识属性变量(OID),type 属性定义了变量的数据类型,这里的数据类型可以是 Java 的数据类型也可以是 Hibernate 的数据类型,这里是 Java 的数据类型。<column>是<id>的子元素,是用来指定数据表中的标识列的名字。<generator>是<id>的子元素,是用来指定唯一标识的生成方式,是标识符生成器。最终以什么方式生成标识符是由 class 属性的值来决定的。标识生成方式如表 8-5 所示。

表 8-5　标识生成方式

大类	Class 值	含义
Hibernate 对主键 id 赋值	increment	适用于代理主键。由 Hibernate 自动以自增的方式生成标识符,每次增量为 1
	identity	适用于代理主键。由底层数据库生成标识符,前提条件是底层数据库支持自动增长字段类型
	sequence	适用于代理主键。Hibernate 根据底层数据库的序列来生成标识符,前提条件是底层数据库支持序列
	hilo	适用于代理主键。Hibernate 根据 high/low 算法来生成标识符
	uuid.hex	适用于代理主键。Hibernate 采用 128 位的 UUID 算法生成标识符,UUID 算法能够生成网络环境中的唯一字符串标识
应用程序自身对 id 赋值	assigned	适用于自然主键。由 Java 应用程序负责生成标识符
由数据库对 id 赋值	native	适用于代理主键。根据底层数据库对自动生成标识符的能力来选择 identity、sequence 或 hilo

（2）普通属性映射

```
< property name = "usrName" type = "java.lang.String">
    < column name = "usr_name" length = "50" not-null = "true" />
</property >
```

上述代码中，property 属性中的 name＝"usrName"指定类中属性 usrName 映射 user 表中字段为 usr_name，column 属性中的 name＝"usr_name"指定当前映射 user 表中字段为 usr_name。

< property >元素是< class >的子元素，每个< class >可以有 0 个或多个< property >子元素，它的多少取决于数据表中属性列的个数。< property >是用来指定与数据表的属性列对应的持久化类中的属性变量的。name 属性指定了持久化类中变量的名字，type 属性指定属性变量的数据类型。< column >是< property >的子元素，它主要描述数据表属性列的相关信息。< column >的 name 属性指定了持久化类对应的数据表中的属性列的名字，它的 length 属性指定了字符串的最大长度限制，not-null 指定此列是否允许为空的限制。

3. 类之间的关系和数据表之间的关系

这部分涉及表与表之间是一对一还是一对多还是多对多的关系。我们知道，在数据库中，用得最多的是一对多的关联。如班级与学生之间的关系、部门与职工之间的关系、教师与学生之间的关系等，都是一对多的关系。本节主要描述一对多关系。

用户和组织之间就是一对多的关系。user 表存放的是用户的相关信息，数据库中 organization 表、user 表的结构如表 8-6 和表 8-7 所示。

表 8-6　数据库中 organization 表结构

字段名	数据类型	说明
orgId	INT(10)	表的主键
orgName	VARCHAR	组织名称

表 8-7　数据库中 user 表结构

字段名	数据类型	说明
usr_id	BIGINT(20)	表的主键
usr_name	VARCHAR(50)	学号
usr_password	VARCHAR(50)	密码
orgId	INT(10)	组织 ID，外键

User 类和 Organization 类的简单类图及其关联（一对多）如图 8-44 示。

在 Hibernate 中可以把表之间的这种关系转换成对象之间的一对多的关联。我们知道，在 UML 中，关联是有方向的。当表之间存在这种一对多关系时，对其操作有两种情况：一种是从多方查找一方，还有一种是从一方查找多方。

（1）多方→一方，单向关联

单向多对一关联只可以从"多方"访问"一方"，反之不行。称之为"单向关联"。

从 user 表结构可以看到表的外键是 orgId，user 表通过外键 orgId 与 organization 表相关联。如果想要从多方直接得到一方的信息，必须在多方设置一方的信息，有如下关键两点：

图 8-44　User 类和 Organization 类的简单类图

① 在多方添加一方相应的属性。如在 User 类中添加一个 Organization 对象的属性。这个在上文已经详细阐述。

② 在多方的映射文件中,把多对一的关联性写在 many-to-one 标签中。在 many-to-one 标签中,由 name 指定属性名,column 指定充当外键的列名,class 指定被关联的类的名称。

例如 User. hbm. xml 中有段代码如下:

```
< many-to-one name = "organization" class = "model. org. Organization" lazy = "false">
    < column name = "orgId" not-null = "true" />
</many-to-one >
```

many-to-one 元素还有许多其他的属性,这里列举比较常用的 lazy 属性,即延迟加载属性,它的作用是决定是否采用延迟加载策略。lazy 属性有常用的 true 和 false 值:

① 如果 lazy=true(默认取值),表示延迟加载或称懒加载机制。使用了懒加载机制,如果查询的是 User 对象,则默认情况下不会立即查找对应的 Organization 对象,而只有等到需要使用这个 Organization 对象时,才会发送 select 语句查询该 Organization 对象。如果在使用该对象之前,session 被关闭了,也会抛出懒加载异常。

② 如果 lazy=false,表示立即加载,即在加载 user 对象的同时,就发出第二条查询语句加载其关联的 organization 数据。

上述①、②关键点都做到之后,可以编写测试代码来验证一下。

例 8-1　如果数据表 user 中存在某一学生的 ID 为 1,利用 Hibernate 查询 ID 为 1 的 User 类的对象,并显示关联对象 Organization 的组织名称,核心测试代码如下:

```
Configuration conf = new Configuration();
SessionFactory sf = conf. buildSessionFactory();
Session session = sf. openSession();
User user = (User)session. get(User. class, new Long(1));
Organization org = user. getOrganization();
System. out. println(org. getOrganizationName());
session. close();
```

(2) 一方→多方,双向关联

双向一对多与双向多对一是完全相同的两种情形。双向多对一需要在"一方"可以访问"多方",反之亦然。称之为"双向关联"。

User. hbm. xml 同(1)配置。在 Hibernate 的映射文件中要表示一对多的关联,需要在一端增加对应的集合映射元素,例如< set...>< bag.. />等元素。还是以上面的 user 表和 organization 表为例,在一方设置多方的信息,有如下关键三点:

① 在一方添加多方相应的属性。本例中,在 Organization 类中添加一个 SET 集合承载 User 类的集合。Organization 类的核心代码如下:

```
public classOrganization implements java.io.Serializable {
    // Fields
    private IntegerorgId;
    private StringorgName;
    private Set users = newHashSet(0);
    // Constructors
    /* * default constructor */
    publicOrganization() {
    }
    /* * minimal constructor */
    publicOrganization(String orgName) {
        this.orgName = orgName;
    }
    /* * full constructor */
    publicOrganization(String orgName, Set users) {
        this.orgName = orgName;
        this.users = users;
    }
    // Property accessors
    public IntegergetOrgId() {
        return this.orgId;
    }
    public voidsetOrgId(Integer orgId) {
        this.orgId = orgId;
    }
    public StringgetOrgName() {
        return this.orgName;
    }
    public voidsetOrgName(String orgName) {
        this.orgName = orgName;
    }
    public SetgetUsers() {
        return this.users;
    }
    public voidsetUsers(Set users) {
        this.users = users;
    }
}
```

②　在一方的映射文件 Organization.hbm.xml 中，class、id、property 元素同上文 User.hbm.xml 中讲解的一样。与上文不一样的是，这里要把一对多的关系写在 set 标签中，该标签由 name 指定属性名。

Organization.hbm.xml 核心代码如下：

```
<hibernate-mapping>
```

```
<class name = "model.org.Organization" table = "Organization" catalog = "contact">
    <id name = "orgId" type = "java.lang.Integer">
        <column name = "orgId" />
        <generator class = "identity" />
    </id>
    <property name = "orgName" type = "java.lang.String">
        <column name = "orgName" length = "45" not-null = "true" />
    </property>
    <set name = "users" inverse = "true" cascade = "all">
        <key>
            <column name = "orgId" not-null = "true" />
        </key>
        <one-to-many class = "model.org.User" />
    </set>
</class>
</hibernate-mapping>
```

set 标签里面有如下几点注意：

- set 标签增加 key 子元素用以映射关联外键，用 < one-to-many.../>来映射关联实体。
- set 标签可以设置 cascade 级联属性，该属性指定主控类的操作，关联类是否也执行同样操作。举例来说，在不设定级联属性的情况下，且"一方"的对象有"多方"的对象在引用，则不能直接删除"一方"这一端的对象。可以在"一方"映射文件的 set 标签中设置级联属性为级联删除，就可以直接删除"一方"这一端的对象：< set name＝"users" cascade＝"delete">，cascade 的取值及其含义如表 8-8 所示。

表 8-8 cascade 属性值表

cascade 属性值	描述
none	当 Session 操纵当前对象时，忽略其他关联的对象。它是 cascade 属性的默认值
save-update	当通过 Session 的 save()方法、update()方法及 saveOrUpdate()方法来保存或更新当前对象时，级联保存所有产联的新建的临时对象，并且级联更新所有关联的游离对象
persist	当通过 Session 的 persist()方法来保存当前对象时，会级联保存所有关联的新建的临时对象
merge	当通过 Session 的 persist()方法来保存当前对象时，会级联融合所有关联的游离对象
delete	当通过 Session 的 persist()方法来删除当前对象时，会级联删除所有关联的对象
lock	当通过 Session 的 lock()方法把当前游离对象加入到 Session 缓存中时，会把所有关联的游离对象也加入到 Session 缓存中
replicate	当通过 Session 的 peplicate()方法复制当前对象时，会级联复制所有关联的对象
evict	当通过 Session 的 evict()方法从 Session 缓存中清除当前对象时，会级联清除所有关联的对象
refresh	当通过 Session 的 refresh()方法刷新当前对象时，会级联刷新所有关联的对象。所谓刷新是指读取数据库中相应数据，然后根据数据库中的最新数据去同步更新 Session 缓存中的相应对象
all	包含 save-update、persist、merge、delete、lock、replicate、evict 及 refresh 的行为
delete-orphan	删除所有和当前对象解除关联关系的对象
all-delete-orphan	包含 all 和 delete-orphan 的行为

- set 标签也可以指定 lazy 属性,它的作用是决定是否采用延迟加载策略。lazy 属性有常用的 true 和 false 值。如果 lazy=false,即在加载 Organization 对象的同时,就发出第二条查询语句加载其关联的 User 对象的集合数据;如果 lazy=true 则表示不会同时加载。与单向多对一的 get 操作类似,在双向一对多的 get 操作中,如果先加载了 Organization 对象,在使用它的 User 集合之前,是不会加载 User 集合的,这使用了懒加载机制,那么同样,也有可能抛出懒加载异常。

(3) 在 Hibernate 中推荐使用双向关联,并且不要让"一端"控制关联关系,而使用"多端"控制关联关系,也就是在"一端"的 set 元素中设置 inverse=true。让多端维护关联关系,提高了 Hibernate 的执行效率。这是因为,由于是双向的关联关系,所以"一方"和"多方"都需要维护关联关系。那么,如果不希望两端都维护关联关系,解决办法是,在 Hibernate 的配置文件中可以通过设置 inverse 属性来决定是由双向关联的哪一方来维护表和表之间的关系。inverse = false 的为主动方,inverse = true 的为被动方。由主动方负责维护关联关系。在没有设置 inverse 属性的情况下,默认两边都维护关系。在双向关联中,将"多方"设为主控方将有助于性能改善,而如果将"一方"设为主控方会额外多出 update 语句。

做到以上三点之后,可以编写测试代码来验证一下。

例 8-2　利用 Hibernate 查询 ID 为 1 的 Organization 组织中的所有用户名,核心测试代码如下:

```
Configuration conf = new Configuration();
SessionFactory sf = conf.buildSessionFactory();
Session session = sf.openSession();
Organization org = (Organization)session.load(Organization.class, 1);
Set users = org.getUsers();
Iterator it = users.iterator();
while(it.hasNext()){
        User user = (User)it.next();
        System.out.println(user.getUsrName());
    }
session.close();
```

例 8-3　将 User 表中的"李民"所在组织从 ID 为 1 号修改位 ID 为 2 号。核心测试代码如下:

```
Configuration conf = new Configuration();
SessionFactory sf = conf.buildSessionFactory();
Session session = sf.openSession();
//查找姓名为李民的学生,因为他的 ID 为 28
User user = (User)session.get(User.class,new Long(28));
//查找 ID 为 2 的组织
Organization org = (Organization)session.get(Organization.class,2);
user.setOrganization(org);//修改关联关系
session.update(user);//通过 user 即多端维护关联关系(外键的联系)
```

8.4.7 HQL 查询

1. HQL 介绍

HQL(Hibernate Query Language)是面向对象的查询语言,它和 SQL 查询语言有些相似。HQL 和 SQL 在语法上非常类似,但 HQL 查询的是持久化对象,而 SQL 查询的是表。如果想更新数据库中的记录,可以使用 HQL 和 SQL 的 insert、delete 和 update 语句对数据表的记录进行增、删和改操作。除此之外,HQL 还支持很多高级特性,如排序和分组、关联查询、聚合函数等。

Hibernate 提供了 Query 接口,它是 Hibernate 提供的专门的 HQL 查询接口,能够执行各种复杂的 HQL 查询语句。Hibernate 根据映射文件配置的映射信息,负责把 HQL 查询语句转换为 SQL 查询语句,并且负责把 JDBC ResultSet 结果集映射为关联的对象图。由此可见,Hibernate 封装了通过 JDBC API 查询数据库的细节。

HQL 有如下几个特点:

① 与 SQL 相似,SQL 中的语法基本上都可以直接使用。

② SQL 查询的是表和表中的列;HQL 查询的是对象与对象中的属性。

③ HQL 的关键字不区分大小写,类名与属性名是区分大小写的。

④ SELECT 可以省略。

2. 简单的查询:From

例如:Employee 为实体名而不是数据库中的表名(面向对象特性)。

```
hql = "FROM Employee";
hql = "FROM Employee AS e"; //使用别名
hql = "FROM Employee e"; //使用别名,as 关键字可省略
```

3. 带上过滤条件的查询:Where

例如:Employee 为实体名而不是数据库中的表名(面向对象特性)。

```
hql = "FROM Employee WHERE id<10";
hql = "FROM Employee e WHERE e.id<10";
hql = "FROM Employee e WHERE e.id<10 AND e.id>5";
```

4. 带上排序条件的查询:Order By

例如:Employee 为实体名而不是数据库中的表名(面向对象特性)。

```
hql = "FROM Employee e WHERE e.id<10 ORDER BY e.name";
hql = "FROM Employee e WHERE e.id<10 ORDER BY e.name DESC";
hql = "FROM Employee e WHERE e.id<10 ORDER BY e.name DESC, id ASC";
```

5. 指定 select 子句的查询(不可以使用 select *)

例如:Employee 为实体名而不是数据库中的表名(面向对象特性)。

```
hql = "SELECT e FROM Employee e"; //相当于"FROM Employee e"
hql = "SELECT e.name FROM Employee e"; //只查询一个列,返回的集合的元素类型就是这个属性的类型
hql = "SELECT e.id,e.name FROM Employee e"; //查询多个列,返回的集合的元素类型是 Object 数组
hql = "SELECT new Employee(e.id,e.name) FROM Employee e"; //可以使用 new 语法,指定把查询出的部
```
分属性封装到对象中

6. 执行查询,获得结果

例如:Employee 为实体名而不是数据库中的表名(面向对象特性)。

```
Query query = session.createQuery("FROM Employee e WHERE id<3");
query.setFirstResult(0);
query.setMaxResults(10); //等同于 limit 0,10
//两种查询结果 list、uniqueResult
List list = query.list(); //查询的结果是一个 List 集合
Employee employee = (Employee) query.uniqueResult();//查询的结果是唯一的一个结果,当结果有多
个,就会抛异常
```

7. 聚集函数

聚集函数有:count()、max()、min()、avg()、sum()。例如:Employee 为实体名而不是数据库中的表名(面向对象特性)。

```
hql = "SELECT COUNT(*) FROM Employee"; //返回的结果是 Long 型的
hql = "SELECT min(id) FROM Employee"; //返回的结果是 id 属性的类型
```

8. 分组

采用 Group By ... Having。例如:Employee 为实体名而不是数据库中的表名(面向对象特性)。

```
hql = "SELECT e.name,COUNT(e.id) FROM Employee e GROUP BY e.name";
hql = "SELECT e.name,COUNT(e.id) FROM Employee e GROUP BY e.name HAVING count(e.id)>1";
hql = "SELECT e.name,COUNT(e.id) FROM Employee e WHERE id<9 GROUP BY e.name HAVING count(e.id)>1";
```

9. 连接查询

例如:Employee 为实体名而不是数据库中的表名(面向对象特性)。

内连接(inner 关键字可以省略):

```
hql = "SELECT e.id,e.name,d.name FROM Employee e JOIN e.department d";
hql = "SELECT e.id,e.name,d.name FROM Employee e INNER JOIN e.department d";
```

左外连接(outer 关键字可以省略):

```
hql = "SELECT e.id,e.name,d.name FROM Employee e LEFT OUTER JOIN e.department d";
```

右外连接(outer 关键字可以省略):

```
hql = "SELECT e.id,e.name,d.name FROM Employee e RIGHT JOIN e.department d";
```

10. 查询时使用参数

例如:Employee 为实体名而不是数据库中的表名(面向对象特性)。
方式一:使用"?"占位。

```
hql = "FROM Employee e WHERE idBETWEEN ? AND ?";
List list2 = session.createQuery(hql)//
    .setParameter(0, 5)//设置参数,第1个参数的索引为 0。
    .setParameter(1, 15)//
    .list();
```

方式二:使用变量名。

```
hql = "FROM Employee e WHERE idBETWEEN :idMin AND :idMax";
List list3 = session.createQuery(hql)//
    .setParameter("idMax", 15)//
    .setParameter("idMin", 5)//
    .list();
```

当参数是集合时,一定要使用setParameterList()设置参数值。

```
hql = "FROM Employee e WHERE id IN(:ids)";
List list4 = session.createQuery(hql)//
    .setParameterList("ids", new Object\[] { 1, 2, 3, 5, 8, 100 })//
    .list();
```

11. Query 接口的方法

上面的方式,用到了 Query 接口的 setParameter()方法和 setParameterList()方法,下面介绍 Query 接口的其他方法。

通过 SessionFactory 获得了 Session 对象后,除了可以通过 get(类名.class,id)方法得到相应的对象,还可以通过获得 Query 对象来取得需要的对象 。获得 Query 对象的代码示例:

```
Query query = session.createQuery("hql 语句");
```

Query 是 Hibernate 的查询接口,用于从数据存储源查询对象及控制执行查询的过程,Query 包装了一个 HQL 查询语句。Query 对象在 Session 对象关闭之前有效,否则会抛出 SessionException 异常,也就是说关闭 Session 后就不能再使用 Query 对象了。

Query 接口的方法大全如图 8-45 所示。

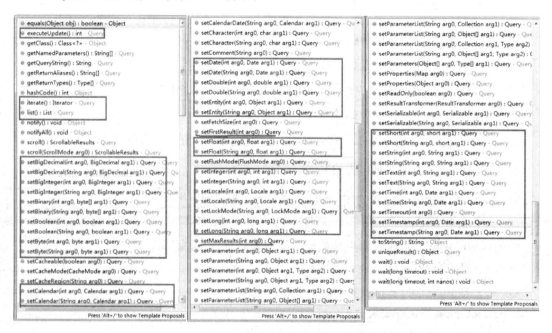

图 8-45　Query 接口的方法大全

常用方法举例如下。下面的"UserInfoPO"为举例的实体名而不是数据库中的表名。

(1) setXxx();用于设置 HQL 语句中问号或者变量的值

设置 HQL 语句中问号或者变量的值有两种使用方式：

① setString(int position,String value);设置 HQL 中的"?"的值,其中 position 代表"?"在 HQL 中的位置,value 是要为"?"设置的值。例如：

```
Query query = session.createQuery("from UserInfoPO u where u.age>? and u.useName like ?");
query.setInteger(0, 22); //使用"?",第一个下标是从 0 开始的,给第一个问号赋值 22
query.setString(1,"%志%"); //设置第二个问号的值为"%志%"
```

② setString(String paraName,String value);设置 HQL 中":"后所跟变量的值,其中 paraName 代表 HQL 中":"后边的变量名,value 是该变量的值。例如：

```
Query query = session.createQuery("from UserInfoPO u where u.age >:minAge and u.useName like:
useName");
query.setInteger("minAge", 22);         //设置 minAge 的值
query.setString("userName","%志%");     //设置 useName 的值
```

(2) list();返回查询结果并把查询结果转换成 list 对象

① 可以用 query.uniqueResult();//得到一个单个的对象。

② 可以用 query.list();//把查询结果转换成 list 对象。

```
Query query = session.createQuery("from UserInfoPO u where u.age >:minAge and u.useName like:
useName");
query.setInteger("minAge", 22);         //设置 minAge 的值
query.setString("userName","%志%");     //设置 useName 的值
List<类名> list = query.list();
for(int i = 0;i < list.size();i++){
        ui = (类名)list.get(i);
        System.out.println(ui.getUserName());
}
```

(3) executeUpdate();执行更新和删除语句

```
Query query = session.createQuery("delete from UserInfoPO");
query.executeUpdate();//删除数据
```

(4) 分页查询

```
query.setFirstResult(位置如 0);//表示从哪个位置开始查询,返回 Query 对象
query.setMaxResult(记录条数);//表示当页共几条记录,返回一个集合
session.createQuery("select count(*) from 类名").uniqueResult();//得到记录总数
```

12. 使用 HQL 查询的实例

通过 SessionFactory 获得了 Session 对象后,除了可以通过 get(类名.class, id)方法得到相应的对象,还可以通过获得 Query 对象来取得需要的对象。本节以前述的 User 和 Organization 举例来说 HQL 查询的步骤。

例如:查询组织名为"组织 1 部"的所有用户名。核心代码如下：

```
Configuration conf = new Configuration();
SessionFactory sf = conf.buildSessionFactory();
Session session = sf.openSession();
Query query = session.createQuery("from User u where u.organization.orgName = :name");
query.setString("name","组织 1 部");
List users = query.list();
Iterator it = users.iterator();
while(it.hasNext()){
    User user = (User)it.next();
    System.out.println(user.getUsrName());
}
session.close();
```

总结上述代码可以看出 HQL 查询的主要步骤如下。

第一步：获取 Session 对象。

第二步：以 HQL 语句作为参数，调用 Session 的 createQuery 方法创建查询对象。

第三步：如果 HQL 语句本身包含参数，则调用 Query 的 setXxx()方法为参数赋值。

第四步：调用 Query 对象的 list 等方法返回查询结果列表。

8.5　Spring 框架

8.5.1　Spring 框架简介

Spring 是一个开源框架，是由 Rod Johnson 组织和开发的，其产生的目的是为了简化企业级开发，实现一个全方位的整合框架。在 Spring 框架中包含有多个不同的子框架（或者称为组件），如 Spring AOP、Spring DAO、Spring ORM、Spring Web 和 Spring MVC 等。而这些子框架之间彼此可以独立，也可以使用其他的第三方框架方案替代其中的某个子框架。因为 Spring 框架采用的是分层设计的架构，这样将允许系统开发者独立地应用各个子框架来构建应用系统或者结合已有的其他框架共同构建应用系统。

Spring 框架采用了分层架构设计和组件化实现，主要由 7 个定义良好的、相互独立的模块组件构成，如图 8-46 所示，每个组件都可以单独存在，也可以与其他一个或多个联合实现。

1. Spring Core

核心容器（Spring Core），提供 Spring 框架的基本功能。Spring 组件统一构建在核心容器之上，核心容器定义了创建、管理、配置 Bean 的方式。

核心容器的主要组件是 BeanFactory 和 ApplicationContext。BeanFactory 是工厂模式的具体实现，BeanFactory 类使用控制反转（IoC）模式将应用程序的配置和所依赖的目标对象与应用程序本身的代码相互分开。

2. Spring Context

Spring 上下文是一个配置文件，向 Spring 框架提供上下文信息，包括企业服务，例如 JNDI、EJB、电子邮件、国际化、校验和调度等方面的功能定义。

3. Spring AOP

通过配置管理特性，Spring AOP 模块直接将面向切面的编程功能集成到框架中，可以很容易地使 Spring 框架管理的任何对象支持 AOP。Spring AOP 模块为基于 Spring3 的应用程序中的对象提供了事务管理服务。通过使用 Spring AOP,不必依赖 EJB 组件,就可以将声明性事务管理集成到应用程序中。

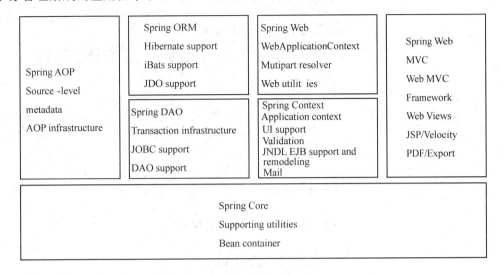

图 8-46 Spring 框架的 7 个组件

4．Spring DAO

JDBC DAO 抽象层提供了有意义的异常层次结构,可用该结构来管理 JDBC API 中有关数据库访问操作方面的异常处理和不同数据库供应商抛出的错误消息。因为 Spring DAO 的面向 JDBC 的异常遵从通用的 DAO 异常层次结构,所以异常的层次化结构简化了错误处理,并且极大地降低了需要编写的异常代码数量(如打开和关闭连接)。

5．Spring ORM

Spring 框架插入了若干 ORM 框架,提供 ORM 的对象关系工具,其中包括 JDO、Hibernate 和 iBatis SQL Map,并且都遵从 Spring 的通用事务和 DAO 异常层次结构。利用 HibernateDaoSupport 类可以重用现有的 Hibernate 框架系统。

6．Spring Web

Web 上下文模块建立在应用程序上下文模块之上,为基于 Web 的应用程序提供上下文。它建立在应用程序上下文模块之上,简化了处理多份请求及将请求参数绑定到域对象的工作。Spring 框架支持与 Jakarta Struts 的集成。

7．Spring Web MVC

Spring MVC 框架是一个全功能的构建 Web 应用程序的 MVC 实现。通过策略接口,MVC 框架成为高度可配置的。Spring MVC 支持许多视图技术的实现,其中包括 JSP、Velocity、Tiles、iText 和 POI 等。

8.5.2 Spring 的第一个 HelloWorld 程序

1．创建 Web 或者 Java 项目并在项目中配置支持 Spring

选择菜单"File"→"new",创建 Web 或者 Java 项目,假设已经建了一个 Java 项目"Spring_HelloWorld",然后在菜单栏选择"MyEclipse"→"Project Capabilities"菜单项,在列表中选择"Add Spring Capabilities",选择 Spring 框架应用版本,如图 8-47、图 8-48、图 8-49 所示。

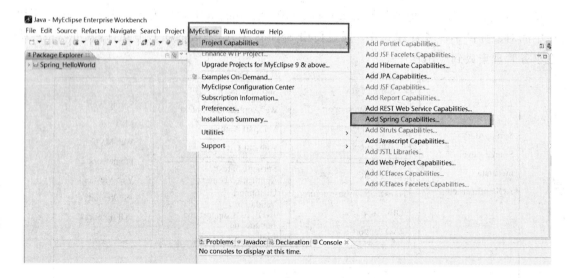

图 8-47　添加 Spring 支持配图 1

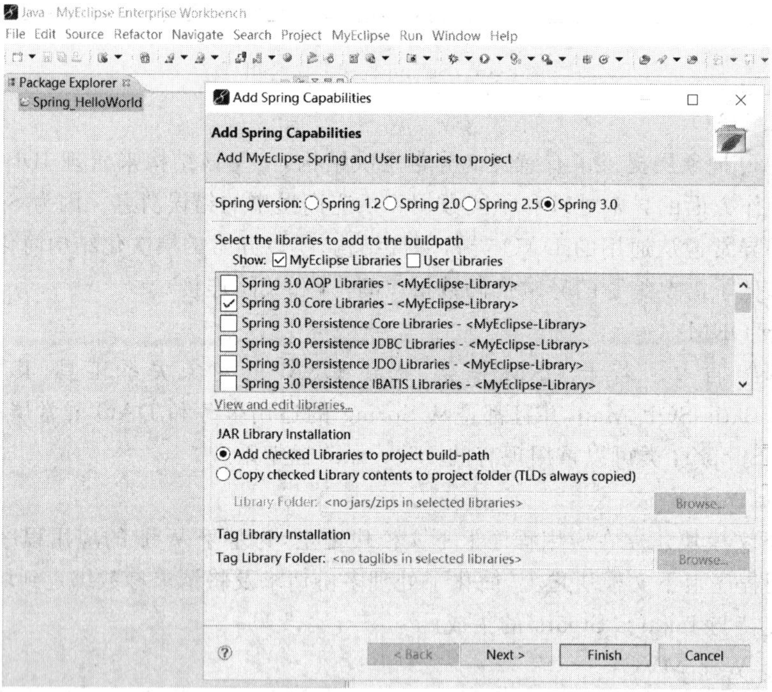

图 8-48　添加 Spring 支持配图 2

单击"Finish",完成支持 Spring 的配置,在 src 目录中自动生成了 applicationContext.xml,这就是 Spring 的核心配置文件。文件初始如图 8-50 所示。

2. 创建 Hello 接口

Hello 接口中只定义了一个 sayHello()方法。

```
public interface Hello {
    public voidsayHello();
}
```

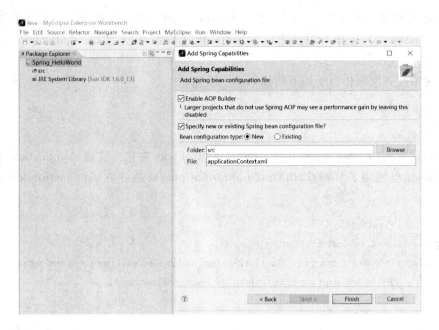

图 8-49　添加 Spring 支持配图 3

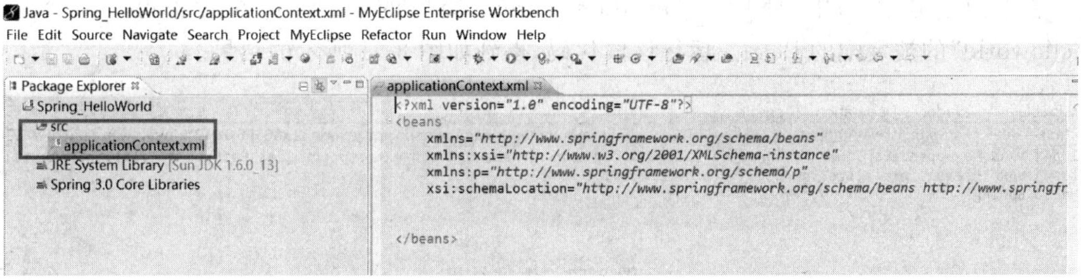

图 8-50　applicationContext 文件初始

3. 创建 HelloImpl 类，实现 Hello 接口

```java
public class HelloImpl implements Hello {

    @Override
    public voidsayHello() {
        // TODO Auto-generated method stub
        System.out.println("Hello Spring!");
    }

}
```

4. 修改 applicationContext.xml 文件

使用 Spring 的核心配置文件 applicationContext.xml 文件来建立 HelloImpl 类的对象实例，这个过程也称之为"装配 Bean"。

打开 applicationContext.xml 文件，增加如下装配 HelloImpl 类的代码：

```xml
< bean id = "helloworld" class = "com. HelloImpl "/>
```

从上面这段配置代码可以看出，每一个 JavaBean 都对应一个 bean 标签，id 属性是给这个

JavaBean 起的别名，也是唯一标识这个 JavaBean 的名字；class 属性的值是类的全名（package. classname）；bean 标签还可以有 property 子标签，用来使用 JavaBean 的 setter 方法装配类的属性。

上面这段配置代码相当于如下的代码：

```
HelloImpl helloworld = new HelloImpl();
```

5. 测试代码

为了测试装配的 Bean，需要用到 ApplicationContext 对象。实现 ApplicationContext 接口的类很多，这里使用了 ClassPathXmlApplicationContext 类建立 ApplicationContext 对象。代码如下：

```
public class FirstSpring {
    public static voidmain(String\[] args) {
    ApplicationContext ctx = new ClassPathXmlApplicationContext("applicationContext.xml");
        Hello hellospring = (Hello)ctx.getBean("helloworld");
        hellospring.sayHello();
    }
}
```

在上面这段代码中，使用 ApplicationContext 接口的 getBean 方法获得了一个称为"helloworld"的被装配的 Bean。运行该段代码，得到如图 8-51 所示的结果。

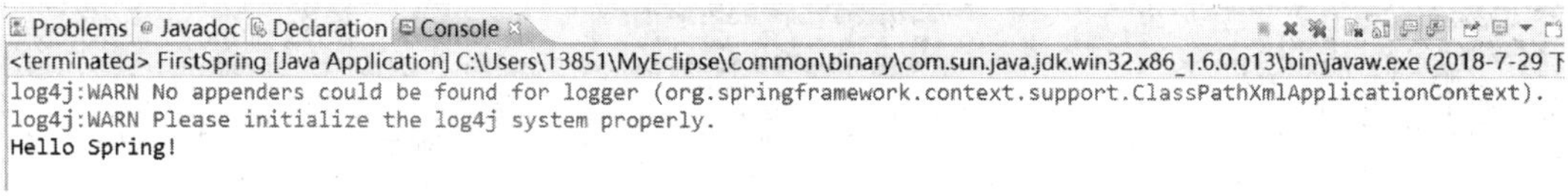

```
Problems  Javadoc  Declaration  Console
<terminated> FirstSpring [Java Application] C:\Users\13851\MyEclipse\Common\binary\com.sun.java.jdk.win32.x86_1.6.0.013\bin\javaw.exe (2018-7-29
log4j:WARN No appenders could be found for logger (org.springframework.context.support.ClassPathXmlApplicationContext).
log4j:WARN Please initialize the log4j system properly.
Hello Spring!
```

图 8-51　测试结果

8.5.3　Spring 的 IoC

1. IoC 原理

IoC(Inversion of Control)控制反转模式是 Spring 的核心，所谓控制反转，就是将控制权由应用系统中的程序代码转移到了外部容器，控制权的转移，即"控制反转"。

一般来说，系统中都至少有两个类来互相配合工作，一个主要的入口类来启动程序，然后在这个类中创建另一个类的对象实例，并进行相应的操作，这种工作方式是由调用者主动创建对象实例，是主动的工作方式。使用 IoC，创建对象的任务并不是由调用者来完成的，而是通过外部的协调者(Spring IoC 容器)来完成的。因此任务调用者也可以依赖 Spring IoC 容器来获得(注入)对象实例，即依赖注入。IoC 也是一种使应用程序逻辑外在化的设计模式。在这种编程模式下，提供服务的目标组件是被"注入"的而不是被"直接写入"到请求者(客户端)的代码中，这样将大大减少对象的请求者对服务提供者的特定实现逻辑的依赖。因为开发者已经将依赖的具体"定位信息"和"关系信息"从请求者中分离出来了，而在 Spring 框架中则是将它们放在 IoC 的 *.XML 的配置文件中。

对象工厂模式按照传统方式建立对象时，通常在对象工厂的方法里用过 new 关键字来建立相应的对象实例。例如类 A 中有个属性是类 B 的实例，可以在 A 的构造函数中，用 new 关键字来建立类 B 的对象实例,从而类 A 可以获取作为 A 的属性的 B 对象的各种内部方法。这样的代码实现很简单,但是造成类 A 和类 B 的耦合紧密。为了降低耦合度,用反向控制模式是最直接的方法。反向控制模式的核心思想就是使建立对象的过程在对象工厂外部进行,而对象工厂通过多态的方式来建立相应的对象(实际上是返回一个实现某个接口的对象)。IoC 模式提供了一个行之有效的方案:使用接口降低耦合性。也就是说,类 B 的实例不是在类 A 中去创建,而是在类 A 的外部去创建类 B 的实例。对于类 B 来说,需要实现一个接口,这个接口包含了类 B 中的方法定义。而在类 A 中,通过构造函数或者 setter 方法,将 B 对象实例传递给 A 对象。

B 接口 BInf 代码示例如下:

```
public interfaceBInf{
    public voidplay();
}
```

类 B 实现该接口,示例代码如下:

```
publicclass B implements BInf{
    publicvoid play()
    {
        //具体实现逻辑,从略
    }
}
```

类 A 示例代码如下:

```
public classA{
    private  BInf  binf;
    public  void  setBinf(BInf  binf){
      this. binf = binf;
}
  publicvoid  play(){
    binf.play();
  }
}
```

按照这样的设计方式,类 A 是可以重用的,如果选择类 B 实现 B 接口,则可以写为:

```
A a = new A();
A. setBinf(new B());
a.play();
```

这样一来类 A 代码不用修改,修改的只是用何种具体的类作为参数传递给 BInf 而已,上述使用类 B 用 setter 方法注入给了 Binf,也可以用其他类传递给 BInf,只要这些类能实现 BInf 接口。例如类 C 也实现了 BInf 接口,则 A. setBinf(new C()),之后 a. play();就可以调用类 C 中的 play 方法。

可以进一步编写一个配置文件,在配置文件中对所需的实现 BInf 接口的对象进行配置,这样的话,不用修改代码。Java 的"反射机制"可以根据 XML 中给出的类名生成相应的对象。

因为把对象生成放在了 XML 的定义里，所以当需要换一个实现子类时会很简单，只需要修改 XML 配置。下面章节将具体介绍如何写配置文件。

2. 依赖注入的方式

IoC 的实现方式，最常见的是依赖注入(Dependency Injection，DI)，还有一种是依赖查找(Dependency Lookup)。

相对于 IoC 而言，依赖注入(DI)更加准确地描述了 IoC 的设计理念。所谓依赖注入，即组件之间的依赖关系由容器在应用系统运行期来决定，也就是由容器动态地将某种依赖关系的目标对象实例注入到应用系统中的各个关联的组件之中。根据 Spring 框架中的 IoC 的设计原理，应用系统中的某个组件类应该依赖所在的上层容器而不要直接依赖目标组件类。容器的工作就是创建 bean 时注入那些依赖关系。相对于由 bean 自己来控制其实例化，直接在构造器中指定依赖关系或者类似服务定位器模式，如下面几种自主控制依赖关系注入的方式，使得控制从根本上发生了倒转，这也正是控制反转名字的由来。

依赖注入主要有三种注入方式，即接口注入、setter 方法注入和构造方法注入。

① 接口注入。接口注入就是将要注入的内容转入到一个接口中，然后将其注入到它的实现类中，因为实现一个接口必须实现接口定义的所有方法。接口注入模式因为历史较为悠久，在很多容器中都已经得到应用。但由于其在灵活性、易用性上不如其他两种注入模式，因而在实际应用中并不常用。

② setter 方法注入。指注入者通过调用 setter 方法将一个对象注入进去。这种注入方式简单、直观，因而在 Spring 的依赖注入里大量使用。

③ 构造方法注入。构造方法注入即通过一个带参的构造函数将一个对象注入进去。到目前为止，Spring 支持 setter 方法注入与构造方法注入，它们可以同时存在。

下面主要介绍 setter 方法注入和构造方法注入。

(1) setter 方法注入

举例：人类使用交通工具。

首先设计 Person 接口，代码如下：

```
public interface Person {
  voiduse();
}
```

Person 实现类 Chinese 代码如下：

```
public class Chinese implementsPerson{
  privateVehicle vehicle;
  public voidsetVehicle(Vehicle vehicle) {
      this.vehicle = vehicle;
  }
  public voiduse() {
     vehicle.by();
  }
}
```

Vehicle 接口代码如下：

```
public interfaceVehicle{
    publicvoid by();
}
```

Vehicle 实现类代码如下：

```
public classCar implements Vehicle{
    publicvoid by() {
        System.out.println("使用小汽车啦!");
    }
}
```

可以看出，在 Person 的实现类中，要用到 Vehicle 的对象。由于 Vehicle 是一个接口，要用它的实现类为其创建对象，在 Person 的实现类中只是对该对象写了一个 set 方法。

仿照 Spring 第一个 HelloWorld 程序，修改 Spring 的配置文件来完成其对象的注入。ApplicationContex.xml 代码如下：

```
<? xml version = "1.0" encoding = "UTF-8"? >
< beans
xmlns = "http://www.springframework.org/schema/beans"
xmlns:xsi = "http://www.w3.org/2001/XMLSchema-instance"
xmlns:p = "http://www.springframework.org/schema/p"
xsi:schemaLocation = "http://www.springframework.org/schema/beans http://www.springframework.
org/schema/beans/spring-beans-3.1.xsd">
<!--装配第 1 个 Bean,注入 Chinese 类对象-->
< bean id = "chinese" class = "Chinese">
<!--property 元素用来指定需要容器注入的属性,vehicle 属性需要容器注入,ref 指向 vehicle 注入的
id-->
< property name = "vehicle" ref = "car"></property>
</bean>
<!---装配第 2 个 Bean,注入 Car 类对象-->
< bean id = "car" class = "Car"></bean>
</beans>
```

每个 Bean 的 id 属性是该 Bean 的唯一标识，程序通过 id 属性访问 Bean，而且各个 Bean 之间的依赖关系也通过 id 属性关联。

最后设计测试代码如下：

```
public class Test {
    public static voidmain(String\[] args) {
    ApplicationContextctx = new ClassPathXmlApplicationContext("applicationContext.xml");
        Person human = null;
        human = (Person)ctx.getBean("chinese");
        human.use();
    }
}
```

运行测试代码，最后控制台输出"使用小汽车啦！"。

（2）构造方法注入

仍然以上面的例子为例，需要修改的代码如下。

Person 实现类 Chinese 代码修改如下：

```
public class Chinese implements Person{
    privateVehicle vehicle;
    //构造注入需要带参数的构造函数
    publicChinese(Vehicle vehicle){
        this. vehicle = vehicle;
    }
public void use() {
    vehicle.by();
  }
}
```

ApplicationContex. xml 代码修改如下：

```
<? xml version = "1.0" encoding = "UTF-8"? >
< beans
xmlns = "http://www.springframework.org/schema/beans"
xmlns:xsi = "http://www.w3.org/2001/XMLSchema-instance"
xmlns:p = "http://www.springframework.org/schema/p"
xsi:schemaLocation = "http://www.springframework.org/schema/beans http://www.springframework.
org/schema/beans/spring-beans-3.1.xsd">
<!—装配第一个 Bean,注入 Chinese 类对象-->
< bean id = "chinese" class = "Chinese">
    <!-- 使用构造注入,为 Chinese 实例注入 Vehicle 接口的实现类 Car 的实例 -->
    < constructor-arg ref = "car"></constructor-arg >
    </bean >
        <!--注入 Car 类对象-->
    < bean id = "car" class = "Car"></bean >
</beans >
```

每个 Bean 的 id 属性是该 Bean 的唯一标识，程序通过 id 属性访问 Bean，而且各个 Bean 之间的依赖关系也通过 id 属性关联。

最后设计测试代码如下：

```
public class Test {
    public static voidmain(String\[] args) {
    ApplicationContextctx = new ClassPathXmlApplicationContext("applicationContext.xml");
    Person human = null;
    human = (Person)ctx.getBean("chinese");
    human.use();
    }
}
```

运行测试代码,最后控制台输出"使用小汽车啦!"。

本 章 小 结

本章主要讲解了 SSH 框架的整合知识,首先从使用常规配置文件方式分别讲解了 Struts2、Spring 与 Hibernate 的相关知识,然后介绍了实现三大框架整合的方式。通过本章内容的学习,读者可以将 SSH 这三个框架在项目开发中灵活和高效地使用。

本 章 习 题

一、选择题

1. 下面哪个是 Struts 控制器?(　　　)。

A. AvtionServlet 　　　　　　　　B. Action

C. ActionFrom 　　　　　　　　　D. Struts-Config. xml

2. 下面关于数据持久化概念的描述,错误的是(　　　)。

A. 保存在内存中数据的状态是瞬时状态

B. 持久状态的数据在关机后数据依然存在

C. 数据可以由持久状态转换为瞬时状态

D. 将数据转换为持久状态的机制称为数据持久化

3. 下面关于 Hibernate 的说法,错误的是(　　　)。

A. Hibernate 是一个"对象-关系映射"的实现

B. Hibernate 是一种数据持久化技术

C. Hibernate 是 JDBC 的替代技术

D. 使用 Hibernate 可以简化持久化层的编码

4、在 Hibernate 关系映射配置中,inverse 属性的含义是(　　　)。

A. 定义在< one-to-many >节点上,声明要负责关联的维护

B. 声明在< set >节点上,声明要对方负责关联的维护

C. 定义在< one-to-many >节点上,声明对方要负责关联的维护

D. 声明在< set >节点上,声明要负责关联的维护

5. 在使用了 Hibernate 的系统中,要想在删除某个客户数据的同时删除该客户对应的所有订单数据,下面方法可行的是(　　　)。

A. 配置客户和订单关联的 cascade 属性为 save-update

B. 配置客户和订单关联的 cascade 属性为 all

C. 设置多对一关联的 inverse 属性为 true

D. 设置多对一关联的 inverse 属性为 false

6. Struts 控制器是根据(　　　)将请求转发给相应的 Action 处理。

A. Struts-config. xml 　　　　　　B. applicationResourse. properties

C. 通过参数指定 　　　　　　　　D. 以上都是

7. 关于 DispatchAction 说法正确的是(　　　)。

A. DispatchAction 能减少 Action 的数量

B. DispatchAction 的方法可以有任意类型的返回值

C. DispatchAction 也要实现 execute 方法

D. DispatchAction 的方法中只能有一个

8. 下面（　　　）不属于关系-对象映射的映射信息。

A. 程序包名到数据库库名的映射

B. 程序类名到数据库表名的映射

C. 实体属性名到数据库表字段的映射

D. 实体属性类型到数据库表字段类型的映射

9. 下列关于 Hibernate 说法正确的是（　　　）。

A. Hibernate 是对 JDBC 轻量级的封装

B. Hibernate 需要服务器的运行环境上运行

C. Hibernate 是 EJB 的扩展

D. Hibernate 的主配置文件只能是 Hibernate.cfg.xml

10. DynaActionForm 基类提供了（　　　）方法，它把表单的所有属性恢复为默认值。

A. validate　　　　　　B. reset　　　　　　C. execute　　　　　　D. initialize

二、填空题

1. 现阶段在 Java Web 开发中的开源框架很多，其中最主流的当属 SSH，即 Struts、Spring 和_____。

2. Struts 2 框架由_____和 xwork 框架发展而来。

3. Struts 2 以_____为核心，采用_____的机制来处理用户的请求。

4. _____从 Struts 配置文件中读取数据并初始化 Struts 应用程序的配置。

5. 如果要在 JSP 页面中使用 Struts 2 提供的标签库，首先必须在页面中使用 taglib 编译指令导入标签库，其中 taglib 编译指令为_____。

6. Struts 框架中的视图主要由_____构成。

7. ActionSupport 类实现了_____接口和_____接口等。

8. 能在 Struts 配置文件中配置而不必创建类的 Form 是_____。

9. Struts 2 以_____为核心控制器，它的初始化方法为_____。

10. Hibernate 配置数据库连接的四种属性名是 _____、_____、_____、_____。

11. 在 Hibernate XML 影射文件中描述主键生成机制，其属性描述了主键的生成策略，至少写出三种策略名_____、_____、_____。

12. Hibernate 的会话接口中声明了持久化的操作，删除一个实体的方法是_____，合并一个实体的方法是_____，获得事务处理接口的方法是_____。

13. Hibernate 的会话接口是_____，它由接口_____创建；Hibernate 处理事务的接口是_____；封装 HQL 的接口是_____。

14. 对象关系映射（ORM）的基本原则是：类型（class）映射_____，属性（property）映射_____，类型的实例或对象（instance | object）映射_____。

15. Hibernate 应用默认的 XML 格式的配置文件名是_____，放置在_____下；配置数据库方言的属性名是_____。

三、简答题

1. 什么是框架？在 J2EE 开发中为什么要使用框架？

2. 简述 Struts 的几种验证方式。

3. 简述 Struts 框架的处理流程。

4. 使用 Hibernate 前需要做好哪三个方面的准备？

5. 简述使用 Hibernate 完成持久化操作的步骤。

6. 如何优化 Hibernate 查询性能？

7. 什么是 SSH 整合，简要叙述各部分的作用。

8. Spring 核心是什么？

9. 请介绍下 Spring 中 Bean 的作用域及生命周期。

10. 在持久化层，对象分为哪些状态？如何转换？

四、编程题

请用 Struts 2 框架，设计一个简单的登录程序，主要要求如下：

（1）创建登录主界面 login.jsp，当用户单击提交按钮时，将用户提交的用户名和密码信息提交给 login.action。

（2）添加页面 welcome.jsp 和 error.jsp，分别用来提示用户登录成功和登录失败。

（3）在 src 包下面创建 package，该 package 起名 com.nanshan.struts2.action。

（4）创建 LoginAction 类，该类有两个属性：username 和 password，为该类设置 getters 和 setters 方法，并编写 execute 方法，判断用户输入的用户名是否等于 nanshan，密码是否等于 ruanjian。如果以上判断成立，返回 sucess，否则返回 error。

（5）创建并配置 struts.xml 文件，指定 LoginAction 类作为 login.action 的处理类。根据第 4 步 LoginAction 类的配置，通过 struts.xml 配置文件实现如下功能：当用户登录成功时跳转到 welcome.jsp 页面；当用户登录失败时跳转到 error.jsp 页面。

第9章 电子商务平台设计与实现

9.1 电子商务平台需求分析

随着时代的发展,信息技术、Internet/Intranet 技术、数据库技术的不断发展完善,网络进程的加快,传统的购物方式也越来越不能满足人们快节奏的生活需求,使得企业的 IT 部门已经认识到 Internet 的优势,电子商务就是在这样一个背景下产生并发展起来的。伴随着电子商务技术的不断成熟,电子商务的功能也越来越强大,注册用户可以在网上搜索购买到自己想要的各种商品,初步让人们体会到足不出户,便可随意购物的快感。

电子商务平台分为前台管理和后台管理。前台管理是友好的操作界面,供用户浏览、查询使用。包括浏览商品、查询商品、订购商品、购物车、用户维护等功能。后台管理是提供给管理员的,其中包括商品管理、用户管理、网站信息管理和广告友情链接等。在对平台功能进行分析的基础上,可以得到平台的功能模块图,如图 9-1 所示。

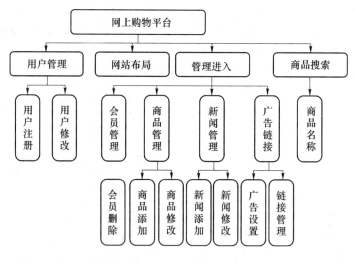

图 9-1 平台购物模块图

9.2 电子商务平台系统流程分析

用户可以浏览商品,看到自己喜欢的商品可以选择商品,订购商品。这时需要进行判断,如果是没有注册的用户,那么系统跳转到注册页面;如果是注册了但没有登录的用户,那么系统跳转到登录页面;已经登录的用户则跳转到购物车页面,然后去收银台结账,提交订单。购物流程如图 9-2 所示。

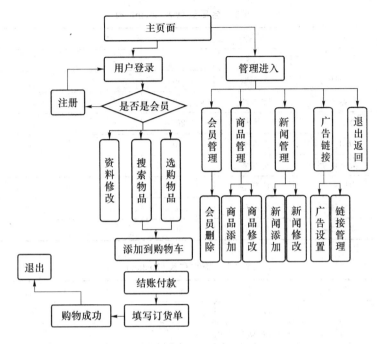

图 9-2　购物流程图

9.3　电子商务平台系统数据库设计

建设电子商务平台必须对系统所用到的数据进行大致的分类和具体的结构设计,既要做到清晰明了,又要能适应系统各项功能的调用,而不至于产生结构上的混乱,保证关键数据在意外情况下不会被破坏。数据库设计要遵循一些规则,一个好的数据库满足一些严格的约束和要求。尽量分离各实体对应的表,一个实体对应一个表,搞清楚该实体有哪些属性,对应有些什么字段,以及各实体之间有何种联系。实体、属性与联系是进行数据库设计时要考虑的三个元素,也是一个好的数据库设计的核心。

电子商务平台的数据库可以初步设计商品信息表(表 9-1)、会员信息表(表 9-2)、购物车表(表 9-3)、管理员表(表 9-4)、新闻列表(表 9-5)、网站信息表(表 9-6)、广告信息列表(表 9-7)等。

表 9-1　商品信息表

字段	字段名	类型	宽度	小数位	索引	可否为空
Hw_id	商品编号	自动编号			是	否
Hw_name	商品名称	文本型	50			否
Hw_cash	商品价格	数值型	18	2		
Hw_content	商品信息	备注型	255			
Hw_pic	商品图片	文本型	255			
Hw_buys	商品数量	数值型	18			
Hw_date	商品日期	日期型				

表 9-2　会员信息表（member）

字段	字段名	类型	宽度	小数位	索引	可否为空
User_id	会员编号	自动编号			是	
User_name	会员账号	文本型	50			否
User_pass	会员密码	文本型	50			否
User_adds	会员地址	文本型	255			
User_mail	会员 E_Mail	文本型	50			
User_tel	会员电话	文本型	50			
User_regtime	注册时间	日期型				
User_postcode	邮政编码	文本型	50			
User_namec	会员姓名	文本型	50			

表 9-3　购物车表（basket）

字段	字段名	类型	宽度	小数位	索引	可否为空
Basket_id	购物车编号	自动编号			是	否
Hw_id	商品编号	自动编号			是	否
User_name	会员账号	文本型	50			否
Basket_count	商品数量	数值型	18			
Basket_date	购物时间	日期型				
Basket_check	是否结帐	是/否				
Hw_name	商品名称	文本型	50			
Hw_cash	商品价格	数值型	18	2		
Sub_number	订单编号	文本型	50		是	

表 9-4　管理员表（admin）

字段	字段名	类型	宽度	小数位	索引	可否为空
Admin_id	管理员编号	自动编号			是	
Admin_name	管理员账号	文本型	50			
Admin_pass	管理员密码	文本型	50			

表 9-5　新闻列表（news）

字段	字段名	类型	宽度	小数位	索引	可否为空
News_id	新闻编号	自动编号			是	
News_title	新闻标题	文本型	255			
News_content	新闻内容	备注型				
News_date	新闻日期	日期型				

表 9-6　网站信息表（system）

字段	Name	Mail	Tel	Adds	OICQ	MSN	Sitename	Fax	Code
字段名	姓名	信箱	电话	地址	QQ	MSN	网站名称	传真	邮编
类型	文本	文本	文本	文本	数值	数值	文本	文本	文本

表 9-7　广告信息列表（ad）

字段	字段名	类型	宽度	小数位	索引	可否为空
Id	自动编号	自动编号			是	否
url	链接地址	文本型	50			
Wordlink	链接名称	文本型	50			
Content	链接内容	文本型	50			

9.4　电子商务平台框架搭建

9.4.1　工程创建

在编写代码之前，系统框架搭建的准备工作是必不可少的，应当首先将系统中可能要用到的文件夹创建好，将系统需要的 JAR 文件复制出来，这样可以方便以后的开发工作，也可以规范网站的整体架构，为后续开发和后续维护做好充足的准备。

通过 MyEclipse 创建 Web 工程。创建过程此处不再讲述，读者可参看以前的章节。工程创建完毕后，MyEclipse 会自动在 WEB-INF 文件夹下生成一个 lib 文件夹，将电子商务平台所需要的 JAR 文件复制到该文件夹下，完成 JAR 文件的添加。

9.4.2　框架应用

1. 数据持久层的实现

在相应包中创建与数据表对应的持久化类，以及与持久化类对应的映射文件。这些文件包括 UserVo. java、uservo. hbm. xml、ProductInfoVo. java、productinfovo. hbm. xml、ProductSortVo. java、productsortvo. hbm. xml、CartVo. java、cartvo. hbm. xml 以 及 OrdersVo. java 和 ordersvo. hbm. xml。ProductInfoVo. java、OrdersVo. java 这两个文件的代码展示如下：

```
//ProductInfoVo.java 文件的代码
package domain;
public class ProductInfoVo {
    private int id;
    private int sortId;
    private String productName;
    private float price;
    private float discount;
    private int inventory;
```

```
        private String discription;
        private String picture;
        //省略所有的 getter、setter 方法
    }
    //OrdersVo.java 文件的代码
    package domain;
    public class OrdersVo {
        private int id;
        private int userId;
        private int productId;
        private String address;
        private String telNum;
        private String e_Mail;
        //省略 getter、setter 方法
    }
```

9.5 各功能模块的实现

9.5.1 数据库的连接

电子商务平台系统的数据库连接的配置在 applicationContext.xml 文件中,其中数据源 datasource 的配置与前面章节的配置相同,此处不再叙述。下面给出 sessionFactory 的配置:

```
<bean id="sessionFactory" class="org.springframework.orm.hibernate3.
LocalSessionFactoryBean">
    <property name="dataSource"><ref bean="datasource"/></property>
    <property name="hibernateProperties">
        <props><prop key="hibernate.dialect">org.hibernate.dialect.MySQLDialect</prop></
props>
    </property>
    <property name="mappingResources">
        <list><value>domain/uservo.hbm.xml</value>
            <value>domain/cartvo.hbm.xml</value>
            <value>domain/productinfovo.hbm.xml</value>
            <value>domain/productsortvo.hbm.xml</value>
            <value>domain/ordersvo.hbm.xml</value></list>
    </property>
</bean>
```

9.5.2 用户登录模块的实现

用户登录模块是防止非法用户登录的第一道防线,通过它可以保护后台数据库的安全性,当用户要进行购物时,首先要进入的就是身份验证界面,只有在密码正确的情况下才能进行购物,如果输入的密码不正确,则不能进行选购。如果用户以浏览者的身份进入网站,则只能进

行一般的商品浏览和搜索,而不能进行购物操作,在单击添加购物车后,系统会判断该用户是否是登录用户,如果不是则弹出提示页面,则提示用户必须先登录才能定购商品。如果是第一次登录,则先注册。主页面的效果图如图9-3所示。

图 9-3 主页面示意图

如果用户还不是会员则提示用户进行注册,用户提交信息之后,系统开始判断用户的注册信息是否有效。首先是用户名是否为空,用户输入的两次密码是否一致,然后依次往后判断用户所填写的各项信息是否符合要求,直到所有信息均正确无误,系统将该用户注册信息写入会员表并提示用户注册成功,用户登录后,就可以进行有效的购物了。注册页面的效果图如图9-4所示。

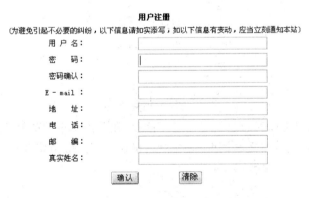

图 9-4 注册页面示意图

系统对用户的注册信息的验证实现如下:

先使用 request. getParameter("user_name"). equals("")判断用户名是否为空,同样道理使用相应代码对密码和其他选项进行判断。用户名重复的验证代码为:

```
sql = "select * from member where user_name = '" + user_name + "'";
```

当所有条件都符合的时候,系统将数据写入数据表,并返回成功页面,显示用户所填的注册信息,写入关键语句为:

```
sql = "Insert into member(user_name,user_pass,user_adds,user_mail,user_tel,user_regip,user_
namec)values('" + user_name + "','" + user_pass + "','" + user_adds + "','" + user_mail + "','" + user_tel
+ "','" + request.getRemoteHost() + "','" + getStr(request.getParameter("user_namec")))";
```

登录的具体实现要通过 Session 对象来实现,在系统中则由一个单独的 session.jsp 页面来放置该 Session。用户登录的界面 dengluyufou.jsp 从 member 表查得用户提交的账户名和密码正确后即可登录。登录示意图如图 9-5 所示。

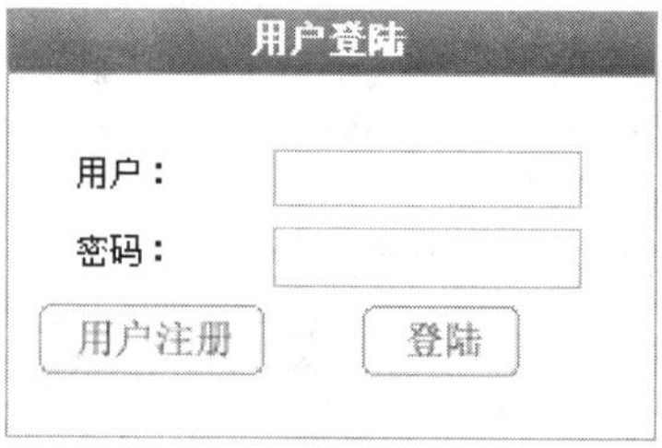

图 9-5　登录示意图

具体的判断过程为:若 Session 中 user 为空(session.getAttribute("user_name") = = null),表明没有经过登录与否的验证,则立即跳转到 dengluyufou.jsp,提醒用户登录。

使用 String sql="select * from member where user_name="+user_name+"'"来验证用户名,如果 user_name 存在的话则判断其密码是否正确,如果为真则通过 session.setAttribute("user_name",""+rs.getString("user_name")+"");将用户信息赋给 Session,以方便系统对用户在操作一些会员功能时进行用户身份验证。登录后可以马上看到自己的资料,如图 9-6 所示。

图 9-6　用户信息示意图

用户在登录之后也可以对自己的资料进行修改,在单击主页面的修改资料之后,弹出这样的一个页面,用户可以直接在文本框里修改,然后确认。用户资料修改示意图如图 9-7 所示。

图 9-7　用户资料修改示意图

修改这一过程的具体实现语句为：

sql = "select * from member where user_name = '" + user_name + "'";

根据用户名将该用户的所有信息列出来，以供用户修改，修改的方法采用的是 rs. updateString("user_pass", user_pass)，其他的修改读者可以自行实现。

9.5.3 购物车模块的实现

当用户登录成功以后，如果找到了希望定购的物品，在单击物品下方的定购以后，系统会弹出一个新的页面，显示该物品已经添加进购物车，然后用户需要选择定购的数量。页面效果如图9-8所示。

图 9-8　购物车示意图

在单击"确认"以后，该物品信息被后台添加到购物车表即 basket 表中，如果用户需要继续购物，可以继续选择，不断添加，系统会自动将所有信息写入 basket 表，同时显示用户所购买的物品列表及合计价格。

其具体代码实现过程为：利用 user_name = (String) session. getValue("user_name") 从 session 中取得该用户的信息，并使用以下语句对商品的信息进行提取以写入购物车表：

sql = "insert into basket(hw_id,user_name,basket_count,hw_name,hw_cash)";

sql = sql + "values('" + hw_ids + "','" + user_name + "','" + counts + "','" + hw_name + "','" + hw_cashs + "')";

以下是用户执行确认后的示意图，如图9-9所示。

图 9-9　所购商品信息示意图

如果用户在去收银台结账前对已经选购的物品不满意时,可选择清空购物车,同时系统也将 basket 表中相关信息删除。用户完成选购之后,可单击收银台付款,系统返回最终选购物品列表和合计价格,如图 9-10 所示。

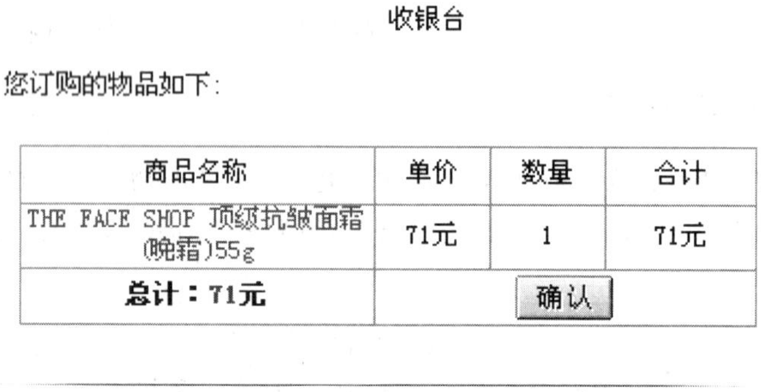

收银台

您订购的物品如下:

商品名称	单价	数量	合计
THE FACE SHOP 顶级抗皱面霜(晚霜)55g	71元	1	71元
总计:71元		确认	

图 9-10　收银台结账示意图

该步骤实现的关键语句为:

```
String sql = "select * from basket where user_name = "" + user_name + ""and basket_check = false";
```

用户再一次确认后,系统会显示购物成功并返回给用户一个订购单号,提示用户填写收货人详细信息,包括姓名、地址、邮编、邮箱、电话、付款方式、备注等信息,这些信息是系统自动从用户表中提取出来的,用户可以修改,如图 9-11 所示。

谢谢您从本站购物!您的订单号为: **zl20191511219305**

请记牢本订单号,你可以使用本订单号对成交情况进行查询和投诉

请填写收货人的详细信息	
姓名:	zl
地址:	南京市浦口区
邮编:	210088
电话:	123456789
E-mail:	zljobcc@126.com
付款方式:	货到付款 ▼
备注:(50汉字内)	看到贵站商品不错,想买点东西,希望和贵站合作愉快!
确认 清除	

图 9-11　订货单示意图

这一步的具体实现与用户资料修改类似,都是先将该用户的相关资料从数据库中调出来,实现的关键语句为:

```
sql6 = "select * from member where user_name = "" + (String)session.getValue("user_name") + """;
```

然后使用方法 update 对表中各项信息进行修改。确认后,系统会弹出提交成功页面。该页面也就是将用户提交的订单信息返回,并产生一个唯一订单号,以方便用户查询,这个订单号的产生,并不是随机产生的,而是使用了一定的规则,在这里主要是根据用户名和订单产生的时间来生成订单号,具体的代码如下:

```
String sub_number = "";
String now = (String)((new java.util.Date()).toLocaleString());
sub_number = user_name + now;
```

相类似的,系统中的其他类似字段也可以使用这样规则来产生随机编号,以方便管理。

9.5.4 商品信息和新闻的实现

商品信息主要是为了让顾客对所需要的信息进行了解。其中网站设置会员价格和 VIP 会员价格,一般会员享受会员价格,付费的 VIP 会员享受 VIP 价格。如图 9-12 所示。

图 9-12 商品信息示意图

其中商品显示的关键代码为:

```
sql = "select * from hw where hw_id = " + hw_id;
```

然后再用<%=pifa%>的方法读出数据库内容。

9.5.5 后台管理模块的实现

网上购物系统除了能够让用户实现前台的浏览和购物等操作之外,还必须能够使管理人员能够对系统的各种信息进行维护,如商品的增加、删除、修改,会员的审查,网站新闻的更新等。管理功能是网上购物系统相当重要的一部分功能。

管理员可以通过主页面的"后台管理"进入系统后台进行维护。首要的就是进行身份验证,输入正确的账号、密码之后,方能进入。由于涉及交易,出于安全性考虑,管理员账号应尽量少分配,密码也要尽量复杂,经常更换。后台登录首页面如图 9-13 所示。

图 9-13 后台登录示意图

这个过程中，登录后，将用户名和密码框中的值传递到 2login.jsp 中进行验证，如果用户名和密码同数据库中的一致，那么登录成功，转到 manage.jsp 页面中。具体实现关键代码为：

String sql = "select * from admin where admin_name = '" + admin_name + "' and admin_pass = '" + admin_pass + "'";

进入之后系统管理的主页面采用框架结构，左边是一个树型菜单，右边显示具体信息。如图 9-14 所示。

欢迎访问电子商务平台

图 9-14 后台登录首页界面

管理的主要功能有商品信息的更新，会员信息维护，网站信息维护，广告链接设置等四大块。商品信息管理，主要就是添加新的商品，删除和修改已经添加的商品。商品添加界面如图 9-15 所示。

这一部分的实现依然是一些 SQL 语句来对相关数据进行修改，商品管理界面如图 9-16 所示。

删除商品主要用到的关键 SQL 语句为：

sql = "delete * from hw where hw_id = " + Cint(request.getParameter("hw_id"));

会员信息管理主要是添加会员和对一些恶意注册用户进行删除。添加会员主要分两种，一种是付费的、享受最低价格的 VIP 用户，另一种是网站注册的普通用户。用户添加界面如

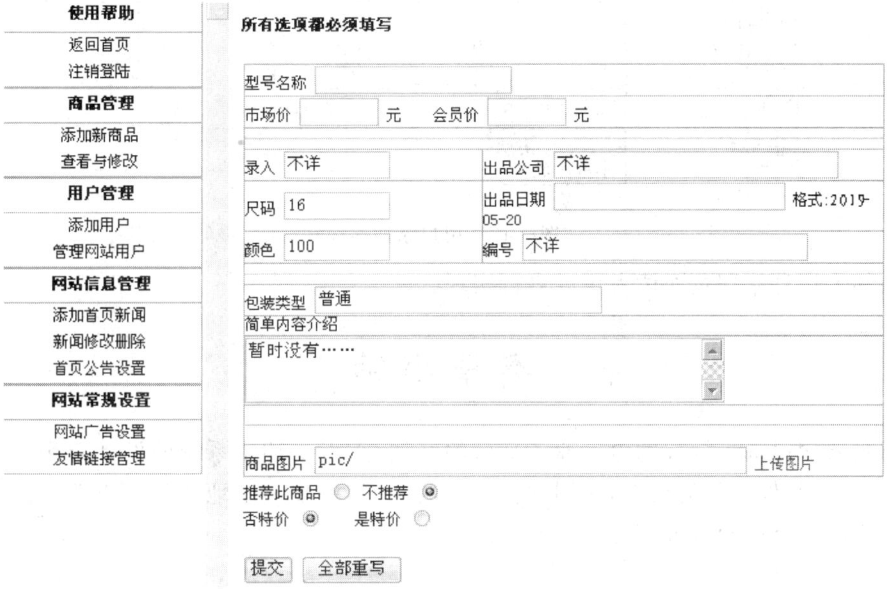

图 9-15　商品添加界面

商品名称	作者	会员价	ISBN号码	操作	
VOV面膜-樱桃	null	48	null	删除	修改
THE FACE SHOP 顶级抗皱面霜 (晚霜)55g	null	165	null	删除	修改
SKIN79 3Ps毛孔皮脂清洁液	null	300	null	删除	修改
SKIN FOOD 顶级黄金鱼子酱赋活精华液	null	218	null	删除	修改
韩国SKINFOOD酪梨修护眼霜30g	null	122	null	删除	修改
CHARMZONE婵真美菁CRD活力营养霜	null	187	null	删除	修改
三星绿茶保湿面霜60ml	null	65	null	删除	修改
兰芝雪凝再生柔肤水	null	340	null	删除	修改
SKIN79 PORELAB毛孔紧致水	null	239	null	删除	修改
Skin food 大蒜保湿水09新品	null	63	null	删除	修改
CHARMZONE婵真银杏天然洁面巾410ml	null	165	null	删除	修改
SKINFOOD葡萄籽泡沫洗面奶130ml	null	95	null	删除	修改
三星草莓按摩膏300g	null	70	null	删除	修改
SKIN79 3Ps毛孔深层清洁泡沫洗面奶	null	192	null	删除	修改
SANA珊娜大米洁面泡	不详	94	不详	删除	修改
SANA珊娜绢丝洁面膏	不详	96	不详	删除	修改
第1页/共1页		上一页 下一页			

图 9-16　商品管理界面

图 9-17 所示。

主要 SQL 语句为：

```
sql = "insert into member(user_name,user_pass,user_type) values('" + user_name + "','" + user_pass
+"','" + user_type + "')";
mdb.executeInsert(sql);
```

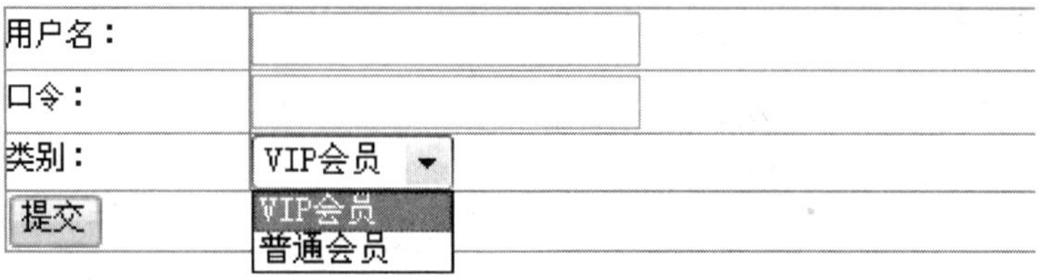

图 9-17　用户添加界面

网站其余信息管理页面读者可以自行实现。

本 章 小 结

本章主要探讨基于框架的电子商务平台的开发，重点讲述了系统的设计与实现。在描述该系统时，引入软件工程的概念，采用项目开发的顺序，一步一步地展开。使学生在按照该案例进行操作的同时体验软件开发岗位的工作。

本 章 习 题

利用本章学过的知识，编写一个电子商务系统。

参 考 文 献

[1]   缪勇,施俊,李新锋.Java Web 轻量级框架项目化教程[M].北京:清华大学出版社,2017.

[2]   王刚.Web 前端开发技术实践指导教程[M].北京:人民邮电出版社,2013.

[3]   肖睿,喻晓路.Java Web 应用设计及实战[M].北京:人民邮电出版社,2018.

[4]   ShopNC 产品部.高性能电子商务平台构建[M].北京:机械工业出版社,2015.

[5]   李永飞.Java Web 应用开发[M].北京:清华大学出版社,2018.